元素の周期表

1	2	3	4	5	6	7	8	9	10	11	12	13	14	15	16		
1 **H** 水素																	
3 **Li** リチウム	4 **Be** ベリリウム											5 **B** ホウ酸	6 **C** 炭素	7 **N** 窒素	8 **O** 酸素		
11 **Na** ナトリウム	12 **Mg** マグネシウム											13 **Al** アルミニウム	14 **Si** ケイ素	15 **P** リン	16 **S** 硫黄		
19 **K** カリウム	20 **Ca** カルシウム	21 **Sc** スカンジウム	22 **Ti** チタン	23 **V** バナジウム	24 **Cr** クロム	25 **Mn** マンガン	26 **Fe** 鉄	27 **Co** コバルト	28 **Ni** ニッケル	29 **Cu** 銅	30 **Zn** 亜鉛	31 **Ga** ガリウム	32 **Ge** ゲルマニウム	33 **As** ヒ素	34 **Se** セレン	35 **Br** 臭素	36 **Kr** クリプトン
37 **Rb** ルビジウム	38 **Sr** ストロンチウム	39 **Y** イットリウム	40 **Zr** ジルコニウム	41 **Nb** ニオブ	42 **Mo** モリブデン	43 **Tc** テクネチウム	44 **Ru** ルテニウム	45 **Rh** ロジウム	46 **Pd** パラジウム	47 **Ag** 銀	48 **Cd** カドミウム	49 **In** インジウム	50 **Sn** スズ	51 **Sb** アンチモン	52 **Te** テルル	53 **I** ヨウ素	54 **Xe** キセノン
55 **Cs** セシウム	56 **Ba** バリウム	57～71 ランタノイド	72 **Hf** ハフニウム	73 **Ta** タンタル	74 **W** タングステン	75 **Re** レニウム	76 **Os** オスミウム	77 **Ir** イリジウム	78 **Pt** 白金	79 **Au** 金	80 **Hg** 水銀	81 **Tl** タリウム	82 **Pb** 鉛	83 **Bi** ビスマス	84 **Po** ポロニウム	85 **At** アスタチン	86 **Rn** ラドン
87 **Fr** フランシウム	88 **Ra** ラジウム	89～103 アクチノイド	104 **Rf** ラザホージウム	105 **Db** ドブニウム	106 **Sg** シーボーギウム	107 **Bh** ボーリウム	108 **Hs** ハッシウム	109 **Mt** マイトネリウム	110 **Ds** ダームスタチウム	111 **Rg** レントゲニウム	112 **Cn** コペルニシウム	113 **Nh** ニホニウム	114 **Fl** フレロビウム	115 **Mc** モスコビウム	116 **Lv** リバモリウム	117 **Ts** テネシン	118 **Og** オガネソン

ランタノイド	57 **La** ランタン	58 **Ce** セリウム	59 **Pr** プラセオジム	60 **Nd** ネオジム	61 **Pm** プロメチウム	62 **Sm** サマリウム	63 **Eu** ユウロピウム	64 **Gd** ガドリニウム	65 **Tb** テルビウム	66 **Dy** ジスプロシウム	67 **Ho** ホルミウム	68 **Er** エルビウム	69 **Tm** ツリウム	70 **Yb** イッテルビウム	71 **Lu** ルテチウム
アクチノイド	89 **Ac** アクチニウム	90 **Th** トリウム	91 **Pa** プロトアクチニウム	92 **U** ウラン	93 **Np** ネプツニウム	94 **Pu** プルトニウム	95 **Am** アメリシウム	96 **Cm** キュリウム	97 **Bk** バークリウム	98 **Cf** カリホルニウム	99 **Es** アインスタイニウム	100 **Fm** フェルミウム	101 **Md** メンデレビウム	102 **No** ノーベリウム	103 **Lr** ローレンシウム

基礎から学ぶ
機器分析化学

井村久則・樋上照男 編
Hisanori Imura　Teruo Hinoue

Instrumental Methods in Analytical Chemistry

化学同人

執筆者一覧

（五十音順）

井村　久則	（金沢大学 理工研究域 物質化学系）	
内村　智博	（福井大学 学術研究院工学系部門）	10章
倉光　英樹	（富山大学 大学院理工学研究部）	7章
高橋　　透	（福井大学 学術研究院工学系部門）	14章
竹内　豊英	（岐阜大学 工学部 化学・生命工学科）	11～13章
露本伊佐男	（金沢工業大学 バイオ・化学部 応用化学科）	8章
中田　隆二	（福井大学 名誉教授）	2，4章
永谷　広久	（金沢大学 理工研究域 物質化学系）	7章
長谷川　浩	（金沢大学 理工研究域 物質化学系）	6，9章
樋上　照男	（信州大学 理学部 化学科）	1，3，5章

まえがき

分析化学は「分離と計測の化学」といわれる．今日の化学分析では，試料中の測定対象が微量から超微量の成分へと広がり続けており，合わせて，試料自体も常量から超微量まで，しかもその微小領域の分析までもが求められている．これは，測定あるいは定量の対象成分の量が，文字通り“痕跡量”となることを意味する．さらに，その成分の化学状態を分別する化学種分析も必要となると，化学分析は否が応でも機器分析的な手法に頼らざるを得ない．このような現状を反映して，さまざまな高性能の分析機器が次つぎと開発，製品化され，一般のユーザーが気軽に“痕跡量の化学種”の定量に挑むことが可能となってきた．しかし，機器から得られるのは電気シグナルであって，決して対象成分の質量や物質量ではないことを忘れてはならない．機器からの電気シグナルには，バックグラウンド（ノイズ），試料のマトリックス効果，夾雑物による干渉や妨害が多かれ少なかれ含まれ，分析結果にさまざまな影響を与えるからである．このような機器分析の問題に的確に対処するには，分離法や計測法の基礎となる物理あるいは化学の原理を理解し，機器の仕組みと分析法の特徴を学ぶことが必須となる．

本書の姉妹書である『基礎から学ぶ分析化学（化学同人・2015年刊）』では，溶液内化学反応に基づく湿式分析を題材にして，酸塩基，錯形成，酸化還元，液－液・固－液分配などの平衡の概念と知識を基礎に，分析化学を学んだ．本書は，それに引き続いて機器分析を学習することを想定し，まず始めに，溶液化学や熱力学に基礎をおく電気分析化学を取り上げた．第１章ではさまざまな電気化学測定法の分類と概観について，第２章から第４章までは，ボルタンメトリー，ポテンショメトリー，クーロメトリーの基本原理と基本的な実験操作について詳しく記述した．次に，光を利用する機器分析化学として，第５章では光あるいは電磁波と物質の相互作用，すなわち物質による光の吸収と発光の基本概念について述べた．続いて，第６章では原子やイオンによる吸光・発光，第７章では分子による吸光・発光（蛍光），そして第８章では，分子による赤外吸収・ラマン散乱に基づく分光分析の原理と方法について述べ，第９章ではＸ線の吸収・発生・散乱・回折を用いた各種の分析法をいくつかの実例をあげて解説した．第10章では，近年著しい発展を遂げている質量分析を取り上げ，電場と磁場による荷電粒子（イオン）の運動から最新の質量分析計によるハイフネーティッド分析法まで詳しく記述した．最後に，機器による分離分析法として，第11章ではクロマトグラフィーの分類と多段分配に基づく理論，第12章と第13章で，それぞれガスクロマトグラフィーと液体クロマトグラフィーのさまざまな分離モードと応用を，続く第14章ではキャピラリー電気泳動法の原理と応用を述べた．

このように，本書では代表的な機器分析法を取り上げて，その基本原理から実際の化学分析や公定分析への応用までをしっかりと学べるように配慮した．また，機器分析化学の基礎的な知識と概念を効率的に修得するために，多くの例題と章末問題を載せたので活用していただきたい．

本書によって，機器を用いる“分離・検出・定量”の理論とその方法が読者に伝わることを願っている．また，本書の執筆にあたって数かずの注文を快く受け入れてくださった各著者に心より感謝申し上げる．本文の項目や図表の配置を含めて，できる限り全体的に内容と表現の統一を図ったが，読みやすさと分かりやすさについては読者のご批判を仰ぎたい．最後に，編集において大変お世話になった化学同人の浅井歩氏に厚く御礼申し上げる．

2016年２月

編者：井村久則，樋上照男

目　次

Instrumental Methods in Analytical Chemistry

第1章 電気化学分析の分類

分析法に求められる要件は，測定対象物質に対する高い感度と選択性である．電気化学分析は，本質的にこの二つの要件を満たしている．例えば，電極に1 nA（ナノアンペア）の電流が1 s流れると1 nC（ナノクーロン）の電気量が消費されるが，ファラデーの法則によれば，これは約10 fmolの物質量に相当する．現在の技術をもってすれば1 nAを1 s測定することは可能で，したがって電気化学分析は高感度な分析法といえる．一方，電気化学で用いる電位範囲は1 Vの桁であり，10 mVの電位差は容易に判別できる．10 mVの電位差は約1 kJ mol^{-1}のエネルギーに相当し，化学結合のエネルギーが数百 kJ mol^{-1}であることを考えると，これは化学反応のわずかな差を識別できることを意味する．このように物理的側面だけから考えると，電気化学分析は潜在的に高感度と高選択性をもつ．本章では，まず，電気化学分析法を概観したのちに，姉妹編の『基礎から学ぶ分析化学』では取り上げられていない，電気化学分析法の基礎となる電極反応の理論について学ぼう．

1.1 電気化学分析法の分類

図1.1に示すように，電気化学分析法には，測定対象物質を電解（電気分解）する方法と電解しない方法がある．前者は，電解するときに流れる電流や電気量を測定して，それらから対象物質の濃度や物質量を定量する．この方法の理論的な基礎は，後に述べる電極反応速度論（バトラー・ボルマー式）にあり，言うならば“速度論的”方法である．後者は，溶液の電位を適当な参照電極に対して測定し，その電位から対象物質の濃度を定量する．その理論的な基礎は『基礎から学ぶ分析化学』第7章で述べた酸化・還元平衡におけるネルンスト式で，簡単に言えば“平衡論的”方法である．

電気化学分析法において測定される物理量には，電流（I），電位（E），電気量（Q），時間（t）があり，各方法ではそれらが巧みに組み合わされて測定される．

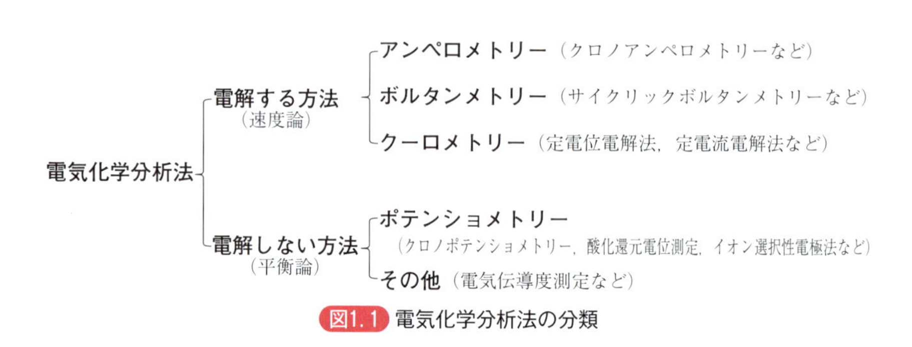

図1.1 電気化学分析法の分類

1.1.1　測定対象物質を電解して分析する方法

この方法では基本的に，外部電源を用いて対象物質を電解するが，電解の仕方はさまざまである．まず，一定電位において電解して電流－時間曲線（$I-t$ 曲線）を測定する**アンペロメトリー**は最も基本的で簡単な電気化学分析法であり，拡散定数などの基本的な定数の決定や酵素センサーなどにも応用される．対して，電位をある一定の速度で走査しながら電流を測定する方法を**ボルタンメトリー**という．ボルタンメトリーは，電気化学分析法における花形ともいえる方法で，測定される電流－電位曲線（$I-E$ 曲線）はボルタモグラムと呼ばれる．なかでもサイクリックボルタンメトリーは，測定対象物質の酸化還元挙動を容易に知ることができるため，有機化学や錯体化学など広い分野で利用されている．さらに，より高感度な定量を目指して，電位の印加法（加え方）に工夫が凝らされたノーマルパルスボルタンメトリー，微分パルスボルタンメトリー，矩形波ボルタンメトリーなど各種の方法が開発され，分析化学や環境化学において利用されている*1．一方，**クーロメトリー**は，定電位あるいは定電流の下で試料溶液中の測定対象物質をすべて電解し，電解に要した電気量をもとにファラデーの法則から物質量を定量する方法である．したがって，重量分析や容量分析と同じ絶対定量法に分類される．クーロメトリーの詳細は，第4章で述べる．

*1　各ボルタンメトリーの詳細については，第3章を参照．

Column 1.1

電気伝導度測定（コンダクトメトリー）

本書では詳しく取り上げない電気伝導度測定について簡単に触れておこう．電気伝導度（コンダクタンス，単位はSでジーメンス）は抵抗の逆数で，溶液中では溶存するイオンの種類や数に比例する．電気伝導度の測定には，通常，一対の電極を含むセルを用い，電極上での電気分解の影響を避けるために，1 kHz 程度の交流電圧を電極間に印加して測定する（交流二電極法）．したがって，電気伝導度測定では溶液中の各化学種の濃度はほとんど変化せず，濃度変化は無視してよい．酸や塩基の解離平衡に関して，伝導率（単位は S m^{-1}）の濃度変化（具体的には，各種電解質のモル伝導率 Λ（単位は S m^2 mol^{-1}）をモル濃度の平方根$\sqrt{C}$に対してプロットしたもの；下図）を解析することによって解離定数を求めることが可能である．

さらに電気伝導度測定は，純水製造装置における水の純度の決定，酸塩基滴定の終点検出やイオンクロマトグラフィーの検出器にもよく利用される．

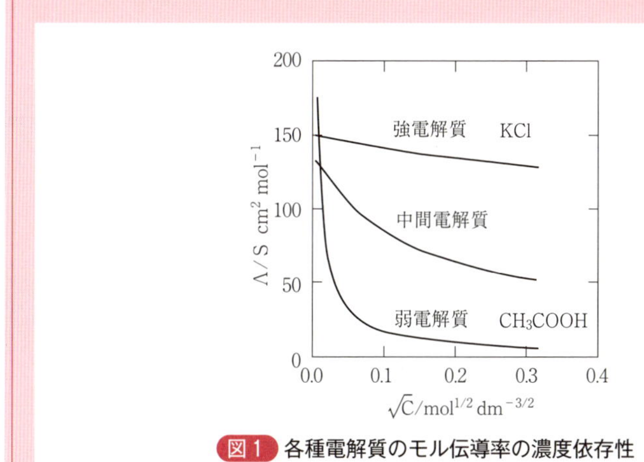

図1 各種電解質のモル伝導率の濃度依存性

1.1.2 測定対象物質を電解せずに分析する方法

測定対象物質を電解して分析する方法はさまざまであるが，電解せずに分析する方法のほとんどは電池の起電力測定と同様である．この方法は**ポテンショメトリー（電位差法）**と呼ばれ，測定対象イオンに応じて適切な電池を構成すれば，その電池は電気化学分析法として使用できる（図2.1参照）．ただし，電池の起電力は酸化還元平衡によるものだけではないことに注意してほしい．分配，膜，拡散，温度差などさまざまな現象や場によって起電力は発生する．pH 測定などのポテンショメトリーの詳細は第2章で述べる．

1.2　電気化学分析

電気化学分析では，特別な装置を用いて電極に電位を加える，あるいは電流を流して測定対象物質を酸化あるいは還元し，そのときに流れる電流や電位変化を測定することにより，物質の定性・定量を行う．このとき電極／溶液界面で起きる反応（不均一反応）を**電極反応**という．

1.2.1　電極反応

電極反応の例として，よく知られている水の電解を考えてみよう．図1.2はその実験装置図である．陽極では，電子が水から電極に移り，水は酸化されて酸素が発生する．すなわち，硫酸水溶液では，

$$2\,H_2O - 4\,e^- \longrightarrow O_2 + 4\,H^+ \quad (1.1)$$

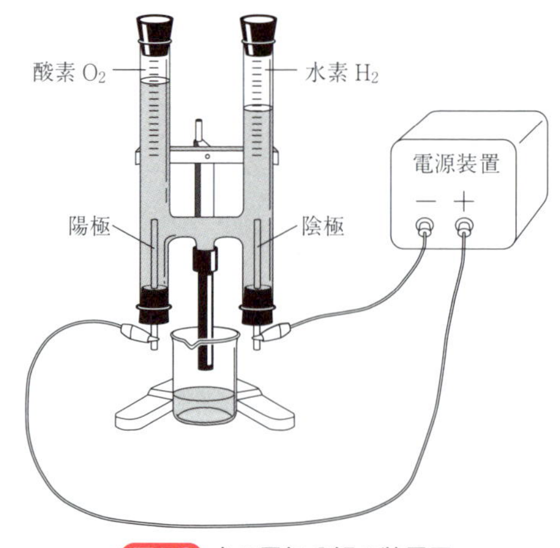

図1.2 水の電気分解の装置図

水酸化ナトリウム水溶液では，

$$4\,OH^- - 4\,e^- \longrightarrow O_2 + 2\,H_2O \quad (1.2)$$

である．一方，陰極では，電子が電極から水に移り，水は還元されて水素が発生する．すなわち，硫酸水溶液では，

$$2\,H^+ + 2\,e^- \longrightarrow H_2 \quad (1.3)$$

水酸化ナトリウム水溶液では，

$$2\,H_2O + 2\,e^- \longrightarrow H_2 + 2\,OH^- \tag{1.4}$$

となる．式(1.1)～(1.4)はすべて電極反応であり，「e^-」は電極中の電子を表す．陽極反応と陰極反応を組み合わせると，全体として，$2\,H_2O \longrightarrow 2\,H_2 + O_2$ になることは明らかである．

電気化学分析においては，どちらかの電極反応，すなわち，陽極反応あるいは陰極反応に着目することが多く，両方の電極反応を同時に着目することはあまりない．例えば，水銀電極を用いて亜鉛(II)イオンを定量するためには，

$$Zn^{2+} + 2\,e^- \longrightarrow Zn(Hg) \tag{1.5}$$ [*2]

の還元反応に着目し，この電極反応が起きる電極電位を定性分析に，反応において流れる電解電流を定量分析に用いる．ちなみに水銀電極は，電子が電極から溶液中の Zn^{2+} に移るため，陰極である．

Column 1.2

陽極と陰極

陽極をアノード(anode)，陰極をカソード（cathode）と呼ぶ．アノードは溶液から外部回路へ電子が流れでる電極，カソードは外部回路から溶液へ電子が流れ込む電極である．したがって，電解では陽極では酸化反応，陰極では還元反応が起きる．一方，電池では正極と負極という用語を用いるが，正極（カソード）では還元反応，負極（アノード）では酸化反応が起きる．混乱しやすいので注意して欲しい．

アノードやカソードという名称は，イギリスの偉大な化学者・物理学者であるマイケル・ファラデー（Michael Faraday）による命名である．また，アノードの語源はギリシャ語の上り口，カソードは下り口で，アニオン（anion，陰イオン）とカチオン（cation，陽イオン）にもつながる．ファラデーは，電気分解の法則（1833年）だけでなく，電磁誘導の法則，反磁性の発見，ベンゼンの発見，塩素の包接化合物の研究でも有名で，電極（electrode）やイオン（ion）という用語も，彼によって一般化した．

＊2　Zn(Hg)は亜鉛アマルガムを示す．

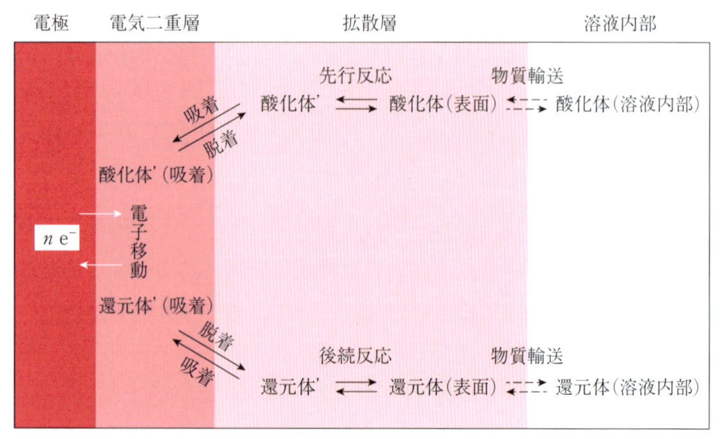

図1.3 電極反応の諸過程

1.2.2　電極反応の諸過程

電極反応はいくつかの物理的・化学的過程を含む．図1.3に電極反応の諸過程を示す．電極／溶液界面の構造は，電極，電気二重層，拡散層，溶液内部に分けられる．電極は，白金や水銀などの金属や炭素からなる．電気二重層は，その厚さがせいぜい1 nmに満たない，電極表面に隣接する薄い層で，対象物質はこの層内において酸化・還元を受ける．シュテルン（Stern）モデルと呼ばれる電気二重層の構造を図1.4に示す．電極に電位を加え，例えば電極が正に帯電すると，それに隣接する溶液内では正の帯電を打ち消すように陰イオンが集まる．イオンが電極に最も近づいたときのイオンの中心を含む面をヘルムホルツ（Helmholtz）面といい，その面の電極側をヘルムホルツ層，溶液側をグイ・チャップマン層と呼ぶ．一方，対象物質が電解されるとき，物質の濃度が場所と時間によって変化する層が電極に隣接して成長する．この層を拡散層と呼ぶ（図1.3）．拡散層の厚さは，（電解開始からの時間にもよるが）

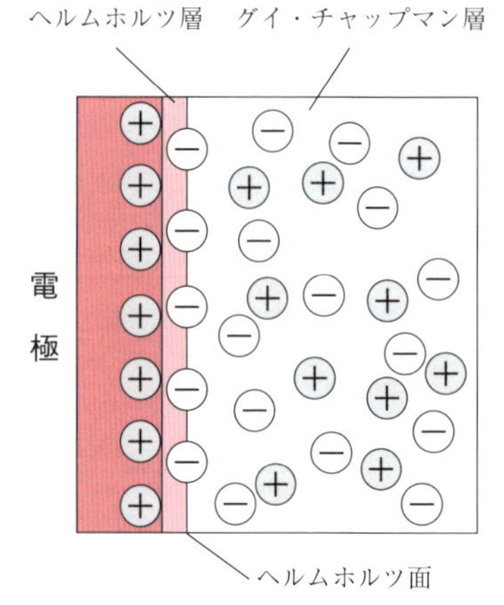

図1.4 電気二重層の構造（シュテルンモデル）

0.01 mm 程度である（例題1.1）．拡散層の外側の溶液内部では，対象物質の濃度はいつも一定である．対象物質は物質輸送過程によって溶液内部から電極表面領域に運ばれ，先行反応や吸着を起こす．続いて電極の表面に到達し，電極との間で電子をやり取りする．その後，脱着や後続反応を起こして，再び，物質輸送過程によって溶液内部へと運び去られる．このように，電極反応は物質輸送過程と電子移動過程，さらには溶液中での先行・後続反応や電極表面での吸・脱着などが複雑に組み合わさった反応である．しかし電気化学分析では，これらの過程のいずれかをうまく活用して，高感度化や高選択性を達成する．

1）物質輸送過程

物質輸送（mass transport）には，**拡散**（diffusion），**対流**（convection），**泳動**（migration）の三つの様式がある．拡散は，電気化学分析法で最も重要な物質輸送過程で，静置された溶液中の電解に伴って生じる．この輸送の駆動力は，濃度勾配（正確には，電気化学ポテンシャル勾配）であり，電極表面で対象物質が電解により失われると，それを補うために溶液内部から物質が次々と運ばれる．したがって，この領域（拡散層）での物質濃度は，電解開始からの時間とともに変化する．

拡散は物理的な現象で，二つの方程式によって記述される．濃度 C が位置 x と時間 t の関数 $C(x, t)$ であることを念頭に，図1.5を参考にすれば，

$$\text{濃度勾配} = -\frac{C(x+\Delta x, t) - C(x, t)}{\Delta x} \tag{1.6}$$

である．「−」の符合は，x が大きくなるにつれ濃度が低くなることを意味する．単位時間に単位面積を通過する物質量であるフラックス（flux，流束）J（単位は mol cm^{-2}s^{-1}）は濃度勾配に比例するので，式(1.6)を微分記号を用いて表すと（Δx を無限小にすると），

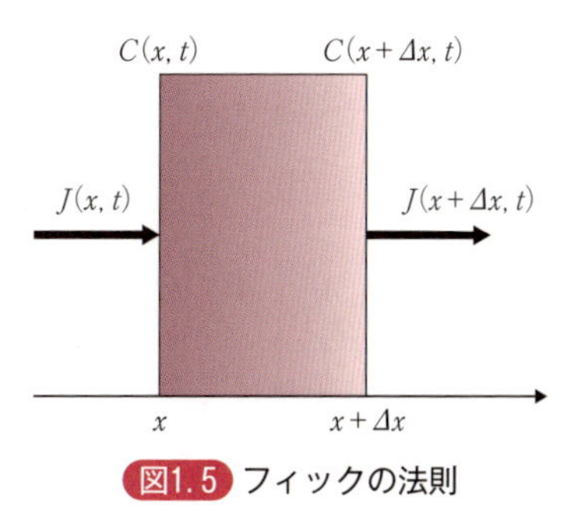

図1.5 フィックの法則

$$J(x,t) = -D\frac{\partial C(x,t)}{\partial x} \tag{1.7}$$

となる．ここで，比例定数の D は**拡散係数**と呼ばれる物質固有の定数である．拡散係数の単位は通常 $cm^2\,s^{-1}$ であり，値は一般的に 10^{-6}〜$10^{-5}\,cm^2\,s^{-1}$ である．拡散係数は厳密には位置と時間の関数であるが，電気化学では一定値とみなす．

式(1.7)を**フィックの第一法則**（Fick's first law of diffusion）という．式(1.7)から濃度の時間変化に対する法則が導ける．ある位置 x における濃度の時間変化 $\Delta C(x,t)$ は Δx の領域に入ってくるフラックスと領域から出ていくフラックスの差によるので，

$$\frac{\Delta C(x,t)}{\Delta t} = \frac{J(x,t) - J(x+\Delta x,t)}{\Delta x} \tag{1.8}$$

となる．ここで，「(フラックス)÷(距離)」は単位時間当たりの濃度となることに注意して欲しい．微分記号で表し，2次以上の微分項を無視すると，

$$\begin{aligned}\frac{\partial C(x,t)}{\partial t} &= \frac{J(x,t) - J(x+\Delta x,t)}{\mathrm{d}x}\\ &= \frac{J(x,t) - \left\{J(x,t) + \left(\frac{\partial J(x,t)}{\partial x}\right)\mathrm{d}x\right\}}{\mathrm{d}x}\\ &= -\frac{\partial J(x,t)}{\partial x}\end{aligned} \tag{1.9}$$

であり，式(1.7)を用いれば，

$$\frac{\partial C(x,t)}{\partial t} = -\frac{\partial J(x,t)}{\partial x} = -\frac{\partial}{\partial x}\left(-D\frac{\partial C(x,t)}{\partial x}\right) = D\frac{\partial^2 C(x,t)}{\partial x^2} \tag{1.10}$$

という**フィックの第二法則**が成り立つ．これらの微分方程式を各種の境界条件と初期条件の下で解くと，$C(x,t)$ を求めることができる．

一方，電解電流 $I(t)$ は電極表面のフラックスに比例する．すなわち，

$$I(t) = nFA(J(x,t))_{x=0} = nFAJ(0,t) \tag{1.11}$$

である．n は電極反応の電子数，F はファラデー定数，A は電極面積，「$x = 0$」は電極表面を表す．この式から，電解電流が拡散だけで決定できるなら，

$$I(t) = nFAJ(0, t) = -nFAD\left[\frac{\partial C(x, t)}{\partial x}\right]_{x=0} \tag{1.12}$$

が成り立つ．式(1.12)は電解電流が電極表面での対象物質の濃度勾配に比例することを表す．ただし，先にも述べたように電極反応は複雑で，電解電流は必ずしも拡散だけで決定されないことに注意しよう．詳しくは第3章で述べるが，拡散層の厚み δ は，

$$\delta = \sqrt{\pi Dt} \tag{1.13}$$

で与えられる．t は電解開始からの時間である．

例題1.1　$D = 0.50 \times 10^{-5}\,\mathrm{cm^2\,s^{-1}}$，$t = 10\,\mathrm{ms}$，$0.10\,\mathrm{s}$，$1.0\,\mathrm{s}$ のときの拡散層の厚みを計算せよ．

解答　式(1.13)を用いて，$t = 10\,\mathrm{ms}$ のときは，

$$\delta = \sqrt{\pi \times (0.50 \times 10^{-5}\,\mathrm{cm^2\,s^{-1}}) \times (0.010\,\mathrm{s})}$$
$$= 3.9_6 \times 10^{-4}\,\mathrm{cm} \approx 4.0 \times 10^{-4}\,\mathrm{cm} = 4.0\,\mu\mathrm{m}$$

同様にして，$t = 0.10\,\mathrm{s}$ のときは $12\,\mu\mathrm{m}$，$t = 1.0\,\mathrm{s}$ のときは $40\,\mu\mathrm{m}$ である．

補足　数値計算において途中の個々の計算結果を示す場合，有効数字より1桁余分にとっておき，最後にまるめる．そのことを明示するために，有効数字末位の一つ下の桁の数値を下付きの数字で示している．

対流は，機械的につくりだされる溶液の流れ，例えば，ポンプを用いて試料溶液を流したり，電極を回転させたりしてつくりだされる流れにより対象物質が運ばれる様式である．第3章でも触れるように，電極を一定の速度で回転させることにより，対象物質の濃度が変化する層の厚さを強制的に一定にすると，定常的な電流が観測されるので非常に便利である．また，泳動（電気泳動）は，対象物質が電荷をもつイオンであるとき，イオンが反対の電荷で帯電した電極に静電的に引きつけられて運ばれる様式である．通常の電気化学分析法では，試料溶液に対象物質の数十倍の濃度の塩（支持電解質）を加えることにより，対象物質の泳動が無視できるようにする．支持電解質を加えるもう一つの理由は，溶液内部の電位を一定に保ち，電気二重層領域に大きな電位勾配（電場）をつくり，物質をうまく酸化あるいは還元するためでもある．

2）電子移動過程

測定対象物質である分子やイオンが電極に電子を奪われて酸化されると，酸化電流 I_a が流れ，逆に電極から電子を奪って還元されると，還元電流 I_c が流れる．次の電極反応，

$$\mathrm{Ox}\,（酸化体）+ n\mathrm{e}^- \underset{k_a}{\overset{k_c}{\rightleftarrows}} \mathrm{R}\,（還元体） \tag{1.14}$$

が起こるとすると，正反応（還元反応）と逆反応（酸化反応）の反応速度 v_c と v_a は，

$$v_c = k_c C_{Ox}(0, t) \qquad v_a = k_a C_R(0, t) \tag{1.15}$$

である．ここで，$C_{Ox}(0, t)$ と $C_R(0, t)$ は，電極表面（$x = 0$）での Ox および R の濃度で，時間 t の関数である．また，k_c と k_a はそれぞれ，正反応と逆反応の反応速度定数を示す．一方，反応において Δt の時間内に各物質の物質量が ΔN 変化するとすれば，反応速度は次式で与えられる．

$$|v| \equiv \left|\frac{\mathrm{d}\xi}{\mathrm{d}t}\right| = \left|\frac{\mathrm{d}N_{Ox}}{\mathrm{d}t}\right| = \left|\frac{\mathrm{d}N_R}{\mathrm{d}t}\right| = \frac{1}{n}\left|\frac{\mathrm{d}N_{e^-}}{\mathrm{d}t}\right| \tag{1.16}$$

ここで，ξ は反応進度である．さらに，電気量を Q で表せば，

$$|\mathrm{d}Q| = F\,|\mathrm{d}N_{e^-}| = nF\,|\mathrm{d}\xi| \tag{1.17}$$

電流 I は電気量の時間微分であるから，

$$|I| \equiv \left|\frac{\mathrm{d}Q}{\mathrm{d}t}\right| = nF\left|\frac{\mathrm{d}\xi}{\mathrm{d}t}\right| = nF\,|v| \tag{1.18}$$

が導かれる．この式は電解電流が反応速度に比例することを示す．電極反応速度を単位面積当たりの反応速度（$\mathrm{mol\,s^{-1}\,m^{-2}}$）と定義すれば，式(1.15)の反応速度 v_c と v_a は，

$$v_c = \frac{|I_c|}{nFA} \qquad v_a = \frac{|I_a|}{nFA} \tag{1.19}$$

と表せる．正味の反応速度 v_{net} は正反応と逆反応の反応速度の差であるから，式

(1.15)より，

$$v_{\mathrm{net}} = v_{\mathrm{c}} - v_{\mathrm{a}} = k_{\mathrm{c}}C_{\mathrm{Ox}}(0, t) - k_{\mathrm{a}}C_{\mathrm{R}}(0, t) \tag{1.20}$$

この式より，正味の電流 I を

$$I \equiv -(|I_{\mathrm{c}}| - |I_{\mathrm{a}}|) \tag{1.21}$$ [*3]

と定義すると，

$$I = -nFA[k_{\mathrm{c}}C_{\mathrm{Ox}}(0, t) - k_{\mathrm{a}}C_{\mathrm{R}}(0, t)] \tag{1.22}$$

となる．式(1.22)から，正味の電流が正であるとき酸化電流が，負であるとき還元電流が流れることがわかる．

式の誘導は巻末の付録1に記すが，反応速度定数がアレニウス型であることと，印加した電位 E に指数関数的に依存することを考慮すると，式(1.22)は，$n=1$ としたとき，

$$I = -FAk^{\circ}\left\{C_{\mathrm{Ox}}(0, t)\exp\left[-\frac{\alpha F}{RT}(E - E^{\circ'})\right] - C_{\mathrm{R}}(0, t)\exp\left[\frac{(1-\alpha)F}{RT}(E - E^{\circ'})\right]\right\} \tag{1.23}$$

と書き換えられる．この式は，**バトラー－ボルマー**（Butler-Volmer）**式**と呼ばれ，電流－電位曲線の基本式である．ここで，k° は標準速度定数，$E^{\circ'}$ は式量電位である．α は移動係数と呼ばれ，0～1の値をとる．さらに，

$$i = -i_0\left\{\frac{C_{\mathrm{Ox}}(0, t)}{C^*_{\mathrm{Ox}}}\exp\left[-\frac{\alpha F\eta}{RT}\right] - \frac{C_{\mathrm{R}}(0, t)}{C^*_{\mathrm{R}}}\exp\left[\frac{(1-\alpha)F\eta}{RT}\right]\right\} \tag{1.24}$$

と書き換えることもできる．ここで i は電流密度で I/A, i_0 は交換電流密度であり，C^*_{Ox} と C^*_{R} は溶液内部の濃度である．η は過電圧と呼ばれ，$\eta = E - E_{\mathrm{eq}}$ である．式(1.24)は「電流－過電圧曲線」と呼ばれる式である．式(1.24)から，「電子移動は過電圧が正になるに従い，還元電流が指数関数的に減少して0に近づくとともに酸化電流が増大する」ことがわかる．しかし過電圧をいくら大きくしても，実際に電流が流れるかどうかは別問題である．標準速度定数 k° あるいはそ

＊3　「－」は還元電流を負にするためである．

れに比例する交換電流密度 i_0 が小さな値であれば，たとえ過電圧を大きくしても，電流はあまり流れない[*4]．電気化学分析を高感度にするには，標準速度定数を大きくして電極反応を可逆にすることが有利である．

一方，式(1.24)において，$C_{\mathrm{Ox}}(0,t)/C^*_{\mathrm{Ox}} = C_{\mathrm{R}}(0,t)/C^*_{\mathrm{R}} = 1$ と仮定すると，

$$i = -i_0\left\{\exp\left[-\frac{\alpha F\eta}{RT}\right] - \exp\left[\frac{(1-\alpha)F\eta}{RT}\right]\right\} \tag{1.25}$$

となる．この式は物質輸送が無限に大きく，対象物質の濃度が電極表面と溶液内部でいつも同じである条件でのバトラー－ボルマー式である．図1.6のように式を図にしてみると，過電圧が正に大きくなるにつれ，式(1.25)の括弧内の第一項は0に近づき，還元電流（i_c）はほとんど流れなくなる．しかし，第二項は指数関数的に増大し，大きな酸化電流（i_a）が流れるようになる．一方，過電圧が負に大きくなると酸化電流はほとんど流れなくなり，大きな還元電流が流れるようになる．しかし実際の電流–電位曲線では，物質輸送のために電流が制限され，過電圧がある大きさになると一定の電流（限界電流）が流れるようになる．これについては第3章で述べる（図3.3参照）．

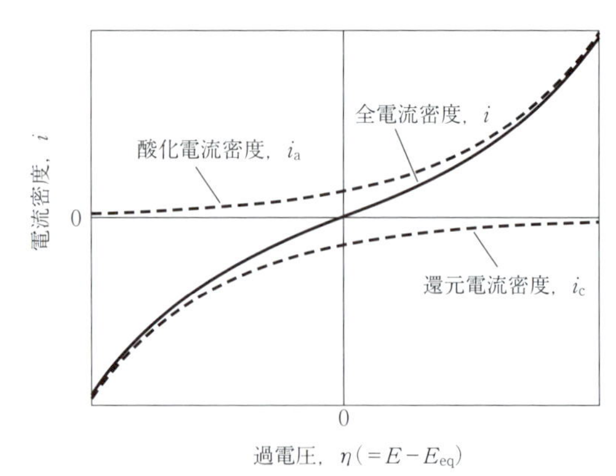

図1.6 バトラー－ボルマー式による電流と過電圧の関係

$\alpha = 0.5$として計算した．

＊4　標準速度定数は電極反応を特徴づける一つの尺度としても用いられる．標準速度定数が10^{-4} cm s^{-1}以下の電極反応を非可逆，10^{-4}～10^{-2} cm s^{-1}を準可逆，10^{-2} cm s^{-1}以上を可逆と呼び，電極反応を大別する．

章末問題

1-1 サイクリックボルタンメトリーでは，ピーク電流 I_p は測定対象物質の濃度 C に比例する．今，ある物質のサイクリックボルタモグラムを物質の濃度を変化させて測定したところ，下のような測定結果を得た（ブランクを補正）．検量線法を用いて未知試料の濃度を求めよ．

$C/10^{-3}$mol L^{-1}	0.00	1.00	2.00	3.00	未知試料
I_p/μA	0.00	1.58	3.13	4.73	3.50

1-2 図1. 2と同様の実験装置に 0.10 mol L^{-1} の塩酸 100 mL を加え，その 50 mL を完全に電気分解した．このとき陽極と陰極で発生する気体は何か．また，それらの気体の体積は標準状態（0 ℃，1 atm）でいくらか．陽極室の水溶液中にはどのような物質が溶存しているか答えよ．

1-3 電気二重層（厚さ 1 nm）にわたって 1 V の電位差を印加した．そのときの電場（電位勾配）の大きさを求めよ．この値と，バンデグラフ（発生する電圧は 1×10^5 V）から 1 cm 離れた場所での電場を比べよ．

1-4 式(1. 25)の各パラメータ（i_0，α，T）を変えて電流－電位曲線（$i-\eta$ 曲線）を描き．それらの影響を議論せよ．これらの曲線は，物質輸送過程の影響を無視したときの電流－電位曲線である．

1-5 式(1. 25)において η が非常に小さいとき，$i = \left\{ F/(RT) \right\} \times i_0 \times \eta$ となることを証明せよ．η/i は電気抵抗の次元をもち，電荷移動抵抗と呼ばれる．η/i の値が小さいときの電極反応は可逆か非可逆か説明せよ．

1-6 式(1. 25)において $|\eta|$ が非常に大きいとき，この式が，$\eta = \mathrm{a} + \mathrm{b} \times \ln|i|$ の形になることを証明し，a と b を求めよ．η に対する $\ln|i|$ のプロットをターフェルプロットといい，ターフェルプロットから移動係数 α や交換電流 i_0 を求めることができる．

Instrumental Methods in Analytical Chemistry

第2章 ポテンショメトリー

ポテンショメトリーと，ボルタンメトリー（第3章参照）やクーロメトリー（第4章参照）との一番の違いは，無視できるほど少ない電流しか流さずに，平衡状態を保持した状態で電位差測定を行う点，つまり，測定対象物質の濃度変化をほとんど無視できるという点にある．分析化学におけるポテンショメトリーの応用例として，pH電極のような対象化学種濃度の選択的直接定量，pH滴定や酸化還元滴定における滴定曲線の作成や終点の検出，平衡定数の決定（姉妹編『基礎から学ぶ分析化学』7.3節も参照）があげられる．本章では，このポテンショメトリーについて，電位をはかるための計測器や電極と，分析化学での応用例を学ぼう．

2.1 ポテンショメトリーの原理と測定

ポテンショメトリー（potentiometry，電位差測定）は，試料溶液中に挿入した指示電極（indicator electrode）の電位特性を測定する分析方法である．指示電極の電極電位は多くの場合，熱力学的な計算によって予測されるが，実験的には，二つの半電池を組み合わせて電池を構成し，その起電力をはかることによって決められる．ポテンショメトリーでは，電池の起電力測定と同様に，指示電極と，もう一本，電位の安定した別の電極（参照電極または比較電極）を試料溶液中に浸して一種の電池を構成し，電位差計（potentiometer，エレクトロメーター*1ともいう）により，電流をほとんど流さない平衡状態で両電極間の電位差を測定する．

なお，容量分析法の一種であるpH滴定や酸化還元滴定も，ポテンショメトリー

＊1　高入力抵抗の直流増幅回路をもち，微小電流や高抵抗の測定が可能で，精確度の良い電極電位測定を可能とする装置．

を併用し，滴定操作に伴って変化する指示電極の電位から得られる滴定曲線に基づいて滴定の終点を決定する場合には，電位差滴定法（potentiometric titration）と呼ばれる．

ところで，電位の発生は，電極表面での電子移動を伴う酸化還元反応に限らず，電荷をもつイオンの分布の差によっても起こる．後述する液間電位，ガラス電極や液膜型イオン選択性電極において生じる膜電位もその一つである．いずれの電位差測定においても，指示電極と参照電極，そして両電極間の電位差を測るための電位差計が必要となる（図2.1）．以下，電位差計と電極，そして電位差測定の際に考慮すべき液間電位について説明する．

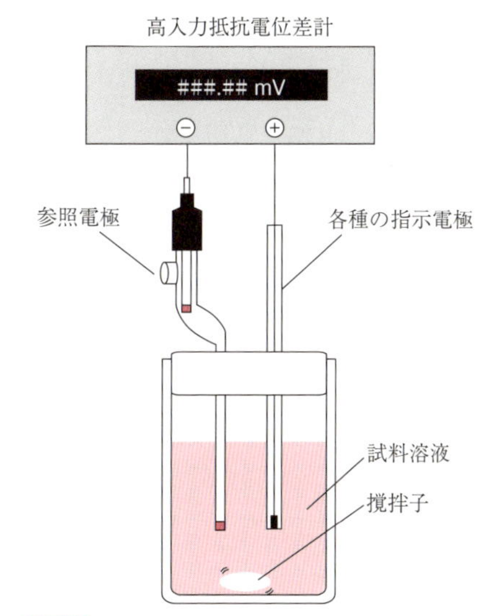

図2.1 一般的なポテンショメトリーの装置図

2.2 電位差計

市販の電位差計では，両電極間の電位差が，高入力抵抗をもつ増幅器で増幅されて，表示記録部に出力される．pH メーターも電位差計の一種であり，あらかじめ pH 値が既知の溶液（pH 標準液）を使って電位差（mV）と pH の関係を求めておけば，電位差から直接 pH 値を知ることができる．電位差計と，一般に広く用いられるテスターやデジタルボルトメーターなどの電圧計との違いは，一言でいうと入力抵抗の違いである．特に，膜抵抗が大きいガラス電極を用いる場合は，入力抵抗が大きな電位差計を使わないと正確な測定値を得られない．

図2.2に示す回路を使って，内部抵抗 R_S をもつ電池の起電力 V_X をできるだけ正確に測定するための条件を考えてみよう．通常，電位差計には有限の内部抵抗（入力抵抗）R_M が存在するため，電位差計を電池に接続すると，回路を通じて電池から電流 I が流れる．それによって電池の内部抵抗による電圧降下（I ×

R_S）が生じるため，電位差計の測定値 V_M（$V_M = I \times R_S$）は真の起電力より低い値をとることになる．すなわち，測定誤差(%)は次式で表される．

$$\text{測定誤差}(\%) = \left\{ R_S/(R_S + R_M) \right\} \times 100 \quad (2.1)$$

通常，pH ガラス電極の膜抵抗は25℃で10^7～10^9 Ω程度といわれており，仮に1×10^9 Ωとすると，測定誤差1％以内で正確な電位差を得るためには，入力抵抗1×10^{11} Ω以上の電位差計が必要となる．その場合，測定に際して，回路にはほとんど電流は流れないため，電池がもつ内部抵抗による電圧降下もほとんど無視でき，正確な測定が可能となる．

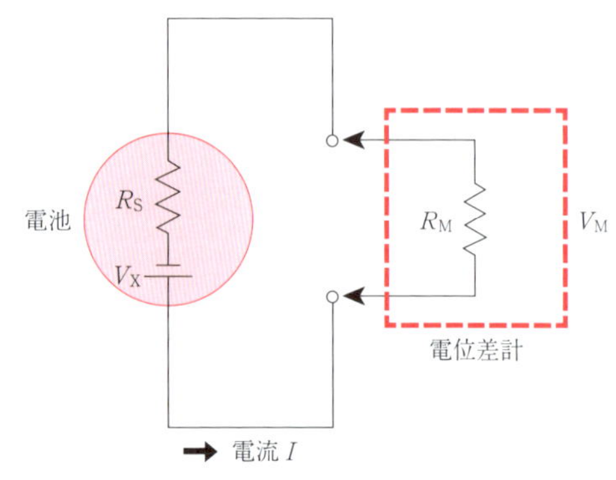

図2.2 電位差計による起電力（電位差）測定の回路模式図

測定対象となる電池の真の起電力を V_X，電池の内部抵抗を R_S，電位差計の入力抵抗を R_M，電位差計での測定値を V_M とすると，回路に流れる電流は，$I = V_X / (R_S + R_M)$ と表されるので，$V_M = V_X - I \times R_S$ となる．よって，測定誤差（volt）は $V_X - V_M$ となり，その割合（%）は（$V_X - V_M$）$/V_X \times 100$となる．これを変形すると式（2.1）が得られる．

2.3 指示電極

指示電極（金属電極，ガラス電極，イオン選択性電極）とは，試料溶液の電気化学的性質を指示する電極であり，この電極には，測定対象のイオンの濃度変化に迅速かつ再現性良く応答することが求められる．ただし，指示電極界面に発生する電位は，測定対象物質のモル濃度ではなく活量に依存するため，イオン強度によって大きく影響される点に注意が必要である．電極の感応部分は，主に金属あるいは無機固体化合物や有機物からなる膜である．以下，これら感応部分の種類ごとに，指示電極としての特性を見ていこう．

2.3.1 金属電極

指示電極として用いられる金属電極には次の三つのタイプがある．

1）純金属

半電池反応に電極として直接関与する金属で，例えば銅電極は，$Cu^{2+} + 2e^- \rightleftarrows Cu$ という半電池反応の指示電極として働き，その電極電位は次のネルンスト式で表される．

$$E = E^\circ_{Cu^{2+}/Cu} + 0.059/2 \cdot \log(a_{Cu^{2+}}) \quad (25℃) \qquad (2.2)$$

ここで，E° は，酸化還元対 Cu^{2+}/Cu の標準電極電位であり，$a_{Cu^{2+}}$ は銅（Ⅱ）イオンの活量（活量係数を1とすれば銅（Ⅱ）イオンのモル濃度で表される）である．しかしながら，金属電極は選択的応答性の点では理想的とはいえない．例えば，銅電極は銅（Ⅱ）イオンだけでなく，より還元されやすい銀イオンなどにも応答する．その他，亜鉛電極は酸性溶液中では溶解するため使用できないし，金属によっては溶存酸素の妨害を受けるものもある．したがって，金属電極を指示電極として利用する場合には，試料の液性や溶存酸素の除去，応答特性の検討など，注意が必要である．金属イオンの定量には，後述するイオン選択性電極を指示電極として利用することが多い．

2）陽イオンが陰イオンと難溶性の沈殿あるいは安定な錯体を生成する金属

遷移金属を主としたこの種の金属電極は，陽イオンのみならず，安定な化合物を生成する陰イオンにも応答する．例えば，半電池反応 $Ag^+ + e^- \rightleftarrows Ag$ において塩化物イオンが共存すると，水に難溶性の塩化銀が沈殿生成することから，銀イオン濃度が塩化物イオン濃度に依存して変化し，結果として銀電極は，塩化物イオンにも応答する．この場合，塩化物の沈殿生成とそれらの酸化還元を考慮して，半電池反応 $AgCl + e^- \rightleftarrows Ag + Cl^-$ の指示電極を銀／塩化銀電極（Ag/AgCl 電極）として表す（例題2.1参照）．この種の指示電極としてはハロゲン化物や硫化物が知られており，後述の固体膜型イオン選択性電極の原型ともいえる．

3）不活性な金属

標準水素電極で使われる白金黒電極のように，白金や金などの不活性な金属電極を指示電極として使う場合である．このような電極は，溶液中に存在する酸化還元系が示す電位に応答する．例えば，溶液中に鉄（Ⅱ）イオンと鉄（Ⅲ）イオンとが共存する場合，両者の間には酸化還元平衡（$Fe^{3+} + e^- \rightleftarrows Fe^{2+}$）が成り立っているため，そこに浸した白金電極の電位は次式で表される[*2]．

$$E = E^{\circ}{}_{Fe^{3+}/Fe^{2+}} + 0.059 \cdot \log[(a_{Fe^{3+}})/(a_{Fe^{2+}})] \quad (2.3)$$

2.3.2　ガラス電極

分析化学の実験室で最も広く使われている指示電極は，pH ガラス電極であろう．**ガラス膜電極**（glass membrane electrode）とも呼ばれ，$Na_2O-Al_2O_3-SiO_2$ 系，または $Li_2O-Al_2O_3-SiO_2$ 系ガラス膜などを感応膜とした電極であり，一種の水素イオン選択性電極といい換えることもできる．ガラス組成を変えると特性も変化し，ナトリウムイオンにも応答するようになる．

pH ガラス電極（構造については図2.3または姉妹書『基礎から学ぶ分析化学』5.4節も参照）では通常，内部液として pH 7 の緩衝液が充填されており，ガラス薄膜の内外で pH に応じた電位差が発生する．測定される膜電位は，電極表面に存在する水和したガラス薄膜が，イオン交換膜として働くことが原因で発生する界面電位や，薄膜内の水素イオンの移動に伴って発生する拡散電位によると推察されているが，発生機構についての明確な説明は未だに与えられていない．

2.3.3　イオン選択性電極

イオン選択性電極（ion selective electrode：ISE）とは，特定のイオンを選択的に測定する電極を意味し，イオン電極やイオンセンサーとも呼ばれる．ISE は感応部分の形状から，ガラス電極，固体膜型電極，液膜型電極などに大別される．これらの電極の構造を図2.3に示す．

ISE の感応膜部が試料溶液中の測定対象イオンと接すると，そのイオンの活量に応じた膜電位が生じるが，その大きさは，そのイオン i の活量 a_i の対数に依存し，理想的にはネルンスト式に従う．

$$E = E_i^{\circ} + 0.059/z_i \cdot \log(a_i) \quad (25℃) \quad (2.4)$$

＊2　環境分析においては，酸化還元電位のことを ORP（oxidation reduction potential）と称して，酸化力または還元力の強さを示す量として使うことがある．実際に，環境中の水試料では各種物質の間で何種類もの酸化還元平衡が同時に存在するため，このような溶液の ORP は単純なネルンスト式で表現できるものではなく（混成電位という），その物理的，化学的な意味はあまり明確ではないが，下水処理場や工場の排水処理場，土壌・地下水の検査に際しては，有用な指標として使われることがある．

ここで E_i° は電極の構成など測定条件によって定まる定数，z_i はイオン i の電荷数である．式(2.4)に従うと，イオンの活量が10倍増加するごとに約59/$|z_i|$ mV（25℃）の電位変化が期待され，これを**ネルンスト応答**（Nernstian response）という．しかし実際には，ISE は共存する他のイオンの影響を受けて電位が変化することもある．そこで，共存イオンの影響も考慮した式，次の**ニコルスキー－アイゼンマン**（Nicolsky-Eisenmann）**式**が用いられる．

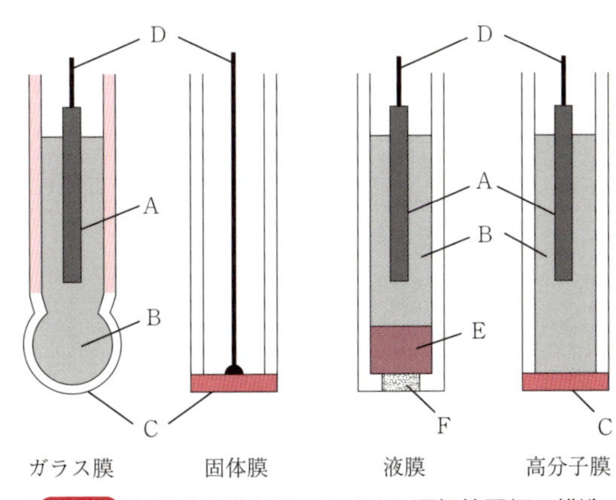

図2.3 各種感応膜を用いたイオン選択性電極の構造

A：内部電極，B：内部液，C：感応膜，D：リード線，E：イオン感応液，F：多孔質膜

$$E = E_i^\circ + \frac{0.059}{z_i}\log[a_i + K_{ij}(a_j)^{z_i/z_j}] \quad (25℃) \tag{2.5}$$

ここで，a_i は測定対象イオン i の活量を，a_j は共存イオン j の活量を表す．K_{ij} は**選択係数**（selectivity coefficient）と呼ばれ，測定対象イオン i に対する共存イオン j の影響（妨害）を示す値であり，この値が小さいほど目的のイオン i に対する選択性が高いことになる．なお，複数の共存イオンが影響する場合には，式(2.5)の対数部分の第二項が，個々のイオンの選択係数と活量の積の総和になる．

初期の液膜型電極はイオン交換体型が主であったが，最近では分子認識に関する研究の発展に伴い，人工イオノフォア（姉妹編『基礎から学ぶ分析化学』第6章参照）を用いた電極が中心となっており，例えばクラウンエーテル誘導体を用いて，アルカリ金属イオンについて優れた選択性と感度をもつ ISE が実用化されている．この種の電極では，測定対象の陽イオンが液膜中の疎水性イオノフォアと選択的に錯形成することによって液膜に取り込まれ，膜界面で電荷分離が生じ，電位が発生する．その際，対イオンの共抽出を防ぎ，必要な感度や応答性を

表2.1 各種イオン選択性電極の特性

測定イオン	形状	測定範囲（mg L^{-1}）	主な妨害イオン
Na^+	ガラス膜	2.3～23,000	K^+，NH_4^+
K^+	液膜	0.39～3,900	NH_4^+
Ca^{2+}	液膜	0.4～40,000	Pb^{2+}，Zn^{2+}
Ag^+	固体膜	0.1～108,000	Hg^{2+}
Cu^{2+}	固体膜	0.06～630	Hg^{2+}，Ag^+
Cd^{2+}	固体膜	0.01～1,120	Hg^{2+}，Ag^+，Cu^{2+}
Pb^{2+}	固体膜	2～20,000	Fe^{3+}，Cr^{3+}，Cd^{2+}
F^-	固体膜	0.01～19,000	OH^-
Cl^-	固体膜	1～35,000	Br^-，I^-，S^{2-}
Br^-	固体膜	0.8～80,000	I^-，S^{2-}
I^-	固体膜	0.013～127,000	S^{2-}
S^{2-}	固体膜	0.3～32,000	CN^-，$S_2O_3^{2-}$
CN^-	固体膜	0.003～26	I^-，S^{2-}
SCN^-	固体膜	0.6～5,800	CN^-，I^-，S^{2-}，$S_2O_3^{2-}$，Br^-
NO_3^-	液膜	0.62～62,000	I^-，Br^-，NO_2^-

保証するために，適切なイオン交換体を液膜に共存させる必要がある．表2.1に，市販されている各種ISEの特性を示す．また，図2.3の固体膜型ISEでは，膜の内側に直接金属を接触させて電気的接続をとっている．これにならって電界効果トランジスタ[*3]（field effect transistor：FET）のゲート電極にイオン感応膜を被覆したものが，イオン感応型電界効果トランジスタ（ISFET）であり，半導体製造技術を利用することで超小型化や集積化が可能となる．ISFETには，従来のISEで使われるイオン感応物質のほとんどを利用できるので，生体用や臨床用の成分モニターとしての応用発展が期待されている．市販されている携帯用の小型pHセンサーの多くはISFETを利用したものである．

＊3　電圧入力によって発生させた電界により電流を制御するトランジスタ．集積化（小型化）が容易であることから，電子機器内部の制御用集積回路ではスイッチング素子や増幅素子として多用される．

2.4 参照電極（比較電極）

通常，標準電極電位の基準には標準水素電極SHE（$2H^+ + 2e^- \rightleftarrows H_2$）が選ばれており，SHEの電位はすべての温度において0Vとみなすことになっている．ポテンショメトリーにおける理想的な参照電極には，電位の安定性と再現性が要求される．すなわち，電極反応が可逆であり，電極電位がネルンストの式に従うこと，電極電位が測定中に変動せずに安定なこと，少量の電流が流れても電極電位がほとんど変動しないものが望ましい．加えて，実用上は組み立てやすく，丈夫なものが好ましく，その点，SHEは日常的な使用にはそぐわない．そこで参照電極として古くから使われてきたのが，飽和水銀／塩化水銀（I）電極（$Hg_2Cl_2 + 2e^- \rightleftarrows 2Hg + 2Cl^-$），通称カロメル（calomel；$Hg_2Cl_2$）電極（甘汞（かんこう）電極ともいわれる）である（図2.4）．しかし，最近では水銀の有害性に配慮してほとんど使われなくなり，それに代わって広く使われているのが，飽和銀／塩化銀電極（$AgCl + e^- \rightleftarrows Ag + Cl^-$）である．

図2.4に示したように，一般的な銀／塩化銀電極では，銀線の表面を塩化銀で覆い，それが飽和塩化カリウム水溶液中に浸されている．銀／塩化銀電極の電位は，銀イオン濃度はもちろん，塩化物イオン濃度によっても変化するので（例題2.1参照），塩化物イオンや銀イオン濃度の変動を抑えるために通常は塩化カリウム結晶や少量の塩化銀粒子を共存させている．ポテンショメトリーやボルタンメトリーにおいては，銀／塩化銀電極電位を基準にして電位が測定されたことを表

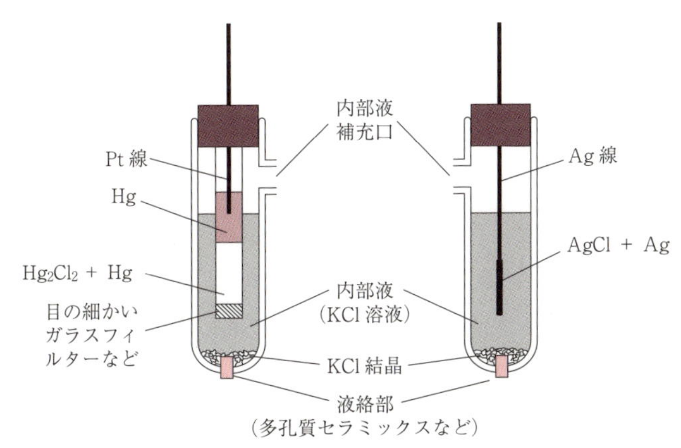

図2.4 飽和水銀／塩化水銀（I）電極（左）と，飽和銀／塩化銀電極（右）

すために，測定された電位の後ろに“vs. sat. Ag/AgCl”と付記されることが多い．なお，この電極は，SHE に対して25℃で＋0.197 V を示すため，SHE を基準に記された各種酸化還元対の標準電極電位を参照する際には，補正が必要である．

例題2.1　銀／塩化銀電極は，銀イオンだけでなく塩化物イオンにも応答することを，ネルンスト式と溶解度積を用いて示せ．

解答

半電池反応 $Ag^+ + e^- \rightleftarrows Ag$ において銀電極は，銀イオンに応答し，その電極電位は次式で示される．

$$E = E^\circ_{Ag^+/Ag} + 0.059 \cdot \log(a_{Ag^+}) \quad (25℃) \qquad \text{(i)}$$

試料中に塩化物イオンが共存すると，銀イオンは塩化物イオンと反応して難溶性の塩化銀沈殿を生成するため，沈殿平衡が成り立つ．塩化銀の熱力学的溶解度積 $K_{sp} = a_{Ag^+} \times a_{Cl^-}$ の関係から，式（i）は次式のように書き換えられる．

$$E = E^\circ_{Ag^+/Ag} + 0.059 \cdot \log[K_{sp}/a_{Cl^-}] \qquad \text{(ii)}$$

$$= E^\circ_{Ag^+/Ag} + 0.059 \cdot \log K_{sp} - 0.059 \cdot \log(a_{Cl^-}) \qquad \text{(iii)}$$

$$= E^\circ_{Ag/AgCl} - 0.059 \cdot \log(a_{Cl^-}) \qquad \text{(iv)}$$

式(iii)および(iv)は，銀電極，そして銀／塩化銀電極（$AgCl + e^- \rightleftarrows Ag + Cl^-$）が，いずれも塩化物イオンの活量にもネルンスト応答することを示している．よって，一定濃度の銀イオン，あるいは塩化物イオンを含む溶液中で銀／塩化銀電極(または銀電極)の電位をそれぞれ測定し，式（i）と（iii）に代入すれば，塩化銀の溶解度積 K_{sp} を求めることができる．

2.5　液間電位

電位差測定において，参照電極を試料溶液中に浸すと，参照電極の内部液と試料溶液とが液絡部で接触する．このような異なる組成の電解質溶液が互いに接する液–液界面では，両液中に含まれる各イオン種の濃度差に応じてイオンが移動し，陽イオンと陰イオン間の移動度の違いによって界面の両側に電位差が発生する．これを**液間電位**（liquid-junction potential）という．イオン移動が拡散による場合は拡散電位とも呼ばれ，測定値に誤差を与えることになる．

このように拡散に基づいて発生する液間電位差を表す理論式は，ある種の微分方程式を解くことによって近似的な補正式[*4]として得られ，ゴールドマン（Goldman）の式やヘンダーソン（Henderson）の式が知られている．例えば，ヘンダーソンの式を使うと，0.1 mol L^{-1} 塩酸溶液と 0.1 mol L^{-1} 塩化カリウム溶液とが接した界面間に発生する液間電位は約26.9 mV と予想されるが，この値は実測値 26.78 mV とよく一致する．

実際の測定では，液間電位を理論的に補正することは難しいため，正確な電位差測定を行う際には，二つの液相に目的の電解質の他に多量の無関係電解質を加えたり，高濃度の塩化カリウムを含む寒天やゲルからなる**塩橋**を用いて二つの液相をつないで誤差を抑えるなどの工夫を施す．

例えば雨水や河川水など，低いイオン濃度の試料水の pH を測定する場合は，参照電極内部液の高濃度塩化カリウム溶液と試料水との界面に大きな液間電位差が生じることや，塩化カリウムの漏出による試料の汚染などもあって電位が安定せず，正確な測定が困難である．最近，疎水性イオン液体を用いる塩橋が開発され，このような試料水においても高精度で安定性の高い pH 測定が可能になりつつある．

2.6　ポテンショメトリーの実例

電位差測定の代表例は,ガラス電極を用いた pH 測定であろう．本節では，まず

＊4　ゴールドマンの式

$$\Delta\phi = -\frac{RT}{F}\ln\frac{\sum_{\mathrm{j}}\omega_{\mathrm{j}}c_{\mathrm{j,d}} + \sum_{\mathrm{k}}\omega_{\mathrm{k}}c_{\mathrm{k,0}}}{\sum_{\mathrm{j}}\omega_{\mathrm{j}}c_{\mathrm{j,0}} + \sum_{\mathrm{k}}\omega_{\mathrm{k}}c_{\mathrm{k,d}}}$$

ヘンダーソンの式

$$\Delta\phi = -\frac{\sum_{i}|z_i|\frac{u_i}{z_i}\left(c_{i,d}-c_{i,0}\right)}{\sum_{i}|z_i|u_i\left(c_{i,d}-c_{i,0}\right)}\frac{\mathrm{RT}}{\mathrm{F}}\ln\frac{\sum_{i}|z_i|u_i c_{i,d}}{\sum_{i}|z_i|u_i c_{i,0}}$$

ここで $\Delta\phi$ は液間電位差，ω_{i} はモル移動度，$C_{i,0}$，$C_{i,d}$ は界面の両側のイオン i の濃度，z_i はイオン i の電荷数，u_i はイオン移動度である．なお，モル移動度 ω やイオン移動度 u と拡散係数 D との間には，$D = \omega RT$, $u = |z|(F/RT)D$ という関係がある．

pH 測定を簡単に紹介し，次いで，他のイオン選択性電極（ISE）を用いた測定について解説する．

2.6.1　pH の測定

ガラス電極を用いた pH 測定については，JIS Z8802：2011「pH 測定方法」を参考にするとよい．この規格は，ガラス電極と pH メーターを用いて 0 ～95 ℃の水溶液の pH 値を測定する方法について規定している．ガラス電極による非水溶媒の pH 測定も溶媒の種類によっては可能だが，詳細については省略する．

測定系は，pH ガラス電極と，pH に無関係に常に一定の電位を示す参照電極とから構成され，両電極間に発生した電位差を pH メーターで測定する．このようにして測定した電位差 E は，次式で表される．

$$E = [\text{定数}] + (2.303RT/F)\log(a_x/a_i) \tag{2.6}$$

ここで，a_i と a_x は，それぞれガラス電極の内部液と試料溶液の水素イオンの活量である．pH 既知の緩衝液（pH 標準液）を用いて測定すると，式(2.6)から定数項を消去することができ，$pH_x = -\log(a_x)$ より，次式が得られる．

$$pH_x = pH_s + (F/2.303RT)(E_S - E_X) \tag{2.7}$$

ここで，pH_x と pH_s はそれぞれ試料溶液と標準液の pH を，E_X と E_S はそれぞれ試料溶液と標準液で測定された電位差の値である．したがって，pH が既知の標準液を用いて測定した電位差と試料溶液で得られた値とを比較して，試料溶液の pH を求めることができる．通常は，ネルンスト－スロープ値と呼ばれる（2.303 RT/F）の値も測定条件によって変化するので，異なる pH 値の 2 種類の標準液を用いて電極を校正し，スロープ値がほぼ理論値（25℃で約59 mV）を示すことを確かめた後，同じ温度条件下で実試料の測定を行う．表2. 2に，pH 標準液の組成と pH を示す．なお，個々のガラス電極の特性にもよるが，pH 3 以下の酸性領域では酸誤差が，pH 10以上のアルカリ領域ではアルカリ誤差が生じることがある．また，繰り返しになるが，電極電位は H^+ の活量に依存するので，試料のイオン強度についても留意する必要がある．

表2.2 pH 標準液の pH と組成（JIS Z8802：2011 pH 測定方法より）

pH 値（25℃の値）	標準液名	組　成
pH 2（pH 1.68）	シュウ酸塩 pH 標準液	0.05 mol/kg（12.61 g/L）二シュウ酸三水素カリウム二水和物水溶液
pH 4（pH 4.01）	フタル酸塩 pH 標準液	0.05 mol/kg（10.12 g/L）フタル酸水素カリウム水溶液
pH 7（p H 6.86）	中性リン酸塩 pH 標準液	0.025 mol/kg（3.39 g/L）リン酸二水素カリウム水溶液＋0.025 mol/kg（3.54 g/L）リン酸水素二ナトリウム水溶液
pH 9（pH 9.18）	ホウ酸塩 pH 標準液	0.01 mol/kg（3.80 g/ L）四ホウ酸ナトリウム十水和物（ホウ砂）水溶液
pH 10（pH 10.02）	炭酸塩 pH 標準液	0.025 mol/kg（2.92 g/ L）炭酸水素ナトリウム＋0.025 mol/kg（2.64 g/L）炭酸ナトリウム

2.6.2 イオン選択性電極を用いた定量

2.6.1項で説明したpH 測定にならって，pH ガラス電極をイオン選択性電極（ISE）に，pH メーターを電位差計に変え，ISE を参照電極と共に試料溶液に浸したときに生じる両電極間の電位差（ISE の応答電位）を測定すれば，イオン濃度測定が可能となる．pH 測定との大きな違いは（電極の種類にもよるが）イオン濃度の測定範囲が 10^{-1} mol L^{-1} 程度から 10^{-4}～10^{-7} mol L^{-1} と，pH 測定に比べて狭いことと，共存イオンの影響（妨害）を無視できないことである．pH 測定同様，最初に電極の校正に相当する操作が必要であり，一般には試料溶液の測定の前に検量線を作成する．ただし，検量線の作成に用いる標準液の組成と試料溶液の組成は類似していなければならない．必要に応じて，標準液と試料溶液にイオン強度を等しくするための**全イオン強度調整溶液**（total ionic strength adjustment buffer：TISAB）を加えて測定する．その他，測定対象イオンが錯体を形成する場合には，錯体解離剤溶液を添加したり，または pH の調整などによって錯体を解離させた後に測定する．ISE を用いる測定操作については JIS K0122「イオン電極測定方法通則」を参考にするとよい．

ところで，実際の分析の際には，測定対象イオンの濃度が段階的に異なる数個の検量線作成用の標準液を調製し，この分析法は絶対検量線法（または外部標準法）と呼ばれる．この方法は，試料溶液と標準液の組成があまり変わらない時に

Column 2.1

化学センサー

pH 電極やイオン選択性電極は，イオンや分子といった特定の化学物質の濃度（活量）を識別する機能を有する化学センサーの一種である．水質分析で利用される，溶存酸素（dissolved oxygen：DO と略）測定用の酸素電極（DO 計）も同様であるが，この電極は，酵素のもつ選択性を付与することによって，特定の有機物を検出する酵素電極の開発に繋がった．ここでは，Clark 型酸素電極の構造（右図）と機能，そしてグルコース（Glc）酸化酵素を用いた Glc 電極について，説明する．

右図の酸素電極は，Pt 作用電極と Ag/AgCl 参照電極（対極を兼ねる）からなる二電極式電解セルであり，Pt 電極を覆うようにガス透過膜が密着されている．この電極を試料水中に浸し，作用電極を，酸素が還元される電位に設定すると，試料と検出部が膜によって分離されているため，共存成分の妨害を受けず，試料水中から膜を透過して作用電極表面に到達した酸素が選択的に電流検出される．空気中の酸素濃度も測定できるので，通常はその値を使って機器の校正も行う．さて，このガス透過膜表面に，例えば Glc 酸化酵素を固定化すると，試料中に Glc が存在した場合，膜表面では Glc 酸化反応が進行し，溶存酸素が消費される．それに伴い，電極表面に到達する酸素量が減少し，出力電流値も基質である Glc 量に比例して減少することになり，Glc センサーとして機能する．

このタイプのセンサーには，さまざまな酸化酵素を用いることができ，また，酵素の代わりに好気的な酸素消費型の微生物を固定化すると，水質汚濁の指標の一つでもある，生物学的酸素要求量（biological oxygen demand：BOD）を短時間に簡便に測定できる BOD センサーとして使える．このような生体関連物質を測定対象とするバイオセンサーについては，臨床分析・食品分析・環境分析等の広い分野での応用が期待されている．

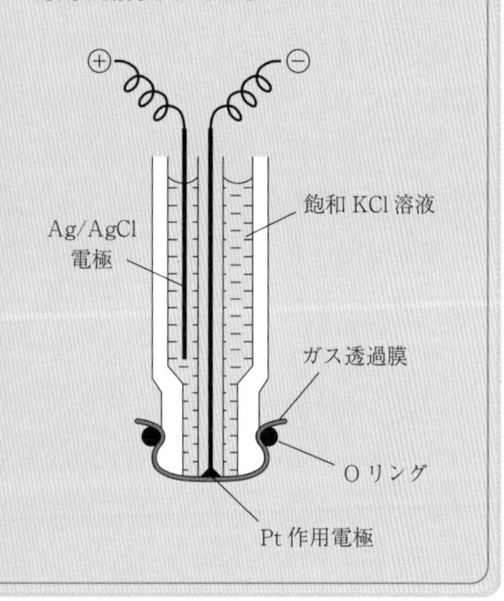

は有効であるが，組成が大きく異なり TISAB 等を加えても条件を整えることが難しい場合には，標準添加法が有効である．これは，一定量の未知試料に標準試料を直接添加した溶液を用いて検量線を作成し，添加した標準試料濃度と測定電位の値との関係から対象物質の定量を行う方法である（コラム6.1参照）．

ISEによる測定においては，標準添加法の一つとして**グランプロット（Gran plot）法**がよく使われるので，簡単に紹介しておく．

① 試料溶液の一定量 V_0を正確にはかり取る．

② 試料溶液中のイオン濃度 C_0を一般的な検量線法等で近似的に見積もり，その約10倍濃度 C^* の標準溶液を調製する．

③ ①にISEと参照電極を浸し，撹拌して電位が安定したらその値を読み取る．

④ ②で調製した標準液を，試料溶液の約1/10量だけ正確にはかり取り，③の試料溶液に添加する．電位が安定したらその値を読み取る．

⑤ ④の溶液に，④と同量の標準液を添加し，電位を読み取る．

⑥ ⑤と同様の操作を行い，電位を読み取り，計3点の電位値を使って，グランプロット法を適用する．横軸に標準液の添加量 V^*を，縦軸に（V_0+V^*）・$10^{E/S}$との関係を図示すると，これらを結ぶ線は直線となる（ここで，Sはネルンストスロープ値で，測定対象イオンがI価の場合には60 mVに近似する）．この直線を延長して横軸と交わる点の値を V_T^*とすると，近似的に $C_0 = C^* \times V_T^*/V_0$なる式が成り立ち，これより C_0が求められる．

この方法は，検量線法のような複数の標準液の調製と検量線の作成が不要なため，操作が比較的簡単となる特徴がある．

グランプロット法は，電位差滴定における終点決定にも使われる．図2.5に，塩酸を水酸化ナトリウム溶液で滴定したときのpH滴定曲線（赤線）と，グランプロット（黒線）を示した．pH滴定曲線上で滴定の終点を求めるには，実験の際に，終点後の滴下量も読み

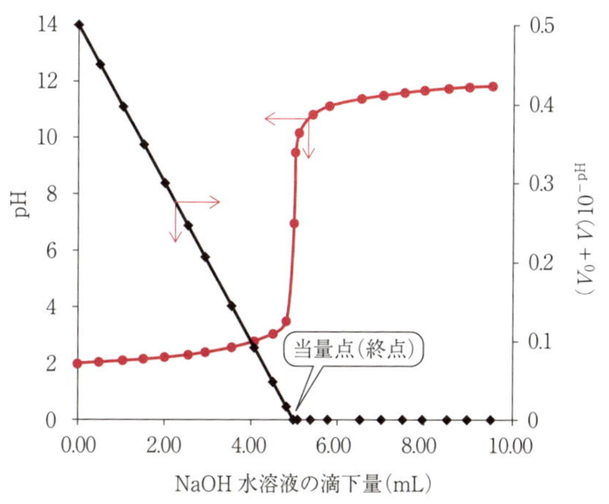

図2.5 pH滴定曲線とグランプロット

50 mLの0.01 mol L^{-1}塩酸を0.1 mol L^{-1}水酸化ナトリウム溶液で滴定した例．V_0は被滴定液である塩酸の初期体積，Vは滴定剤である水酸化ナトリウムの滴下量を示す．

取る必要があるが，グランプロット法を用いると，滴定の終点の近くで滴下量を読み取らなくても，終点までのデータから得られる直線を外挿することによって簡単に終点が得られる（章末問題2-5も参照）.

章末問題

2-1 内部抵抗の大きいpHガラス電極を使ってpH測定を行う際には，入力抵抗の大きい専用の機器（電位差計）を使う必要がある．その理由について説明せよ．

2-2 電気化学測定においては，異なる組成の電解質溶液が接する液液界面がよく見受けられる．この界面では，液間電位が発生し，正確な電位差測定に影響を与えることがある．液間電位について，その発生原因と解消法について説明せよ．

2-3 イオン選択性電極を用いたイオン濃度測定における一般的な方法として，JISには絶対検量線法と標準添加法が記されており，標準添加法として一般法とグランプロット法が説明されている．これらの測定法について説明せよ．

2-4 フッ化物イオン選択性電極を使って，ある試料中のフッ化物イオン濃度の測定を行った．右表に，既知濃度の標準溶液を使って測定されたフッ化物イオン濃度（$\mathrm{mol\,L^{-1}}$）と電位差（mV vs. Ag/AgCl）の関係を示した．試料溶液の測定値が−21.3 mVであった時，試料中のフッ化物イオン濃度を検量線を作成して求めよ．

フッ化物イオン濃度（$\mathrm{mol\,L^{-1}}$）	電位差（mV）
1.00×10^{-6}	+117.8
1.00×10^{-5}	+78.2
1.00×10^{-4}	+23.2
1.00×10^{-3}	−34.5
1.00×10^{-2}	−90.7

2-5 図2.5には，酸塩基滴定におけるグランプロットが示されている．このプロットにおいて，横軸に滴定剤の滴下量Vを，縦軸に$(V_0 + V)10^{-\mathrm{pH}}$をとった時に，終点より酸性側では直線関係が得られることと，その近似直線を外挿した時のX軸切片が終点になることについて説明せよ．ここでV_0は被滴定液の初期体積とする．

2-6 アンモニウムイオン選択性電極として，イオン交換膜を利用したものも一部流通しているが，市販されているアンモニア（アンモニウムイオン）電極の多くは，pHガラス電極と気体透過性膜を利用した構造から隔膜型電極とも呼ばれ，他のイオン選択性電極とは測定原理が異なる．隔膜型のアンモニア電極について，その構造と，妨害物質など応答特性について説明せよ．

Instrumental Methods in Analytical Chemistry

第3章 ボルタンメトリー

この章では，測定対象物質を電解して分析する方法のうち，主にボルタンメトリーを取り上げる．第1章で学んだバトラー・ボルマー式をもとにして，物質輸送過程を考慮した，より実際に近い電流－電位曲線（ボルタモグラム）を考えることによって電極反応の理論を学ぶ．さらに，電気化学測定法としてよく用いられる各種のアンペロメトリーやボルタンメトリーを，解析方法，測定装置，測定法と合わせて学ぼう．

3.1 ボルタモグラム（電流－電位曲線）

1.1節で述べたように，電気化学分析法には，測定対象物質を電解して分析する方法と，電解しないで分析する方法がある．**ボルタンメトリー**（voltammetry）は前者に属し，電流を電位の関数として測定する．通常，電位を走査しながら電流を測定することによって，図3.1に示すような**ボルタモグラム**（voltammogram）を得ることができ，これによって対象物質の定性や定量を行える．具体的には，ボルタモグラムに現れる還元波あるいは酸化波[*1]の電位から対象物質を定性分析し，その波の大きさから定量を行う．このような操作は実験に熟達すればそれほど難しくはない．しかし，ボルタモグラムの形を理論的に求めることは容易ではない．第1章の式(1.23)のバトラー・ボルマー式は反応速度論から導くことができたが，その式に現れる対象物質の電極表面濃度 $C(0, t)$ を理論的に導くためには，物質輸送を数学的に取り扱う必要があるからだ．1.2.2(1)で述べたフィックの方程式（一般的にはナビエ・ストークスの方程式）をもとに，拡散，対流，

＊1　ボルタモグラムに現れる電流のS字型やピーク状の変動を「波」と呼ぶ（図3.1参照）．

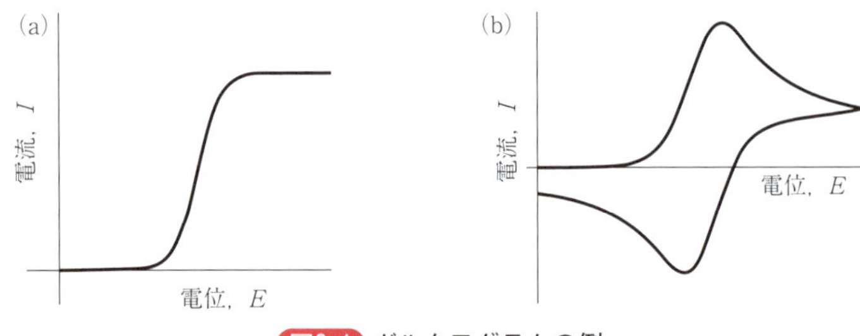

図3.1 ボルタモグラムの例

(a) 対流ボルタモグラム（定常ボルタモグラム），(b) サイクリックボルタモグラム（非定常ボルタモグラム）．

泳動の物質輸送に対する微分方程式を特定の初期条件や境界条件の下で解くことになる．ボルタンメトリーでは，試料溶液に支持電解質を十分に加えることで泳動を無視できるようにするが，それでも，この取り扱いには数学的熟練と根気が必要である．ここでは，誰でもが直感的に理解できるよう，物質輸送が拡散による場合のボルタモグラムを調べることから始め，これから得られた知見をバトラー・ボルマー式やネルンスト式に適用する．

3.1.1　ボルタモグラム（バトラー・ボルマー式をもとにした取り扱い）

第1章の式(1.14)を再び考えよう．

$$\mathrm{Ox}(\text{酸化体}) + n\mathrm{e}^- \rightleftarrows \mathrm{R}(\text{還元体}) \tag{3.1}$$

Ox や R としては，それぞれ，$[\mathrm{Fe^{III}(CN)_6}]^{3-}$ と $[\mathrm{Fe^{II}(CN)_6}]^{4-}$ を想像すればよい．さらに，ここでは，試料溶液は十分な量の支持電解質(例えば 0.1 mol L^{-1} の KCl)と低濃度の Ox（例えば 1 mmol L^{-1}の［$\mathrm{Fe^{III}(CN)_6}]^{3-}$）だけを含むものとする．図3.2に示すように，物質輸送が厚さ δ の拡散層内の定常的な濃度勾配による拡散によって決定されるとすると，いったん Ox の電解（還元）が始まれば，物質輸送速度 v_{mt}(mol m^{-2}s^{-1})は，フィックの第一法則〔式(1.7)〕より，

$$v_{\mathrm{mt}} = D_{\mathrm{Ox}} \times \frac{C^*_{\mathrm{Ox}} - C_{\mathrm{Ox}}(x=0)}{\delta} = m_{\mathrm{Ox}}[C^*_{\mathrm{Ox}} - C_{\mathrm{Ox}}(x=0)] \tag{3.2}$$

で表される．ここで，D_{Ox} は Ox の拡散係数(m^{2}s^{-1})，C^*_{Ox} と $C_{\mathrm{Ox}}(x=0)$ (mol m^{-3})は Ox のバルク濃度と電極表面濃度である．また，$m_{\mathrm{Ox}} = D_{\mathrm{Ox}}/\delta$ (m s^{-1})である．

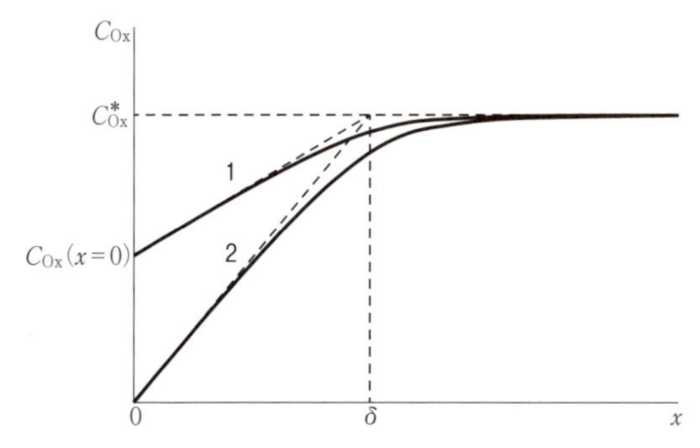

図3.2 拡散層内の濃度分布（実線）と定常的な濃度勾配の拡散層（破線）

1 は $C_{Ox}(x=0) \approx C^*_{Ox}/2$ のとき，2 は $C_{Ox}(x=0) \approx 0$ のとき．

したがって，式(1.12)を参考にすれば，

$$\frac{I_c}{nFA} = -m_{Ox}[C^*_{Ox} - C_{Ox}(x=0)] \tag{3.3}$$

である．ここで，I_c は還元電流（A），A は電極面積（m^2）である．$C^*_{Ox} > C_{Ox}(x=0)$ であるから，$I_c < 0$ であることに注意しよう．Ox が電解され始めると R が生成するので，

$$\frac{I_c}{nFA} = -m_R[C_R(x=0) - C^*_R] \tag{3.4}$$

も成り立つ．ここでの条件は，$C^*_R = 0$ なので，

$$\frac{I_c}{nFA} = -m_R C_R(x=0) \tag{3.5}$$

が成り立つ．$C_{Ox}(x=0)$ や $C_R(x=0)$ は電位の関数であり，電位が十分に負で，電解（還元）が十分に速く進行しているときには，$C_{Ox}(x=0) \approx 0$ と近似できる．このとき流れる電流を限界電流 $I_{l,c}$ とすれば，式(3.3)から，

$$I_{l,c} = -nFAm_{Ox}C^*_{Ox} \tag{3.6}$$

となる．さらに，この式を用いれば，

$$\frac{C_{Ox}(x=0)}{C^*_{Ox}} = 1 - \frac{I_c}{I_{l,c}}, \qquad C_{Ox}(x=0) = -\frac{I_{l,c} - I_c}{nFAm_{Ox}} \tag{3.7}$$

が導ける．電解が起こらない電位では $I_c = 0$ であるので，$C^*_{Ox} = C_{Ox}(x = 0)$．また，電位が十分に負で，$I_c = I_{l,c}$ のときは，$C_{Ox}(x = 0) = 0$ となることがこれらの式から確かめられる．試料溶液が R だけを含む場合にも同様に考えると，$I_{l,a}$ を限界電流とすると，

$$I_{l,a} = nFAm_R C^*_R \tag{3.8}$$

また，

$$\frac{C_R(x = 0)}{C^*_R} = 1 - \frac{I_a}{I_{l,a}} \qquad C_R(x = 0) = \frac{I_{l,a} - I_a}{nFAm_R} \tag{3.9}$$

が成り立つ．

さて，式(3.7)と(3.9)を，式(1.24)のバトラー・ボルマー式に代入してみよう．試料溶液には Ox と R の両方が同じ濃度（例えば 1 mmol L^{-1}）含まれているものとし，物質輸送は定常的であり，電流が時間 t に依存しないことを考慮すると[*2]，

$$\begin{aligned} i &= -i_0 \left\{ \frac{C_{Ox}(0, t)}{C^*_{Ox}} \exp\left[-\frac{\alpha F\eta}{RT} \right] - \frac{C_R(0, t)}{C^*_R} \exp\left[\frac{(1 - \alpha)F\eta}{RT} \right] \right\} \\ &= -i_0 \left\{ \left(1 - \frac{i}{i_{l,c}} \right) \times \exp\left[-\frac{\alpha F\eta}{RT} \right] \right. \\ &\qquad \left. - \left(1 - \frac{i}{i_{l,a}} \right) \times \exp\left[\frac{(1 - \alpha)F\eta}{RT} \right] \right\} \end{aligned} \tag{3.10}$$

となる．過電圧 η が十分に負であれば $i \approx i_{l,c}(< 0)$ となり，十分に正であれば $i \approx i_{l,a}(> 0)$ である．物質輸送を無視した式（1.25）（図1.6参照）では $|\eta|$ が大きくなるに従い $|i|$ が指数関数的に大きくなったが，式(3.10)では $|\eta|$ が大きくなっても物質輸送のために $|i|$ が限界値を取る．「$|\eta|$ が大きくなって電子移動反応が速くなるため，物質輸送過程が律速となる」と言い換えてもよい．図3.3に，式(3.10)を用いて描いたボルタモグラムを示す．交換電流密度 i_0 が大きい，すなわち電極反応が可逆であるほど，$|\eta|$ の小さな領域から還元および酸化電流が増加し始め，交換電流密度が小さく電極反応が不可逆になるに従い電流が増加するためには，大きな $|\eta|$ が必要となることがわかる．

＊2　電流 I の代わりに，電流密度 i（$= I/A$）を用いた．

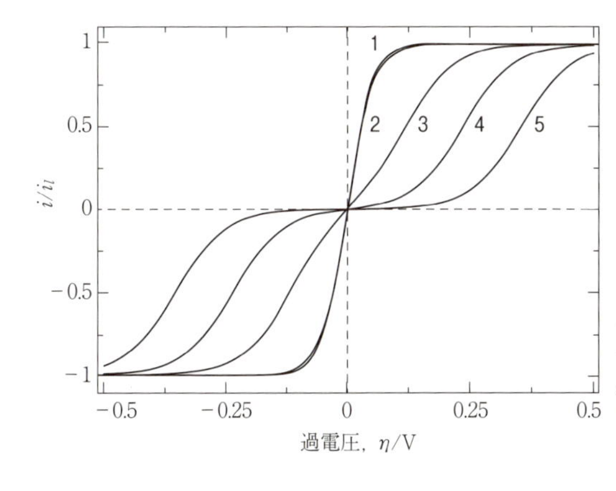

図3.3 ボルタモグラム

$\alpha = 0.5$，$T = 298$ K，$|i_{l,\mathrm{c}}| = i_{l,\mathrm{a}}$と仮定．図中の1～5は，それぞれ，$i_0/i_l = 1000$，10，0.1，0.01，0.001．1と2のボルタモグラムはほぼ重なっている．

3.1.2 ボルタモグラム（ネルンスト式をもとにした取り扱い）

ここでは，バトラー・ボルマー式をもとにした速度論的な取り扱いではなくネルンスト式をもとにした平衡論的な取り扱いを説明しよう．平衡論的な取り扱いは，電子移動過程が非常に速い，すなわち，交換電流密度が非常に大きい場合（電極反応が可逆）と見做すことができる．どのような変化があっても，いつでもどこでも瞬時に平衡が成り立ち，Ox と R の電極表面濃度の比がネルンスト式に従うからである．すなわち，

$$E = E^{\circ\prime} + \frac{RT}{nF}\ln\frac{C_{\mathrm{Ox}}(x=0)}{C_{\mathrm{R}}(x=0)} \tag{3.11}$$

が成り立つ．試料溶液が Ox だけを含む場合を考えると，式(3.5)と(3.7)を用いれば，

$$\begin{aligned} E &= E^{\circ\prime} + \frac{RT}{nF}\ln\left(\frac{-\dfrac{I_{l,\mathrm{c}}-I_{\mathrm{c}}}{nFAm_{\mathrm{Ox}}}}{-\dfrac{I_{\mathrm{c}}}{nFAm_{\mathrm{R}}}}\right) \\ &= E^{\circ\prime} - \frac{RT}{nF}\ln\frac{m_{\mathrm{Ox}}}{m_{\mathrm{R}}} + \frac{RT}{nF}\ln\left(\frac{I_{l,\mathrm{c}} - I_{\mathrm{c}}}{I_{\mathrm{c}}}\right) \end{aligned} \tag{3.12}$$

となる．ここで，$I_{\mathrm{c}} = (1/2)I_{l,\mathrm{c}}$の電位を**半波電位**$E_{1/2}$とすると，式(3.12)は，

$$E = E_{1/2} + \frac{RT}{nF}\ln\left(\frac{I_{l,\mathrm{c}} - I_{\mathrm{c}}}{I_{\mathrm{c}}}\right) = E_{1/2} + \frac{0.059}{n}\log\left(\frac{I_{l,\mathrm{c}} - I_{\mathrm{c}}}{I_{\mathrm{c}}}\right) \quad (25℃) \tag{3.13}$$

ただし，$E_{1/2} = E^{\circ\prime} - \dfrac{RT}{nF}\ln\dfrac{m_{\mathrm{Ox}}}{m_{\mathrm{R}}}$

と変形できる．この式は，E に対して $\log[(I_{l,\mathrm{c}} - I_{\mathrm{c}})/I_{\mathrm{c}}]$ をプロットすれば（log プロット解析），その切片から半波電位 $E_{1/2}$ が，その傾きから電子数 $n(RT/nF)$ が求まることを示す．多くの場合，$m_{\mathrm{Ox}} = m_{\mathrm{R}}$ と近似できるので，半波電位は式量電位 $E^{\circ\prime}$ にほぼ等しい．すなわち，電極反応が可逆である場合，ボルタモグラムから，式(3.1)で示される酸化還元平衡の熱力学的な性質を決定することができる．図3.4(a)と図3.4(b)に電極反応が可逆なときのボルタモグラムと E に対する $\log[(I_{l,\mathrm{c}} - I_{\mathrm{c}})/I_{\mathrm{c}}]$ プロットを示す．試料溶液が Ox と還元体 R を含むときは，式(3.7)と(3.9)を式(3.11)に代入すれば，

$$E = E^{\circ\prime} + \frac{RT}{nF}\ln\left(\frac{-\dfrac{I_{l,\mathrm{c}}-I}{nFAm_{\mathrm{Ox}}}}{\dfrac{I_{l,\mathrm{a}}-I}{nFAm_{\mathrm{R}}}}\right) = E_{1/2} + \frac{RT}{nF}\ln\left(\frac{I - I_{l,\mathrm{c}}}{I_{l,\mathrm{a}} - I}\right)$$

$$= E_{1/2} + \frac{0.059}{n}\log\left(\frac{I - I_{l,\mathrm{c}}}{I_{l,\mathrm{a}} - I}\right) \quad (25℃) \qquad (3.14)$$

の関係が得られる．

この節の最後に，ボルタモグラムは測定対象物質の定量や定性だけでなく，酸・塩基平衡や錯形成平衡の解析にも利用できることを述べておこう．電極反応が水素イオンや配位子を含む場合，半波電位は pH や配位子濃度により移動する．このことを利用すれば，$E_{1/2}$ vs. pH あるいは $E_{1/2}$ vs. log[L]（L は配位子）プロッ

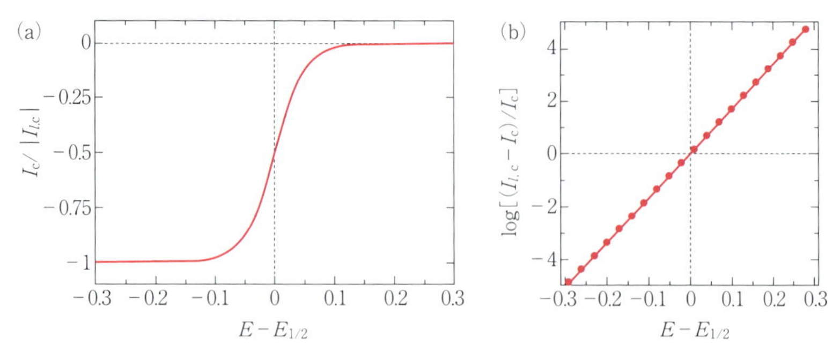

図3.4 ボルタモグラム（a）と log プロット解析（b）

$n = 1$，$T = 298$ K と仮定．

トから，反応に関与する水素イオンや配位子の数や酸解離定数，さらに生成定数を求めることが可能できる．

例題3.1 $Zn(NH_3)_4{}^{2+} + 2e^- + Hg \rightleftarrows Zn(Hg) + 4NH_3$ の可逆な電極反応において，$E_{1/2}$ vs. $\ln C^*_{NH_3}$ プロットから $Zn^{2+} + 4NH_3 \rightleftarrows Zn(NH_3)_4{}^{2+}$ の生成定数 K_f を求める方法を述べよ．

解答

NH_3 を X, $Zn(NH_3)_4{}^{2+}$ を Y と略す．$Zn^{2+} + 2e^- + Hg \rightleftarrows Zn(Hg)$ に対するネルンスト式より，

$$E = E^{\circ\prime}_{Zn} + \frac{RT}{2F}\ln\frac{C_{Zn^{2+}}(x=0)}{C_{Zn(Hg)}(x=0)} \tag{i}$$

一方，$Zn^{2+} + 4NH_3 \rightleftarrows Zn(NH_3)_4{}^{2+}$ に対する生成定数は，

$$K_f = \frac{C_Y}{C_{Zn^{2+}}C_X^4} \tag{ii}$$

である．式(ii)を式(i)に代入すると，

$$E = E^{\circ\prime}_{Zn} - \frac{RT}{2F}\ln K_f - \frac{4RT}{2F}\ln C_X(x=0) + \frac{RT}{2F}\ln\frac{C_Y(x=0)}{C_{Zn(Hg)}(x=0)} \tag{iii}$$

である．式(3.6)，(3.7)，(3.5)より，それぞれ，

$$I_l = -2FAm_YC^*_Y \tag{iv}$$

$$C_Y(x=0) = -\frac{I_l - I}{2FAm_Y} \tag{v}$$

$$C_{Zn(Hg)}(x=0) = -\frac{I}{2FAm_{Zn(Hg)}} \tag{vi}$$

が成り立つ．式(v)と(vi)を式(iii)に代入すると，

$$E = E_{1/2,Y} + \frac{RT}{2F}\ln\left(\frac{I_l - I}{I}\right) \tag{vii}$$

$C^*_X \gg C^*_Y$ と仮定すると，$C_X(x=0)$ は C^*_X であると考えられるので，

$$E_{1/2,Y} = E^{\circ\prime}_{Zn} - \frac{RT}{2F}\ln K_f - \frac{4RT}{2F}\ln C^*_X + \frac{RT}{2F}\ln\left(\frac{m_{Zn(Hg)}}{m_Y}\right) \tag{viii}$$

式(viii)において $m_{Zn(Hg)} \approx m_Y$ として，$E_{1/2,Y} - E^{\circ\prime}_{Zn}$ を $\ln C^*_X$ に対してプロットすれば，その切片から $\ln K_f$ を求めることができる．

3.2 ボルタンメトリーの実際

ここまでは，基本的なボルタモグラムについて述べてきた．この節では，実際に電気化学測定法としてよく用いるボルタンメトリーを紹介しよう．

3.2.1 測定装置と測定

一般的なボルタンメトリーの測定装置と測定について述べる．図3.5に示すように，測定装置は，電解セル，ポテンショスタット（電位規制装置），ポテンシャルスイーパー（電位走査装置）と記録計からなる．試料溶液を加えた電解セルには作用電極（working electrode），参照電極（reference electrode），対極（counter electrode）を挿入する．必要に応じて，N_2や Ar ガスを試料溶液に通して除酸素を行う．各電極の役割や材料，形状は次の通りである．

- **作用電極**　実際に測定対象物質を還元あるいは酸化する電極である．感度や選択性を高めるために，さまざまな材料の電極が用いられる．白金や金などの貴金属，グラッシーカーボンをはじめとする特殊な処理を施した炭素，ホウ素をドープしたダイヤモンド薄膜などがあり，電極表面を化学修飾して特定の物質にだけ選択性をもたせる工夫も盛んに行われている．直径 1 mm 程度の円盤型（ディスク型）を用いることが多いが，拡散効率の高い直径10 μm 程度の微小電極も有効である．

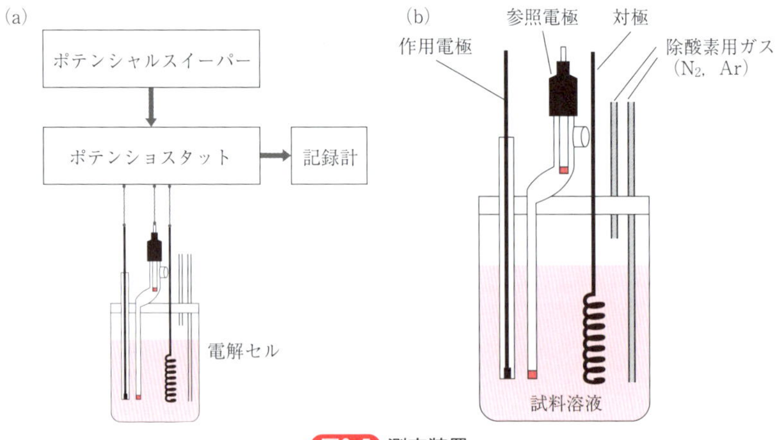

図3.5 測定装置

●**参照電極**　作用電極に電位を加えるときの基準となる電極で，水溶液試料に対しては飽和カロメル電極（Hg | Hg_2Cl_2 | 飽和 KCl 水溶液，SCE，25℃において0.241 V vs. SHE）や飽和銀／塩化銀電極（Ag | AgCl | 飽和 KCl 水溶液，sat. Ag/AgCl，25℃において0.197 V vs. SHE）がよく用いられる（図2. 4を参照）．非水溶液試料に対しては，その溶媒を用いた銀／銀イオン電極（Ag | Ag^+，過塩素酸テトラエチルアンモニウム）が用いられる．非水溶液試料に対する参照電極として，水溶液を含むSCEやsat. Ag/AgClを用いることは避けた方がよい．水が非水溶液試料に溶けだして汚染するからである．

●**対　極**　作用電極との間に電流を流す電極で，不活性な金属である白金線（直径0. 5 mm 程度）を，表面積を大きくするために螺旋状に巻いて用いるのが一般的である．

ポテンショスタットは，参照電極の電位を基準として作用電極に任意の電位を加えるとともに，作用電極と対極に流れる電流を測定する装置である．ポテンシャルスイーパーは電位を指定した速度，例えば，50 mV s^{-1}で走査する役割をもつ．通常の電位走査速度は2～200 mV s^{-1}であるが，高速サイクリックボルタンメトリーでは10 V s^{-1}以上の走査速度を使うことがある．電位の走査にはさまざまな形があり（図3. 6），一方向に走査〔ランプ波あるいは鋸波(a)〕するだけでなく，一旦，一方向へ走査した後，再び戻るような走査〔三角波(b)〕，また，ここでは述べないが，交流ボルタンメトリーではランプ波走査に小さな振幅（<10 mV）の正弦波を重畳する．〔交流重畳波(c)〕．記録計には，通常，X－Y レコーダーが用いられる．速い測定にはオシロスコープを用いる．これらは今まで用いられてきた装置構成であるが，近年では，コンピューターにより，ポテンショスタット，ポテンシャルスイーパー，記録計の機能をすべて備えた総合的な電気化学測定システムが利用できる．

測定に際して注意すべきことは，ボルタンメトリーなど対象物質を電解する測定では二種類の電流が流れることである．一つは，今まで議論してきた物質の酸化や還元による電流で，この電流を**ファラデー電流**と呼ぶ．もう一つは**非ファラデー電流**（充電電流）と呼ばれる電流で，これは電極／溶液界面が容量（キャパシター）としての性質をもつことに由来する．このため，電気化学分析ではこの

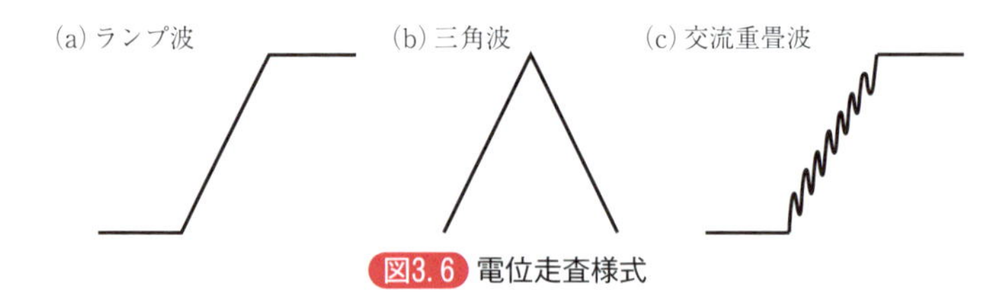

図3.6 電位走査様式

非ファラデー電流を補正する必要がある．対象物質を含まないブランク溶液のボルタモグラムを測定し，これを用いて，対象物質を含む試料溶液のボルタモグラムを補正する．正確にはブランク溶液に対する電流は，非ファラデー電流だけでなく，不純物によるファラデー電流を含むこともある．このような電流を含めて，ブランク溶液に対して流れる電流を**残余電流**と呼ぶ．一方，非ファラデー電流は電気二重層の充電だけでなく，物質が電極に吸着あるいは脱着するときにも流れ，これを積極的に用いて分析する方法（テンサメトリー）もあるから，電気化学分析は奥が深い．

3.2.2 ポテンシャルステップクロノアンペロメトリー

今後，電極反応は，式(3.1)の $\mathrm{Ox} + n\mathrm{e}^- \rightleftarrows \mathrm{R}$ とし，電極反応は可逆であり，物質輸送は通常の拡散（平面拡散）とする．

アンペロメトリーの一種であるポテンシャルステップクロノアンペロメトリー（potential step chronoamperometry：PSCA）はボルタンメトリーではないが，最も基本的で簡単な電気化学測定法であると同時にボルタンメトリーの基礎でもあるので述べておく．測定装置はボルタンメトリーと同様のものである(図3.5)．この方法では，ある時間（$t=0$）において，電位を，Ox が還元されない電位 E_1 から還元される電位 E_2 に瞬時に変化させ（PS という），そのときの還元電流の時間変化，すなわち電流−時間曲線（$I-t$ 曲線）を測定する（図3.7）．PS を行うやいなや大きな還元電流が流れ，次第に減衰する．この方法に対する拡散方程式は，

$$\frac{\partial C_{\mathrm{Ox}}(x,t)}{\partial t} = D_{\mathrm{Ox}}\frac{\partial^2 C_{\mathrm{Ox}}(x,t)}{\partial x^2} \qquad (3.15)$$

であり，境界条件は，

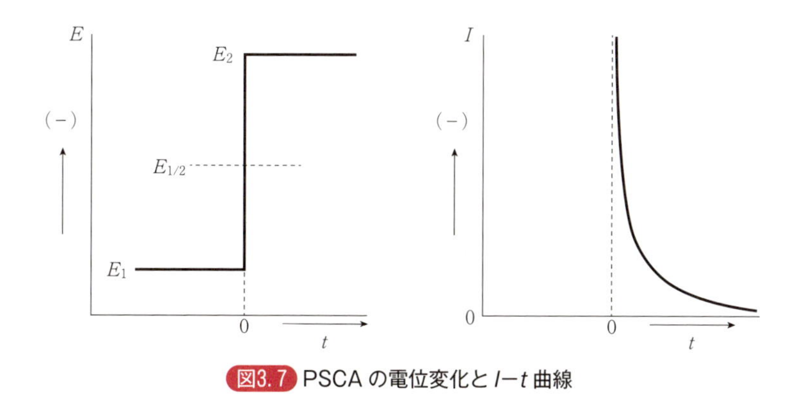

図3.7 PSCA の電位変化と I−t 曲線

$$C_{Ox}(x,0) = C^*_{Ox} \qquad \lim_{x\to\infty} C_{Ox}(x,t) = C^*_{Ox} \qquad C_{Ox}(0,t) = 0 \quad (t>0) \tag{3.16}$$

である．これをラプラス変換などの方法を用いて解けば，理論的な $I-t$ 曲線が得られる．$E_2 \ll E_{1/2}$ では，

$$I(t) = -nFAC^*_{Ox}\sqrt{\frac{D_{Ox}}{\pi t}} \tag{3.17}$$

となる．この式は**コットレル**（Cottrell）**の式**と呼ばれ，電流が時間の平方根に反比例することを示す．I を $1/\sqrt{t}$ に対してプロットすれば，A や C^*_{Ox} が既知であれば，Ox の拡散係数 D_{Ox} を求めることができる．ただし，PS に伴う充電電流を正確に補正する必要がある．電位走査装置は必要ないが，比較的速い測定（< 0.1 s）なので，記録にはオシロスコープを必要とする．

3.2.3　サイクリックボルタンメトリー

サイクリックボルタンメトリー（cyclic voltammetry：CV）は，電気分析化学だけでなく他の分野でもよく用いられる．通常，電位 E を，Ox が還元されない電位 E_i から走査し，Ox が十分還元される電位 E_λ で折り返して，再び E_i へ戻す〔図3.6(b)〕．図3.8に典型的なサイクリックボルタモグラム（$I-E$ 曲線）を示す．この図からわかるように，CV には，還元波だけではなくこれに対応した酸化波も現れる．この酸化波は Ox の還元によって生成した電極近傍の R が酸化されるためである．還元波のピーク電流 $I_{p,c}$ は，

$$I_{\mathrm{p,c}} = -0.4463\left(\frac{F^3}{RT}\right)^{\frac{1}{2}} n^{\frac{3}{2}} A D_{\mathrm{Ox}}^{\frac{1}{2}} v^{\frac{1}{2}} C_{\mathrm{Ox}}^{*}$$
$$= -(2.69\times10^5)\, n^{\frac{3}{2}} A D_{\mathrm{Ox}}^{\frac{1}{2}} v^{\frac{1}{2}} C_{\mathrm{Ox}}^{*} \quad (25℃) \tag{3.18}$$

である．ただし，単位は $I_{\mathrm{p,c}}$(A)，A(cm^2)，D_{Ox}(cm^{2}s^{-1})，C_{Ox}^{*}(mol cm^{-3})であり，v（V s^{-1}）は電位走査速度である．ピーク電流は対象物質の濃度に比例し，これによって定量が可能である．ピーク電流が電位走査速度の平方根に比例するため，電位走査速度を大きくすれば分析感度を高められるように思えるが，走査速度を大きくすれば充電電流がファラデー電流を上回って大きくなるために，必ずしも得策でない．一方，還元波のピーク電位 $E_{\mathrm{p,c}}$(V)は，

$$E_{\mathrm{p,c}} = E_{1/2} - 1.109\frac{RT}{nF} = E_{1/2} - \frac{0.0285}{n} \quad (25℃) \tag{3.19}$$

である．また，還元波と酸化波のピーク電位の差 ΔE_{p} は，折り返し電位 E_{λ} に依存するが，$E_{\lambda}=E_{\mathrm{p,c}}-(0.150/n)$ 以上であれば，

$$\Delta E_{\mathrm{p}} \equiv E_{\mathrm{p,a}} - E_{\mathrm{p,c}} \cong 2.3\frac{RT}{nF} = \frac{0.059}{n} \quad (25℃) \tag{3.20}$$

また，還元波と酸化波のピーク電位の平均値である中点電位 E_{m} は，

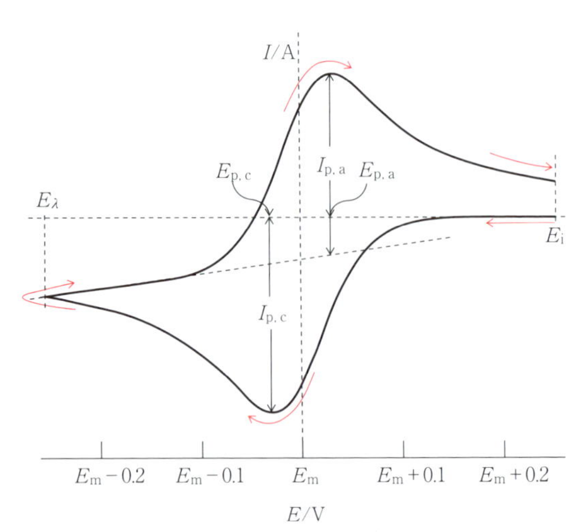

図3.8 サイクリックボルタモグラム(Ox ＋ e$^-$ ⟶ R)

$$E_{\mathrm{m}} \equiv \frac{E_{\mathrm{p,c}} + E_{\mathrm{p,a}}}{2} \ (\cong E_{1/2}) \tag{3.21}$$

と定義される．CVから得られるピーク電位や中点電位を用いて，半波電位（ほぼ標準電極電位）を求めることができる．また，CVでは一つの物質の逐次電子移動や複数の物質の確認なども容易にできるが，実際には多くの対象物質が準可逆あるいは非可逆な電極反応を示すため，ボルタモグラムの解析には注意が必要である．

ボルタンメトリーは，定常ボルタンメトリー（ポーラログラフィーや回転電極による対流ボルタンメトリーなど）と，非定常ボルタンメトリー（CVなど）に分類される．これは物質輸送が時間によらず定常的であるかないかによって決められる．一般に，定常ボルタンメトリーによるボルタモグラムでは，図3.1(a)のように波に限界電流が現れるが，非定常ボルタンメトリーでは，図3.1(b)のように限界電流ではなくピーク電流が現れる．分析化学的には，限界電流が対象物質の濃度に比例することやlogプロット解析ができるなどの理由で，定常ボルタンメトリーは利用しやすい．しかし，定常ボルタンメトリーを実現するためには，滴下水銀電極や回転電極などの特別な工夫が施された作用電極を必要とする．それに比べ，CVは特別な電極を用意せずともよく，手軽にボルタモグラムを得ることができる．定常および非定常ボルタンメトリーともに長所も短所もあるので，用途に応じて使うのが望ましい．

3.2.4 ポーラログラフィー

ポーラログラフィーは，わが国が誇る電気化学測定法である（コラム3.1参照）．この方法では作用電極に**滴下水銀電極**を用いる．この電極は細い径（0.01 mm程度）のキャピラリーから数秒毎に水銀滴を試料溶液中に滴下する．電位を比較的遅く走査しながら（$<10\ \mathrm{mV\ s^{-1}}$），ボルタモグラム（ポーラログラム）を記録する（図3.9）．ポーラログラムの限界電流I_{d}の値から測定対象物質の定量が，半波電位からは定性分析が可能である．最大拡散限界電流$I_{\mathrm{d(max)}}$（A）は次のイルコビッチ（Ilkovic）の式によって表される．

$$I_{\mathrm{d(max)}} = -708 \times n\sqrt{D_{\mathrm{Ox}}}C^{*}_{\mathrm{Ox}}m^{\frac{2}{3}}\tau^{\frac{1}{6}} \tag{3.22}$$

ここで，m（mg s^{-1}）は水銀の流出速度，τ(s)は一滴の水銀が生成して落下するまでの時間である．水銀は水素過電圧が高く，すなわち，電位を負にしても水素が発生しにくく，多くの金属イオンを金属（アマルガム）に還元することができる．したがって，金属イオンの定量や定性だけでなく，金属イオンの錯生成を研究する手段としても有力である．また，滴下ごとに電極表面が更新されるので，得られるポーラログラムは非常に再現性がよい．水銀の毒性のため現在ではあまり使用されていないが，水銀に代わる液体電気伝導体（炭素粉末を粘稠(ねんちょう)な液体に分散させたもの）を滴下電極として，ポーラログラフィーは今も進化している．

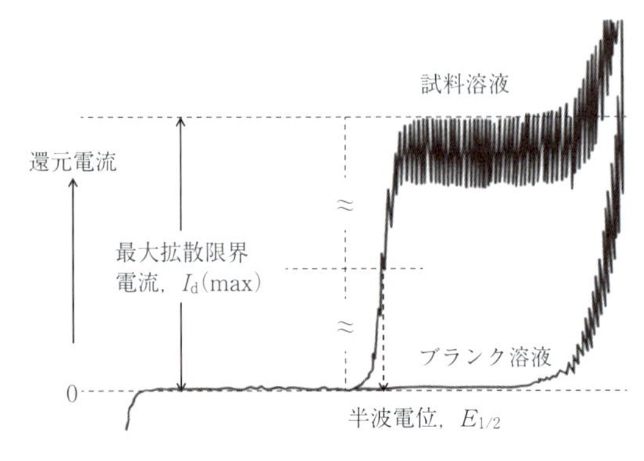

図3.9 ポーラログラム

3.2.5　対流ボルタンメトリー

対流ボルタンメトリーにもいくつかの方法があるが，ここではその一つである回転電極を用いるボルタンメトリーを取り上げよう．この対流ボルタンメトリーは代表的な定常ボルタンメトリーで，そのボルタモグラムは限界電流をもつ曲線となる（図3.1(a)）．限界電流は，次のレビッチ（Levich）の式で表される．

$$I_{l,c} = -0.620\,nFAD_{Ox}^{\frac{2}{3}}\omega^{\frac{1}{2}}\nu^{-\frac{1}{6}}C_{Ox}^{*} \qquad (3.26)$$

ωは回転電極の角速度（s^{-1}），νは動粘係数（cm^{2}s^{-1}）である．この測定法の拡散層の厚さδは$1.61D_{Ox}^{1/3}\omega^{-1/2}\nu^{1/6}$で，回転速度が増加するに従い薄くなる．

例題3.2　$D_{Ox}^{1/3} \times \omega^{-1/2} \times \nu^{1/6}$の次元が長さの次元であることを確認せよ．

解答

基本的次元として，長さの次元をL，時間をTとすると，$D_{O}^{1/3} \times \omega^{-1/2} \times \nu^{1/6}$の次元は，

$(L^2T^{-1})^{1/3} \times (T^{-1})^{-1/2} \times (L^2T^{-1})^{1/6} = L$となる．

3.2.6 その他のボルタンメトリー

以上，代表的なボルタンメトリーについて述べた．その他，高感度なボルタンメトリーとしては，**ノーマルパルスボルタンメトリー**（normal pulse voltammetry, NPV；定常ボルタンメトリー）や**微分パルスボルタンメトリー**（differential pulse voltammetry, DPV）があげられる（図3.10）．電位パルスを加えた後，ファラデー電流は式(3.17)のコットレルの式に従い時間の平方根の逆数に従って緩やかに減衰するのに対し，非ファラデー電流は時間の指数関数に従って速く減衰する．NPVやDPVは，このことを利用して意図的に電流検出のタイミングをずらし，測定対象物質の定量に必要なファラデー電流だけを測定する方法である．NPVの最高の感度は10^{-6} mol L^{-1}であるのに対し，DPVでは10^{-7} mol L^{-1}程度である．

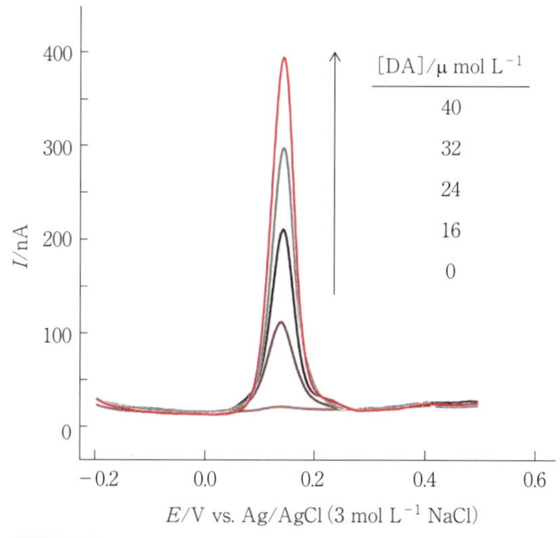

図3.10 ドーパミン（DA）の微分パルスボルタモグラム（酸化波，活性化GC電極）

最後に**ストリッピングボルタンメトリー**（stripping voltammetry）について述べる．この方法は測定対象物質を電極表面に何らかの方法で濃縮し，それを電解溶出する方法で，極めて高感度である．DPVと組み合わせれば10^{-10} mol L^{-1}程度の痕跡量の定量も可能である．濃縮の方法によって，陽極溶出ストリッピングボルタンメトリー，陰極溶出ストリッピングボルタンメトリー，吸着ストリッピングボルタンメトリーなど各種の方法がある．金属の高感度定量には，原子吸光法などの分光分析法が用いられるが，ストリッピングボルタンメトリーは分光分析法に比べても感度で引けを取らない安価な高感度分析法である．

Column 3.1

ポーラログラフィーの歴史

ポーラログラフィーはチェコのヘイロフスキー（J. Heyrovsky）と日本の志方益三によって1925年に発明された．ヘイロフスキーは1959年にポーラログラフィーの発明でノーベル賞を受賞したが，この発明には志方の大きな貢献があった．このため，日本の研究者は大いに勇気付けられ，我が国のポーラログラフィーの研究は大きな成果を生んだ．

図1　初期のポーラログラフ装置（ヘイロフスキー研究所）

中央がポーラログラフ装置，右側は滴下水銀滴電極．左奥にヘイロフスキー，志方の写真が見える．

章末問題

3-1　式(3.10)の α の値を変えて（$0<\alpha<1$），電流密度／限界電流密度－過電圧曲線（$i/i_l-\eta$ 曲線）を描き，この曲線に対する α の影響を調べよ．

3-2　式(3.14)を用いて，$I/I_l-(E-E_{1/2})$ 曲線を描け．ただし，$|I_{l,\mathrm{c}}|=I_{l,\mathrm{a}}=I_l$ とせよ．

3-3　電気化学測定を行うとき，試料溶液に測定対象物質の数十倍の濃度の支持電解質を加える．なぜ加えるのか説明せよ．

3-4　電気化学測定を行うとき，通常，試料溶液を窒素ガスやアルゴンガスで除酸素する．なぜ除酸素するのか説明せよ．

3-5　水の ν を $0.010\ \mathrm{cm^2 s^{-1}}$，対象物質の D_{Ox} を $0.50\times10^{-5}\mathrm{cm^2 s^{-1}}$，$\omega$ を $20\pi\ \mathrm{s^{-1}}$として，回転電極の拡散層の厚さ δ を求めよ．

3-6　ストリッピングボルタンメトリーには陽極溶出ボルタンメトリー，陰極溶出ボルタンメトリー，吸着ストリッピングボルタンメトリーがある．これらの原理を簡単に説明せよ．

Instrumental Methods in Analytical Chemistry

第4章

クーロメトリー

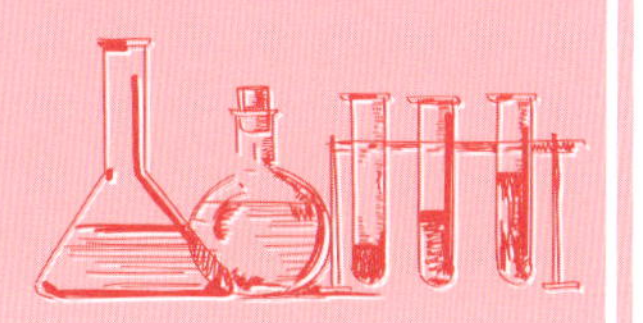

クーロメトリーは電量分析とも呼ばれ，100％の電流効率が得られる条件下で試料中の測定対象物質の電気化学反応（電気分解）を行い，反応に要する電気量を測定することによって対象物質を定量する分析法である．通常この方法は，電解液中の測定対象成分を一定電位で全電解し，ファラデーの法則を用いて，電解に要した電気量より物質量を求めることから，「定電位クーロメトリー」と呼ばれる．一方，一定電流で電解し，電流値と電解時間との積である電気量から物質量を求める方法は「定電流クーロメトリー」と呼ばれる．なかでも，電流効率100％での定電流電解によって発生させた滴定剤を用いて100％の効率で対象成分を滴定し，電解に要した電気量から定量を行う分析方法は「電量滴定法」または「クーロン滴定法」と呼ばれる．この分析方法もまた，クーロメトリーの一種，定電流クーロメトリーとして取り扱われる．本章では，クーロメトリーの原理や測定装置および測定法について学ぼう．

4.1 クーロメトリーの原理と測定

クーロメトリー（coulometry）は，ファラデーの法則に基づいて対象物質の定量を行うため，重量分析法と並ぶ「絶対量定量法」の一つである．このため，標準物質による校正は不要で，電気量および物質の電気化学当量から対象物質を高精度かつ正確に定量することができる．

ファラデーの電気分解の法則によれば，反応式 $Ox + ne^- \rightleftharpoons R$ で示す電極反応において，電気量 Q（C）が流れたときに反応する物質Oxの質量 m_{Ox}(g)は，

$$m_{Ox} = M_{Ox}Q/nF \tag{4.1}$$

で表される．ここで，M_{Ox} はOxのモル質量（$g\ mol^{-1}$），n は電極反応に関与す

る電子数，F はファラデー定数である．すなわち，電気分解で生じる化学変化の量は電解セルを通過した電気量に比例し，同じ電気量では常に同じ電気化学当量の化学変化が生じる．そして，1電気化学当量の反応に必要な電気量を示すファラデー定数 F は物質の種類によらず一定で，式(4.2)に示すように電子1個の電気量（電気素量 $e = 1.60218 \times 10^{-19}$C）にアボガドロ定数（$N_A = 6.02214 \times 10^{23}\,mol^{-1}$）を乗じたものである．以前は，1 mol の電子がもつ電荷の単位としてファラデーが定義されていたが，現在はクーロン（C）が使われる．

$$F = e N_A = 96485.3\ C\ mol^{-1} \tag{4.2}$$

4.1.1　定電位クーロメトリー

図4.1に，定電位電解装置の概略を示す．電解セルや測定装置の構成は，基本的には第3章で解説した三電極式のボルタンメトリー測定に類したものになる．

ここで一例として，少量の硫酸を加えて微酸性とした硫酸銅(Ⅱ)水溶液の定電位電解を考えてみよう．この場合，電流を流さない状態で作用電極に発生する電位 E（自然電位）は，$Cu^{2+} + 2e^- \rightleftarrows Cu$ に対するネルンスト式に，酸化還元対 Cu^{2+}/Cu の標準電極電位 $E°$（0.334V vs. SHE）と，銅(Ⅱ)イオン初期濃度を代入すれば予測できる[*1]．

$$E = E° + 0.059/2 \cdot \log[Cu^{2+}]\,(25℃) \tag{4.3}$$

しかし，実際に電気分解を進行させるには，電解終了時の銅(Ⅱ)イオンの濃度（$\leqq 10^{-5}\,mol\,L^{-1}$など）を式(4.3)に代入して得られた値〔0.184 V(vs. SHE)〕よりも負側に作用電極電位を設定する必要がある．

作用電極に適切な電圧を加えれば銅(Ⅱ)イオンは二電子還元され，作用電極上に金属銅が析出する．しかしネルンスト式から導かれる電位はあくまでも可逆な場合の理論値であるため，不可逆反応の場合は余分な電圧（過電圧という）を加える必要がある．過電圧の大きさを見積もるには，同じ電極材料や電解液を用いたボルタンメトリー測定で得られた還元電位を参考にすると良い．また，作用電極の電位を銅(Ⅱ)イオンの還元電位より十分に負に設定しなければ，電解速度が

＊1　以後，近似的に活量をモル濃度で表す．

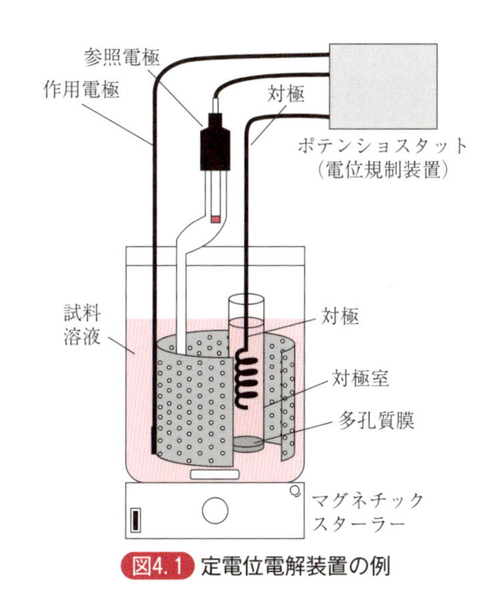

図4.1 定電位電解装置の例

小さくなる．かといって負に傾けすぎると水素イオンの還元が起こってしまい誤差が拡大する．また，電解還元の際には除酸素するなどの前処理も必要である．

銅(Ⅱ)イオンの電解の場合は，電解還元生成物が金属となって作用電極上に電解析出して，電解液から取り除かれるため，対極表面での電解による再酸化は無視できる．しかし通常は，両極の電解生成物が溶存種である場合が多いため，その再電解を防ぐために作用電極側と対極側とを多孔質膜などの隔膜（図4.1参照）を用いて分離する必要がある．

作用電極の電位を銅(Ⅱ)イオンの析出電位より十分に負に保ち，電解液を一定速度でかき混ぜながら定電位電解した場合，電解反応は一次反応とみなされ，電解中の銅(Ⅱ)イオン濃度 $C(t)$は，次の式に従って減少する．

$$C(t) = C_0 \exp(-kt) \tag{4.4}$$

ここで，C_0は電解前の初期濃度，tは電解時間である．kは電解速度に関係する定数であり，電解液中に電解に関与しない支持電解質が大量に存在している場合は，イオンの拡散係数D，電極面積A，電解液体積V，拡散層の厚さδとの間に次の関係式が成り立つ．

$$k = DA/V\delta \tag{4.5}$$

電解電流は銅(Ⅱ)イオン濃度に比例するので，電解電流も同様に指数関数的に減少し，それを積分することによって電解に要した電気量を求めることができる（図4.2）．ただし電解電流は決してゼロにはならないので，電解終了時の判断によって精確度が左右される（章末問題4−3参照）．また，電解に要する電気量を測るために，ポテンショスタットに電量計（クーロンメーター）を接続して測定装置

表4.1 定電位クーロメトリーによる無機イオンの分析例

分析対象	電極反応	作用電極
アンチモン	$Sb^{3+} + 3e^- \longrightarrow Sb$	Pt
ヒ素	$As^{3+} \longrightarrow As^{5+} + 2e^-$	Pt
カドミウム	$Cd^{2+} + 2e^- \longrightarrow Cd$	Pt または Hg
コバルト	$Co^{2+} + 2e^- \longrightarrow Co$	Pt または Hg
銅	$Cu^{2+} + 2e^- \longrightarrow Cu$	Pt または Hg
ハロゲン化物イオン（X^-）	$Ag + X^- \longrightarrow AgX + e^-$	Ag
鉄	$Fe^{2+} \longrightarrow Fe^{3+} + e^-$	Pt
鉛	$Pb^{2+} + 2e^- \longrightarrow Pb$	Pt または Hg
ニッケル	$Ni^{2+} + 2e^- \longrightarrow Ni$	Pt または Hg
プルトニウム	$Pu^{3+} \longrightarrow Pu^{4+} + e^-$	Pt
銀	$Ag^+ + e^- \longrightarrow Ag$	Pt
スズ	$Sn^{2+} + 2e^- \longrightarrow Sn$	Pt
ウラン	$U^{6+} + 2e^- \longrightarrow U^{4+}$	Pt または Hg
亜鉛	$Zn^{2+} + 2e^- \longrightarrow Zn$	Pt または Hg

＊ 例は少ないが，ニトロ基をもつ芳香族やトリクロロ酢酸などの有機物の分析例も報告されている．また，酵素反応などを組み合わせることによって，各種の有機物を間接的に定量する試みも報告されている．

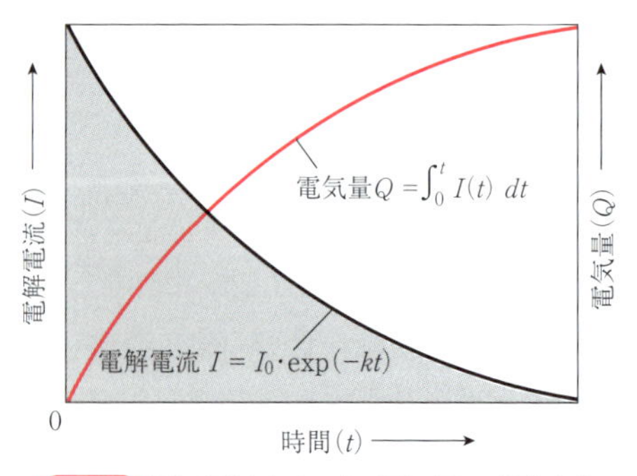

図4.2 電解電流ならびに電気量の時間変化

として使うと便利である．

クーロメトリーでは，全量を迅速かつ完全に電解するために，式(4.4)中の k を大きくする必要がある．具体的には式(4.5)において，電解液体積 V に対して作用電極の表面積 A を大きくしたり，スターラーを用いて電解液を一定速度でかき混ぜて強制的かつ定量的に物質移動を行うことで，濃度勾配が生じる電極表面の拡散層の厚さ δ を小さくすることができる（拡散層については1.2.2項を参照）．さらに迅速な電解を行うために，電解液を強制的に送液できるような構造をもつ流通式電気化学セルも市販されている（コラム参照）．

銅(Ⅱ)イオンから金属銅への電気化学反応が100%の電流効率で起こるなら，

Column 4.1

フロークーロメトリー

液体クロマトグラフィー用電気化学検出器の一つに用いられている電量検出器のように，流れ分析にフロー型全電解セルを用いたクーロメトリーを称して，フロークーロメトリーと呼ぶ．4.1.1項でも述べたように，流液条件下で電解効率が高く，かつ試料を注入するだけで簡便かつ迅速な電解を可能にするには，電解セル内の作用電極の表面積が極めて大きく，電極表面での拡散層が薄い必要がある．下図に示した電解セルはカラム電極と呼ばれるもので，隔膜としての円筒形バイコールガラス[1)]（または素焼き筒）に，炭素繊維（または炭素粒）を密に充填したものを作用電極とすることによって，迅速かつ定量的な電解を可能にしている．試料溶液は，送液ポンプによってカラム電極内に導入され，設定された電位に依存して電気化学反応が進行した後，排出される．電解質溶液のみを流し，一定電位に設定した電極の手前に試料注入バルブを取り付けると，フローインジェクション分析用の電量検出器としても利用できる．

また，電解セルを多段に接続し，印加電位を個別に制御することによって，微量金属イオンの濃縮・分離・定量も行える．さらに，このような電解セルは，定量分析のみならず，光測定セルや反応システムと接続することによって，不安定物質の各種スペクトル測定や電解合成にも応用できる．

ところで，クーロメトリーは測定の自動化や遠隔操作が容易なことから，欧米では以前から，核燃料物質であるプルトニウム等の高精度分析に広く利用されてきた．日本の原子力関連研究施設でも同様の研究が進んでおり，フロークーロメトリー装置を用いた，原子価別のプルトニウム，ウラン濃度のリアルタイム測定法も開発されている．

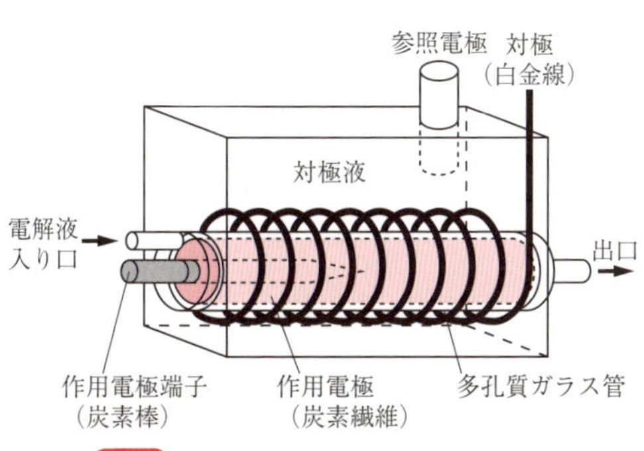

図1 フロー電解用カラム電極の構造

1）バイコール（Vycor：米国コーニング社の登録商標）は耐熱ガラス（96%シリカ）の一種で，吸水性・吸着性にすぐれていることからフィルター・半透膜・乾燥剤などにも使われ，多孔質ガラスの別称ともなっている．参照電極の液絡部や電解セルの隔膜として広く利用されている．

ファラデーの法則に基づいて，消費された電気量から銅(Ⅱ)イオンの物質量を求めることができる．一方，この電解反応の場合，質量既知の作用電極上に析出した金属銅の質量を正確に測ることができれば，その質量から銅(Ⅱ)イオンの物質量を求めることもできる〔**電解重量分析法**（electrogravimetry)〕．このような金属の電解析出の場合には，たとえ水素イオンの還元が並行して起こったとしても，電解析出が完全であれば絶対定量が行える．そのため，適切な電解電圧を選ぶことによって，二電極式の電解でも精確度の良い測定が可能となる．ただし，不純物（他の金属イオン）の共存には注意が必要である*2.

4.1.2　定電流クーロメトリー

定電流クーロメトリー（controlled-current coulometry）においては，電流値と通電時間の積により電気量を容易に求められるが，定電位電解の場合に増して電解終了時の判断が重要になる．図4.1に示した定電位電解装置のポテンショスタットをガルバノスタットに代えることによって定電流電解が可能となるが，終点の判断は作用電極(指示電極)の電位が急激に変化する点を検出することによってなされる．ガルバノスタットを用いない場合には，定電流を流す回路と，終点を検出するための検出回路を備えた装置が必要となる．

定電流電解では，電解時間の経過と共に徐々に作用電極電位が変化し，他の電極反応が起こって，注目する反応について100%の電解効率が得られないことがある．それを防ぐために補助酸化還元剤を共存させ，急激な電位変化を検知して終点をより正確に求める．例えば，硫酸酸性溶液中での白金電極による鉄(Ⅱ)イオンの電解酸化による定量においては，補助酸化還元剤として十分なセリウム(Ⅲ)イオンを添加しておくとよい．電解が始まると，まず鉄(Ⅱ)イオンから鉄(Ⅲ)イオンへの酸化が始まる（E° = 0.771 V vs. SHE）．終点付近になって鉄(Ⅱ)イオン濃度が減少すると電位が正側にシフトし，セリウム(Ⅲ)イオンからセリウム(Ⅳ)イオンの酸化が始まる（E° = 1.61 V vs. SHE）．発生したセリウム(Ⅳ)イオンは式(4.6)にしたがって溶液中に残存する鉄(Ⅱ)イオンを酸化するので，しば

*2　銅合金中の主成分である銅の含有率を電解重量分析で分析する場合（「JIS 1051：2013銅及び銅合金中の銅定量法」参照），銅と共に陰極上にビスマス，アンチモン，ヒ素，銀，スズなども電着することがあるので，適切な電位の設定に加えて，前処理による分離や錯形成剤の添加等が必要である．

らくは電位の急激なシフトが抑えられる.

$$Ce^{4+} + Fe^{2+} \longrightarrow Ce^{3+} + Fe^{3+} \quad (4.6)$$

鉄(Ⅱ)イオンがすべて酸化されると，セリウム(Ⅳ)イオンが消費されなくなって急激に増加するため，電位も急激にシフトし（図4.3中のE_1→E_2），この時点を終点と判断すれば鉄(Ⅱ)イオンはほぼ電流効率100%で酸化されたことになる．電流効率の変化の様子を図4.3に示す.

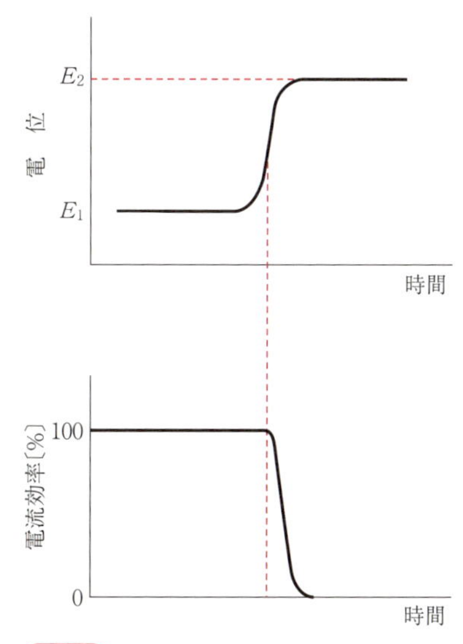

図4.3 定電流電解における電位ならびに電流効率の時間変化

定電流クーロメトリーの一種である電量滴定法では対象成分と定量的に反応する物質を定電流電解により発生させ，この物質と対象成分との反応が終了するまでに要した電気量（電流×時間）を測定することによって対象成分を定量する．すなわち，ビュレットから滴定試薬を滴下する代わりに反応物質を電気分解で発生させ，定量的に反応させる.

電量滴定用の装置の概要を図4.4に示す．装置は，滴定部と，定電流を流すための回路・終点検出用回路・電解電流の積分や演算を行う回路，ならびに全体の制御部から構成される．滴定部は，滴定槽と，反応物を発生するための一対の電極および終点検出用の電極から構成される．反応物発生電極は滴定槽中の溶液に浸し，対極は，対極用電解液に浸す．滴定槽中の溶液と対

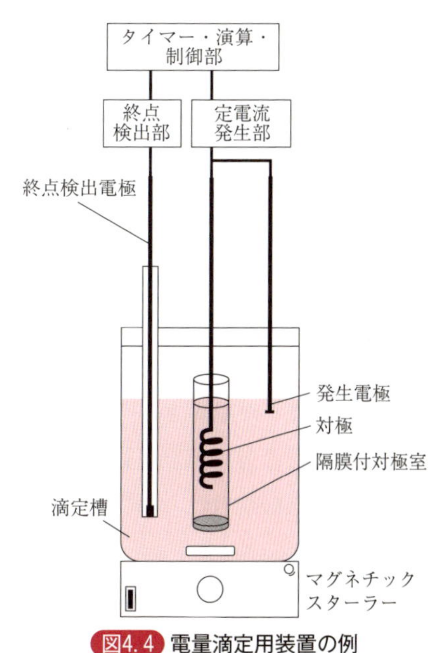

図4.4 電量滴定用装置の例

極用電解液との間には，液の混合を防ぐための隔膜を置く．終点検出には，一般に定電流分極電位差測定（あるいは電流制御電圧測定）が利用され，検出電極として一対の白金電極を滴定槽中に浸し，滴定中はこれら検出電極間に一定の電流を通じておく．終点以前では溶液中に反応物がほとんど存在しないため両極間の電圧は比較的大きいが，終点後は過剰の反応物によって突然電圧が変化する．これによって終点が検出される．

4.2　電量滴定法の応用

通常の容量分析法に比べて，電量滴定法には以下の①～⑤のような特徴があるため，自動測定装置に利用されることも多い．例えば，水の電解酸化によって発生させた水酸化物イオンを滴定剤として，油や各種有機物を燃焼した際に生成する硫酸や塩酸を電量滴定（燃焼－クーロメトリー）することが可能となり，試料中の硫黄や塩素量を求める分析装置として市販されている．

①　滴定で必要な滴定剤の調製，標定が不要である．

②　標準液による校正が不要である．

③　電解電流値と電解時間の精密な管理によって正確な測定が可能である．

④　ppm から数%にわたる広い濃度範囲での測定が可能である．

⑤　煩雑な操作がなく，簡単で短時間での測定が可能である．

このように，電量滴定法は，簡便かつ再現性の高い分析法であるが，電解電流値と電解時間の計測における誤差以外にも，正確さに関していくつか問題を残しているので触れておこう．一つ目は，反応終点の決定における鋭敏さの問題であり，電位差や電流を利用した適切な終点検出法を検討する必要がある．二つ目は，電極反応が完全に100%の効率で進行しているか，滴定反応が化学量論的に100%進んでいるのかが疑問であり，十分な検討が必要である．

電量滴定法の応用例を表4.2に示し，代表的応用例として，水質分析項目の一つである化学的酸素要求量の測定と，有機溶媒中の水分量の測定について紹介する．

表4.2 電量滴定の応用例

発生試薬	被滴定物質	終点検出法	応用
OH^-	H_2SO_4 H_2CO_3	電位差測定法	鋼鉄，有機物中のS 鋼鉄，有機物中のC
Br_2	As^{III}，Cu^+，I^-	電流滴定法	
I_2	As^{III}，$Na_2S_2O_3$	電流滴定法	ヨード滴定
Cu^+	Cr^{VI}，V^V	電流滴定法	
Fe^{2+}	Mn^{VII}，V^V，Cr^{VI}	電位差測定法	鋼鉄中のV, Cr
Ti^{3+}	Fe^{III}	電位差測定法	

セントラル科学株式会社 HP（http://aqua-ckc.jp/doc/stnote_coulo.pdf）より改変

4.2.1 COD測定への応用（鉄(Ⅱ)塩を用いた過マンガン酸イオンの定量）

化学的酸素要求量（Chemical Oxygen Demand：COD）とは水質汚濁の指標の一つであり，酸化剤によって水中の有機物質を主とする被酸化性物質を酸化分解する際に消費される酸素量（単位：mgO/L）として表される．一般にCOD分析においては，JIS K0102「工場排水試験方法」に定められた過マンガン酸カリウム法が適用される．ここでは，“100℃における過マンガン酸カリウムによる酸素消費量（COD_{Mn}）”として，「適量の試料を硫酸酸性とし，酸化剤として一定量の過マンガン酸カリウムを加え，沸騰水溶液中で30分間反応させる．次に，一定量のシュウ酸ナトリウムを加えて，未反応の過マンガン酸イオンを還元する．最後に，残留する過剰のシュウ酸イオンを過マンガン酸カリウムで逆滴定することによって，最初の反応に際して消費された過マンガン酸イオン量を求め，相当する酸素の量mgO/Lで表す．」と記されている．COD自動計測器は，これに定められた分析操作をできるだけ忠実に自動化するように設計されたもので，JIS K 0806「化学的酸素消費量（COD）自動計測機器」で規定されている．ここで紹介するのはその簡易型で，測定試料中にあらかじめ酸化剤である過マンガン酸カリウムと鉄(Ⅲ)イオンを加えておき，試料の加熱酸化分解後，定電流電解により鉄(Ⅲ)イオンを鉄(Ⅱ)イオンに還元し〔式(4.7)〕，これをシュウ酸ナトリウムの代わりの還元剤として，残留する過剰の過マンガン酸イオンと反応させる〔式(4.8)〕方式である．この反応により残留過マンガン酸イオンがなくなるまで電解が続けられ，反応の終点では酸化還元電位が急激に低下するので，この電位変化を検出電極で自動的に検知する．反応終了までに要した電気量から残留する過マンガン酸イオンを定量することができ，この値を換算してCOD濃度を求める．

$$Fe^{3+} + e^- \longrightarrow Fe^{2+} \tag{4.7}$$

$$5\,Fe^{2+} + MnO_4^- + 8\,H^+ \longrightarrow 5\,Fe^{3+} + Mn^{2+} + 4\,H_2O \tag{4.8}$$

なお，これらの酸化還元反応に関係する各半反応の標準電極電位は，それぞれ $E°_{MnO_4^-/Mn^{2+}} = 1.51$ V，$E°_{Fe^{3+}/Fe^{2+}} = 0.771$ V vs. SHEであり，鉄(Ⅱ)イオンがシュウ酸イオン（$E°_{CO_2/HCOOH} = -0.196$ V vs. SHE），同様に過マンガン酸イオンに対して還元剤として作用することがわかる．

4.2.2 カール－フィッシャー電量滴定法による水分測定

固体・液体（非水）・気体に含まれる水分の測定方法として実験室でよく用いられるカール－フィッシャー（Karl-Fischer）法は，塩基（例えばピリジン，式中ではRNと略記）とアルコール（式中ではメタノールを使用）の存在下で，式(4.9)のように水がヨウ素と二酸化硫黄と反応することを利用している．

$$H_2O + I_2 + SO_2 + CH_3OH + 3\,RN \longrightarrow 2\,RN \cdot HI + RN \cdot HSO_4CH_3 \tag{4.9}$$

有機・無機等一般試料用，石油製品・油脂類用など，用途に応じた各種のカール－フィッシャー用試薬（ヨウ化物，二酸化硫黄，塩基，およびアルコール等の溶剤より構成）が市販されている．水分量が多い場合は自動ビュレットを用いた容量分析法も利用されるが，微量水分の分析には電量滴定法が適用される．電量滴定法では，ヨウ化物イオンを含む電解液（陽極液）中で電解酸化により発生させたヨウ素が，式(4.9)に従って消費されることを利用している．式(4.9)により，含まれる水がヨウ素と1：1で反応して消失すれば，電解生成したヨウ素が過剰に存在することになり，例えば一対の白金電極を用いた定電流分極電位差測定によって終点を検知できる．本法は検出感度が非常に高く，測定範囲は数μg～30 mg H_2O である。

章末問題

4-1　定電位クーロメトリーと定電流クーロメトリーの違いを説明せよ．

4-2　一般的な滴定法（容量分析法）と電量滴定法との違いを説明せよ．

4-3　硫酸銅(Ⅱ)溶液を電解液として，そこに陰極としての大面積の白金網電極と，陽極としての白金線電極を挿入し，一定電流 0.800 A で 15.2分間，定電流電解を行った．陰極では銅(Ⅱ)イオンから金属銅への電解還元によって銅のみが金属として完全に析出し，陽極では水の酸化による気体酸素の発生のみが起こると仮定した時，陰極上に析出した金属銅の質量と，陽極上で発生した酸素の質量を求めよ．ただし，銅の原子量を63.5，酸素の原子量を16.0，ファラデー定数を 96, 500 C mol^{-1}とする．

4-4　銅と亜鉛の合金である黄銅 0 .6756 g を硫酸と硝酸を使って溶解した．この溶液を電解液として，銅が選択的に電解還元析出する適切な条件を選び，定電位電解を行ったところ，陰極として用いた白金電極の質量が 0.4395 g 増加した．このことから，試料である黄銅に含まれる銅の割合（質量%）を求めよ．

4-5　コバルト(Ⅱ)イオンを含む電解液から，金属コバルトを電解採取するために，適切な条件下，一定電流 0.961 A で定電流電解を行った．陰極表面上に 0.500 g の金属コバルトが析出するのに要する時間を求めよ．この時，陽極を陰極と隔離せずに電解液中に併置すると，陽極では同時にコバルト(Ⅱ)イオンが電解酸化され，陽極表面にオキシ水酸化コバルト $CoO(OH)_2$が析出することがある．陽極表面に析出したコバルト化合物は，電解液のコバルト(Ⅱ)イオンと反応して最終的に四酸化三コバルト Co_3O_4($Co^{II}Co_2^{III}O_4$)として回収される．陰極表面上に 0.500 g の金属コバルトが析出した際，陽極表面に析出したコバルト化合物を Co_3O_4として回収した時の質量を求めよ．ただし，コバルトの原子量を58.9，酸素の原子量を16.0，ファラデー定数を96, 500 C mol^{-1}とする．

4-6　定電位電解を行った時の電解電流の時間変化は，電解時間 $t = 0$ の時の電流値を I_0とすると，$I = I_0 \exp(-kt)$ で近似的に表される（図4. 2参照）．この時，電解時間 t までに流れた電気量は $Q = \int_0^t I(t)\,dt$ となる．ここで，電解時間 t_e までに，対象物質の 99. 99%の電気分解が終了すると仮定したとき，$t_e = -\ln(0.0001)/k$ となることを示せ．

Instrumental Methods in Analytical Chemistry

第5章 電磁波と物質の相互作用

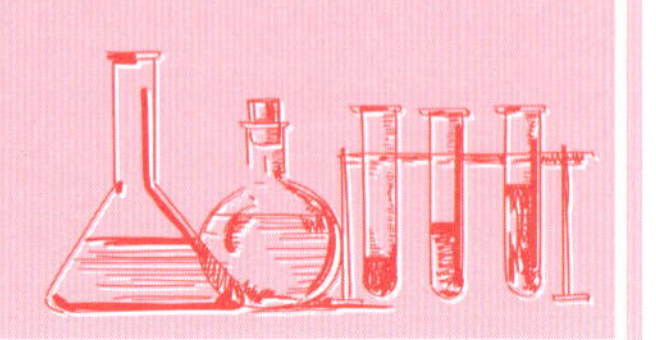

電磁波というと難しく聞こえるかもしれないが，読者もよく知っている「光」は電磁波の一種である．この章では，電磁波の基本的な性質からはじめて，物質からの電磁波の発生や，物質による電磁波の吸収などの電磁波と物質の相互作用を解説する．その後，光を用いる化学分析法の基礎について学ぼう．

5.1　電磁波の性質

電磁波は波の一種である．波である以上何かが振動するが，電磁波では電場と磁場が振動する．その様子を図5.1に示す．電場と磁場は互いに垂直に誘導し合いながら伝播方向に対して垂直に振動する．したがって，電磁波は横波である[*1]．電磁波の波長を λ(m)とし，振動数を ν(Hz)とすれば，

$$c = \lambda \times \nu \tag{5.1}$$

図5.1 電磁波

*1　媒質の振動方向が波の伝播方向に対して垂直である波を横波といい，平行であるものを縦波という．電磁波は横波，音波は縦波（疎密波）である．地震波は横波も縦波も含む．

の関係がある．c は光速で，真空中では $2.998 \times 10^{8}\,\mathrm{m\,s^{-1}}$ である．

一方，光は粒子としての性質をもち，これを光子（photon）と呼ぶ．光子は，

$$E = h \times \nu \tag{5.2}$$

で表されるエネルギー E(J)をもつ．h はプランク定数で，その値は 6.626×10^{-34} J s である．式(5.1)と(5.2)より，

$$E = \frac{h \times c}{\lambda} = \frac{1.986 \times 10^{-25}}{\lambda} \tag{5.3}$$

となる．この式は，光子のエネルギーが波長と反比例の関係にあることを示す．

例題5.1 波長 500.0 nm の電磁波の光子 1 個のエネルギーはいくらか．また，光子 1 mol 当たりのエネルギーはいくらか．

解答

光子 1 個のエネルギーは $\lambda = 500.0 \times 10^{-9}\,\mathrm{m}$ より，

$E = \dfrac{h \times c}{\lambda} = \dfrac{1.986 \times 10^{-25}}{500.0 \times 10^{-9}} = 3.972_0 \times 10^{-19}\,\mathrm{J} \approx 3.972 \times 10^{-19}\,\mathrm{J}$ である．

1 mol では，$E \times N_{\mathrm{A}}$ であるから，

$(3.972 \times 10^{-19}) \times (6.022 \times 10^{23}) = 239.1_9 \times 10^{3} \approx 239.2\,\mathrm{kJ\,mol^{-1}}$

電磁波を語る際には，波長や振動数のほかに，波数 $\tilde{\nu} = 1/(\lambda \times 100\,\mathrm{cm\,m^{-1}})$ ($\mathrm{cm^{-1}}$)や，電子ボルト(eV)（$1\,\mathrm{eV} = 1.602 \times 10^{-19}\,\mathrm{J}$）を使うこともある．ここまでは，電磁波が真空中を伝播する場合を考えてきたが，電磁波が媒質を伝播するとき，その速度は変化する．真空中と媒質中の電磁波の速度比は，屈折率 n と呼ばれ[*2]，

$$n = \frac{c}{v_{\mathrm{m}}} \tag{5.4}$$

と表される．ここで，v_{m} は媒質中の伝播速度を示す．一般的に可視領域の屈折率は波長の関数で，1 より大きくなる（Na の D 線の波長 589.0 nm で水は 1.333，光学ガラス BK7 は 1.516，ダイヤモンドは 2.417）．すなわち，媒質中を光が進む速度は真空中に比べて小さい．

＊2　屈折率は，より一般的には複素屈折率で表す．複素屈折率 $\hat{n}$ は，$\hat{n} = n - ik$ と表記される．n は通常の屈折率で，k は消衰係数と呼ばれ，物質の光吸収を表す．

5.2　電磁波の種類

電磁波は波長によっていくつかに分類される．図5.2(a)に，電磁波の名称，波長，対応する振動数やエネルギーを示す．また，図5.2(b)には，電磁波に対応する物質系を概括的にまとめた．波長の短い方から長い順に，γ線（＜10 pm），X線（10 pm～10 nm），紫外線（10～400 nm），可視光線（400～700 nm），赤外線（0.7 μm～1 mm），マイクロ波（1 mm～1 m），電波（＞1 mm）である．さらに，X線は硬X線（10～60 pm），X線（60～600 pm），軟X線（0.6～10 nm），紫外線は遠（真空）紫外線（10～200 nm）と近紫外線（200～400 nm），赤外線は近赤外線（700 nm～2.5 μm），中赤外線（2.5～4 μm），遠赤外線（4 μm～1 mm）に分類される．X線と赤外線についての詳細はそれぞれ第9章と第8章に譲り，本章では主に近紫外線と可視光線を中心に話を進めよう．図5.2からわかるように，可視光線の波長領域は全電磁波のほんの一部分に過ぎない．しかし，この可視光が私達の世界に彩りを与えているのである．可視光線の属性を表5.1に示す．この表に示す**補色**は，ある色の光が物に吸収されるとき，眼に感じる色と考えてよい[*3]．

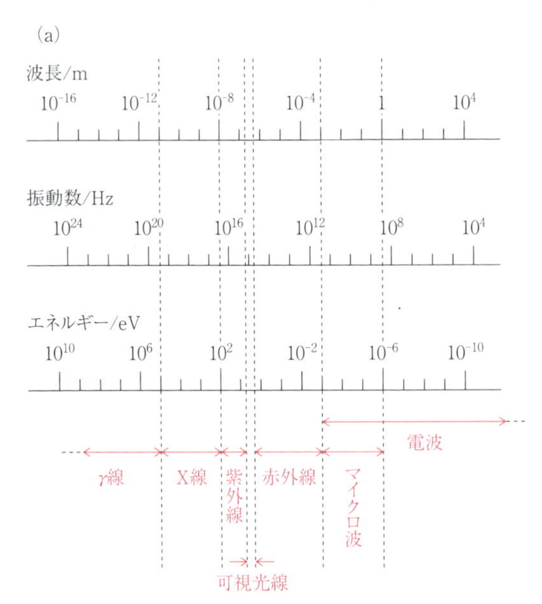

(b)

γ線	原子核
X線	原子の内殻電子
紫外線	原子の外殻電子 原子や分子のイオン化
可視光線	分子の価電子
赤外線	分子の振動
マイクロ波	分子の回転や並進

図5.2 電磁波の種類
(a)各電磁波の波長領域を示す．波長が短いほど振動数は大きく，エネルギーも大きくなる．(b)電磁波に対応する物質系．

表5.1 可視光線の属性

λ/nm	色	補色	$\nu/10^{14}$ Hz	$\tilde{\nu}/10^4$ cm^{-1}	$(E \times N_A)$ /kJ mol^{-1}
700	赤	青緑	4.28	1.43	171
620	橙	緑青	4.84	1.61	193
580	黄	青	5.17	1.72	206
530	緑	赤紫	5.66	1.89	226
470	青	黄	6.38	2.13	255
420	紫	黄緑	7.14	2.38	285
<300	紫外線	—	>9.99	>3.33	>400

例題5.2 塩素分子の Cl－Cl 結合の結合エンタルピーは，239 kJ mol^{-1}である．この結合を解離させるには，何 nm 以下の波長の光を照射する必要があるか．

解答

式(5.3)より，$\lambda = \dfrac{h \times c}{2.39 \times 10^5/N_A} = \dfrac{1.986 \times 10^{-25}}{2.39 \times 10^5/6.022 \times 10^{23}} = 5.00_0 \times 10^{-7}\,\mathrm{m} \approx 500\ \mathrm{nm}$

例題5.3 波数 $\tilde{\nu}$ が 3000 cm^{-1} の電磁波の波長 λ，振動数 ν およびエネルギー E(eV) を求めよ．

解答

$$\lambda = \frac{1}{100\ \mathrm{cm\,m^{-1}} \times 3000\ \mathrm{cm^{-1}}} = 3.33_3 \times 10^{-6}\,\mathrm{m} \approx 3.33\ \mu\mathrm{m}$$

$$\nu = \frac{c}{\lambda} = \frac{2.998 \times 10^8\,\mathrm{m\,s^{-1}}}{3.33 \times 10^{-6}\,\mathrm{m}} = 9.00_9 \times 10^{13} \approx 90.1\ \mathrm{THz}$$

$$\begin{aligned} E(\mathrm{eV}) &= h\nu/1.602 \times 10^{-19}\,\mathrm{J\,eV^{-1}} \\ &= (6.626 \times 10^{-34}\,\mathrm{Js}) \times (9.00_9 \times 10^{13}\,\mathrm{s^{-1}})/(1.602 \times 10^{-19}\,\mathrm{J\,eV^{-1}}) \\ &= 0.372_6\,\mathrm{eV} \approx 0.373\,\mathrm{eV} \end{aligned}$$

5.3 光の吸収と放出

本節以降は，電磁波のことを光と呼ぶ．光の吸収や放出は，原子や分子のさまざまな運動，例えば，原子や分子中の電子，分子の振動，回転，並進などのエネ

＊3 正確には，補色は色相環で正反対に位置する色である．

ルギーと関係する．量子論によれば，それらのエネルギーは量子化されていて飛び飛びの（離散的な）値しか許されない．今，原子や分子中の電子のエネルギーの状態を念頭において，図5.3に示すような低いエネルギー準位（準位１）と高いエネルギー準位（準位２）からなる２準位系を考える．電子は一つの準位に２個入ることができるので[*4]，光が系に入射しないとき，電子は２個とも準位１にある（A）．この状態を**基底状態**という．光が入射すると２個の電子のうちの１個が準位２に移る（A*）．電子が，ある準位から別の準位に移ることを**遷移**（電子遷移）[*5]といい，遷移の結果，系のエネルギーが元のエネルギーより高くなった状態を**励起状態**と呼ぶ．系が基底状態から励起状態になるための遷移条件は，準位１と２のエネルギー差 ΔE_{12} と等しいエネルギーをもつ光子を系が吸収することである．したがって，光の振動数 ν_{12} と準位１と２のエネルギー差には，

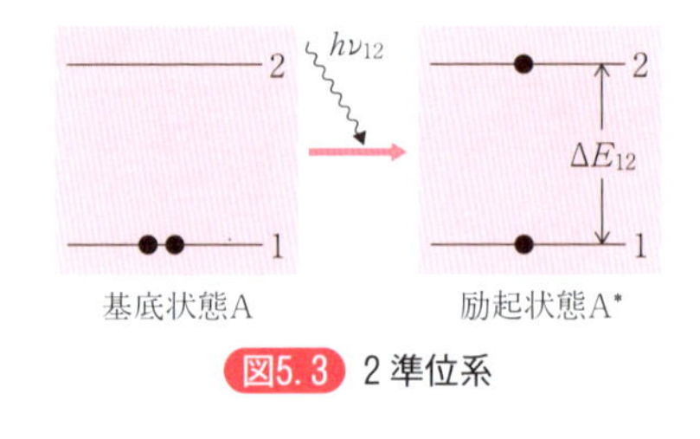

図5.3　2準位系

$$\Delta E_{12} = h \times \nu_{12} \tag{5.5}$$

の関係がある．

一方，準位２に遷移した電子は，いつか準位１に戻る．その過程には二つの道筋がある．図5.4に示すように，一つは**自然放出**(a)，もう一つは**誘導放出**(b)である．自然放出は吸収の逆過程で，準位２にある電子が自然に準位１に遷移し，そのエネルギーに等しいエネルギーをもつ光子を放出する．式で表すと，

$$\mathrm{A}^* \longrightarrow \mathrm{A} + h\nu_{12} \tag{5.6}$$

となる．誘導放出では，準位２にある電子は，準位１と２のエネルギー差と等しいエネルギーをもつ光子の刺激を受けて準位２から１へと遷移し，そのエネルギーに等しい光子が放出される．これを式で表すと，

＊4　量子力学的粒子において，スピン角運動量が $\hbar$（$= h/2\pi$）の半整数（1/2，3/2，5/2，…）倍の粒子をフェルミ粒子，整数倍の粒子をボース粒子という．電子はフェルミ粒子で，一つのエネルギー状態に一つしか許されない．一つのエネルギー準位には，スピン量子数が＋1/2と－1/2の二つの電子が存在できる．

＊5　遷移は一般的に，一つの定常状態から別の定常状態に移る量子力学的過程である．

$$A^* + h\nu_{12} \longrightarrow A + 2h\nu_{12} \tag{5.7}$$

である．

誘導放出で放出される光は，刺激を与えた元の光とエネルギーだけでなく空間的および時間的にも同じ光であり，干渉しやすい（可干渉）．式(5.7)からわかるように，誘導放出では1個の光子が励起状態 A*と相互作用して2個の光子を放出するため，光子が2倍に増幅される．レーザー（light amplification by stimulated emission of radiation：LASER）はこの誘導放出の原理を用いて光を増幅し，干渉性の高い光を発生させる装置である．レーザーは，分光学における光源だけでなく現代科学のさまざまな分野で広く利用されている[*6]．

(a) 自然放出

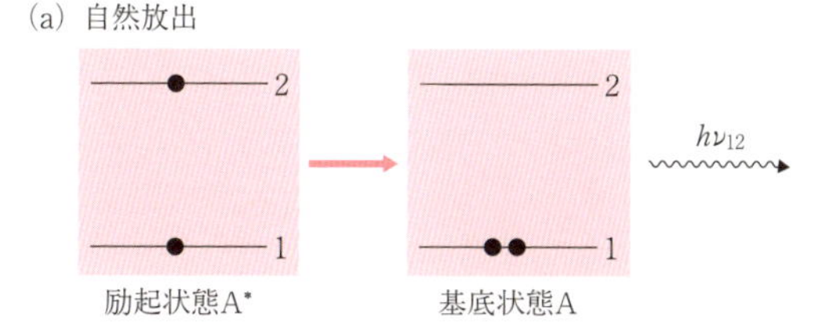

(b) 誘導放出

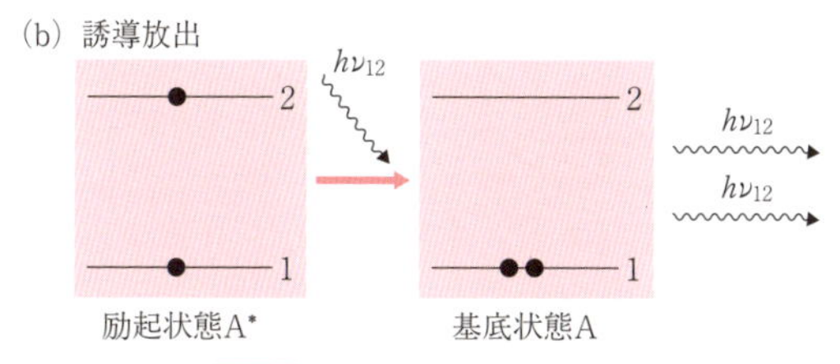

図5.4 自然放出と誘導放出

5.4 原子からの光の吸収と放出

前節でも述べたように，原子や分子の光の吸収や放出を説明するためには，それらの電子のエネルギー準位が重要である．エネルギー準位はシュレディンガー方程式から求められる原子軌道に固有のエネルギーの系列であるが，ここではシュレディンガー方程式には深入りせず[*7]，水素原子を例にとって，原子の電子のエネルギー準位と光の放出（発光）の関係について考えよう．

量子論より，水素原子の電子のエネルギー E_n は，

＊6　実際の原子や分子において光の吸収や放出が起きるかどうかは，遷移確率と呼ばれる確率による．遷移確率は，遷移に関係する二つの準位に対する波動関数と，原子や分子に対する光の摂動とから求められる．これが0であれば，光の吸収や放出は生じない．これを禁制遷移という．0以外であれば許容遷移である．

＊7　シュレディンガー方程式の説明は他の参考書や教科書を参照してほしい．

$$E_n = -\frac{m_e e^4}{8\varepsilon_0^2 h^2} \times \frac{1}{n^2} = -\frac{2.180 \times 10^{-18}}{n^2}(\mathrm{J}) = -\frac{13.60}{n^2}(\mathrm{eV}) \tag{5.8}$$

である．ここで m_e，e，ε_0 は，それぞれ，電子の静止質量，電気素量，真空の誘電率である．また，n は主量子数（1，2，3，…）である．図5.5に水素のエネルギー準位を示す．

一方，水素原子の発光スペクトルに現れるスペクトル線の波長は，次のリュードベリ（J. Rydberg）の式で表されることが古くから知られていた（1890年）．

$$\frac{1}{\lambda} = R_\infty \times \left(\frac{1}{n^2} - \frac{1}{m^2}\right)(\mathrm{m}^{-1}) \tag{5.9}$$

ここで，n と m は自然数で，$m > n$ である．また，R_∞ はリュードベリ定数と呼ばれる．量子論から導かれた式(5.8)を利用して式(5.9)を導くと，

$$R_\infty = \frac{m_e e^4}{8\varepsilon_0^2 h^3 c} \tag{5.10}$$

の関係式が得られ，実際にこれを計算すると $1.097 \times 10^7\,\mathrm{m}^{-1}$ となり，この値は経験的な値であるリュードベリ定数とよく一致する．すなわち，水素原子の発光スペクトル線の波長が，エネルギー準位間の差に正確に対応することがうまく説明できる．ちなみに，$m \geqq 2$ から $n = 1$ へのスペクトル線はライマン（Lyman）系列，$m \geqq 3$ から $n = 2$ へはバルマー（Balmer）系列，$m \geqq 4$ から $n = 3$ へはパッシェン（Paschen）系列と呼ばれる（図5.5）．経験式であるリュードベリの式が説明されたことは，量子論の大きな成果である．

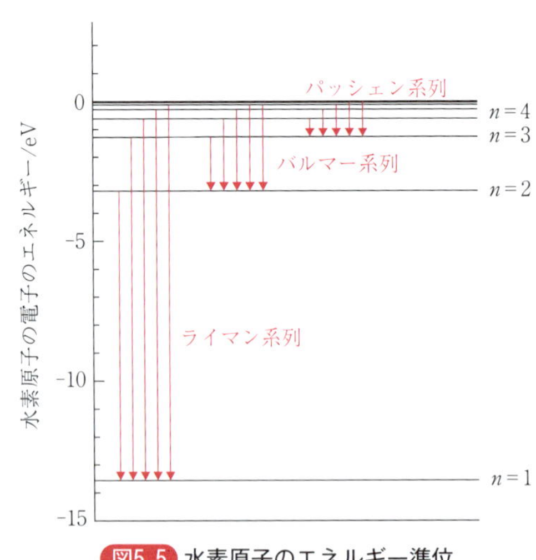

図5.5 水素原子のエネルギー準位

例題5.4　ライマン系列，バルマー系列，パッシェン系列のスペクトル線の波長を求めよ．

解答

式(5.9)を用いて，ライマン系列，バルマー系列，パッシェン系列に対して，それぞれ，$n = 1, 2, 3$ とし，m に適当な整数を代入して波長を計算する．結果を図示する（図5.6）．

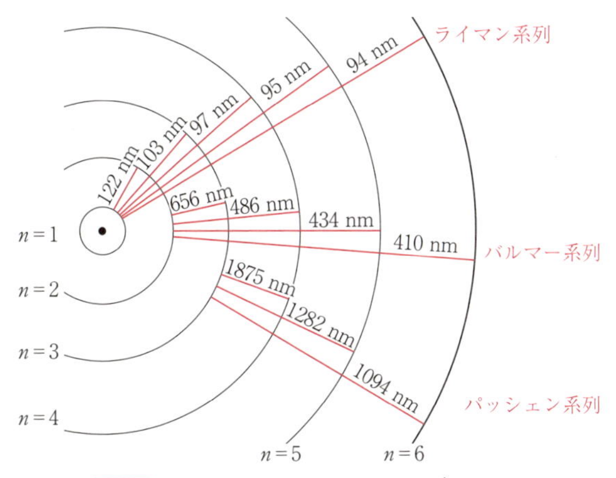

図5.6 ライマン，バルマー，パッシェン系列

5.5　分子による光の吸収と放出

分子は，複数の原子が化学結合した物質である．したがって，分子の光の吸収と放出には，分子内の電子のエネルギー準位と，分子の振動や回転運動のエネルギー準位が関係する．つまり，分子全体のエネルギーは

$$E_{全体} = E_{電子} + E_{振動} + E_{回転} \tag{5.11}$$

である．しかし，これらのエネルギーは互いに大きく異なるので，それぞれ独立に取り扱える（ボルン・オッペンハイマー近似）．図5.2（b）を参考にすれば，電子のエネルギーは紫外線から可視光線，振動は赤外線，回転は赤外線からマイクロ波のエネルギーに相当する．分子の振動については第8章で述べるが，回転については分析化学ではあまり必要としないので取り上げない．ここでは，分子中の電子のエネルギー準位と光の吸収や放出について解説する．

5.5.1　分子中の電子の運動

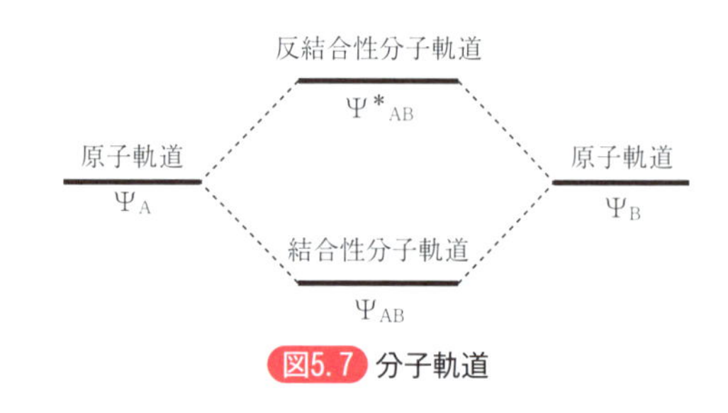

図5.7 分子軌道

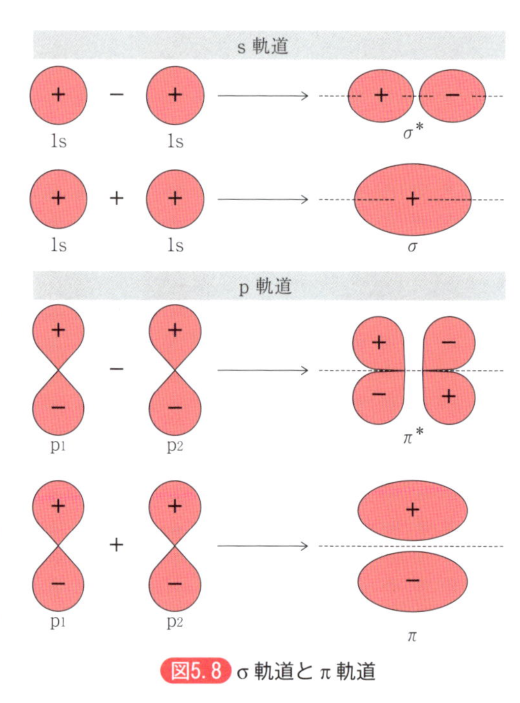

図5.8 σ軌道とπ軌道

分子も，原子と同様に分子軌道をもち，一つの分子軌道には2個の電子が入る．分子軌道を簡単に理解するには，等核二原子分子を考えるとよい．二つの原子が互いに接近して結合するとき，二つの原子軌道のΨ_AとΨ_Bは，図5.7のように，二つの分子軌道，すなわち，結合性分子軌道Ψ_{AB}と反結合性分子軌道Ψ^*_{AB}をつくる．エネルギーの低い結合性軌道に入る電子は原子同士を結合させるように作用するが，エネルギーの高い反結合性軌道は，反対に原子同士を反発させるように作用する．また，図5.8のように，元の原子軌道がｓ軌道の場合は，結合性軌道をσ，反結合性軌道をσ^*と表す．ｐ軌道であれば，結合性軌道はπ，反結合性軌道はπ^*である．結合性軌道と反結合性軌道の他にも，非結合性軌道ｎがある．この軌道は，分子中の原子の孤立（非共有）電子対によるもので，その原子に局在するため，直接には結合に関係しない．ここで説明した記号を用いて描いた有機化合物の模式的なエネルギー準位図を図5.9(a)に示す．すべての分子軌道のうちで，電子が占める最もエネルギーの高い分子軌道を**最高被占軌道**（highest occupied molecular orbital：HOMO）と呼ぶ．HOMOの次にエネルギーの高い分子軌道は，電子のない空の状態であるので，この軌道を**最低空軌**

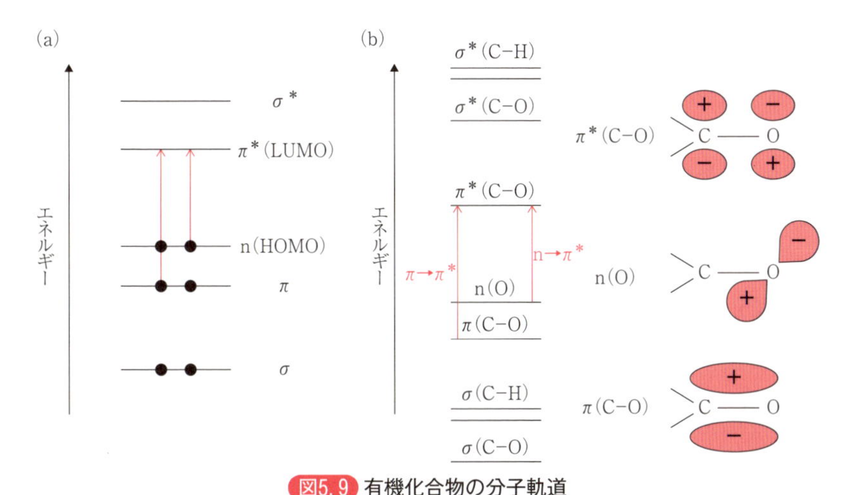

図5.9 有機化合物の分子軌道

(a)一般的な有機化合物，(b)ホルムアルデヒドの分子軌道.

道(lowest unoccupied molecular orbital：LUMO)という．図5.9(a)では，HOMOは非結合軌道のn軌道で，LUMOは，反結合性軌道のπ*軌道である．電子が遷移するとき最もエネルギー差の小さい，すなわち，吸収する光の波長が最も長い遷移は，HOMOからLUMOへのn→π*遷移である．次にエネルギー差の大きい遷移は，π→π*遷移であることがわかるであろう．このように，非結合性分子軌道のn軌道や結合性分子軌道のπ軌道から反結合性軌道のπ*軌道への遷移はよく見られる．n→σ*遷移は遷移のエネルギーが大きく，200 nm以下の波長で起こる．図5.9(b)は，ホルムアルデヒド（メタナール，$H_2C=O$）の分子軌道，およびn→π*，π→π*遷移を示す．n→π*遷移は，酸素原子上に局在するn軌道からC=O結合上のπ*軌道への遷移で，酸素原子上の電子密度は減少するがC=O結合上の電子密度は増加するため，原子価で表すと結合は三重結合的になる(図5.10)．π→π*遷移では反対に，酸素原子上の電子密度が増加し，C=O結合上では電子密度は減少して単結合的になる．ともに反結合性軌道への遷移であるから，結合は元の二重結合に比べて弱くなる．n→π*遷移は，ケトンの他，エーテル，チオエーテル，ジスルフィド，

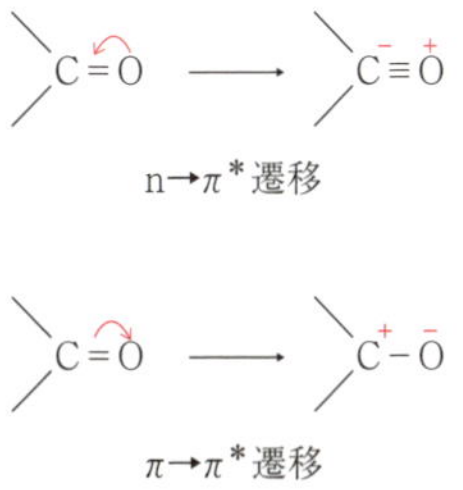

$C=O \longrightarrow C^{-}\equiv O^{+}$

n→π*遷移

$C=O \longrightarrow C^{+}-O^{-}$

π→π*遷移

図5.10 ホルムアルデヒドのn→π*，π→π*遷移

アルキルアミン，ハロゲン化アルキルでも起こる．これらの物質は可視光領域に吸収を示さず，人の目には透明に映る．n→π^*遷移は禁制遷移であるために吸収は小さい．一方，$\pi \rightarrow \pi^*$遷移はアルケンなどで起こり，孤立した二重結合では200 nm 以下の波長でも起こる．つまり，共役系が長くなるとより長い波長でも遷移するようになる．$\pi \rightarrow \pi^*$遷移は一般的に許容遷移で，その吸収はn→π^*遷移に比べて大きい．

次に図5.11を参考にしながら，ホルムアルデヒドの基底状態と励起状態の電子のスピンの状態を考えてみよう．全スピンSとスピンの多重度は，

$$S = \sum m_s$$
$$\text{スピンの多重度} = 2|S| + 1 \qquad (5.12)$$

と定義される．ここでm_sはスピン量子数で，+1/2(↑)か−1/2(↓)である．基底状態ではHOMOのn軌道まで電子が対となって入っているので$S = 0$で，スピンの多重度は1となる．この状態をS_0と表し，基底一重項状態という．Sは一重項（singlet）を意味し，下付きの「0」は基底状態であることを示す．n→π^*や$\pi \rightarrow \pi^*$遷移では，遷移の結果，対にならない電子が二つ生じる．それらの電子のスピン量子数が+1/2と−1/2のとき，式(5.12)からSは0となり，やはり，一重項（S_1）となる．「1」は最も エネルギーの低い励起状態を示し，この数値が大きくなるほど高い励起状態となる．ホルムアルデヒドのS_1はn→π^*

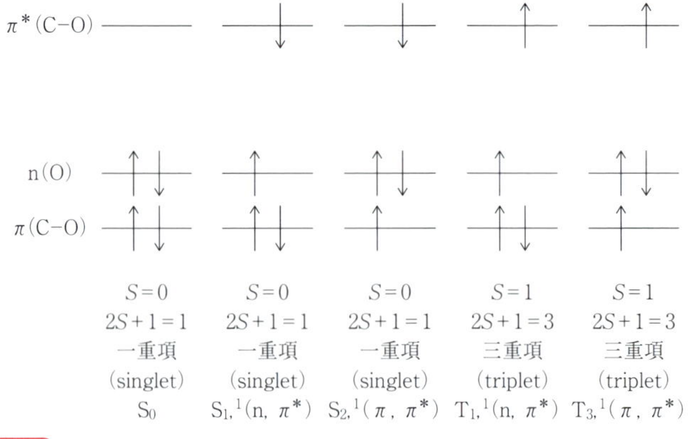

図5.11 ホルムアルデヒドの基底状態と励起状態における電子のスピン状態

遷移〔^{1}(n, π^*)〕，S_2は$\pi \rightarrow \pi^*$遷移〔$^1(\pi, \pi^*)$〕である．もし，二つの電子のスピン量子数が+1/2と+1/2なら，$S = 1$，スピンの多重度は3となりT_nで表される．T は三重項(triplet)を表す．ホルムアルデヒドのT_1は^3(n, π^*)，T_2は$^3(\pi, \pi^*)$である．対応する励起状態の一重項と三重項状態のエネルギーを比べると，三重項状態の方が一重項状態より低い．なぜなら，二つの電子が異なった軌道に入るとき，それらのスピン量子数が同じ（↑↑または↓↓）なら，電子間の反発エネルギーが最小となるからである．フントの規則を思いだすとよい．

遷移金属の八面体錯体（ML_6）では，金属原子の d 軌道は，もともと五つの軌道が同じエネルギーをもっていて縮退しているが，金属原子（M）と配位子（L）の相互作用により，三つの結合性軌道（t_{2g}）と二つの反結合性軌道（e^*_g）に分裂する．八面体錯体の分子軌道とそのエネルギーを図5. 12に示す．この図において，結合性軌道はσ_Lとπ_L，非結合性軌道は$\pi_M(t_{2g})$，反結合性軌道は$\sigma^*_M(e_g)$，π^*_Lおよびσ^*_Mである．八面体錯体の基底状態では，σ_L軌道とπ_L軌道は完全に電子で充たされ，d 電子は非結合性軌道のπ_Mと反結合性軌道のσ^*_Mに入る．MC は金属内遷移の d–d 遷移で，禁制遷移のため起こりにくい遷移である．d–d 遷移の結果生じる励起状態のスピン多重度は，d 電子の数に依存して，一重項や三重項以外に他の多重項，たとえば，二重項 D（doublet）や四重項 Q（quartet）をとる．LC は配位子内遷移，LMCT は，配位子から金属への電荷移動遷移，MLCT は，金属から配位子への電荷移動遷移と呼ばれ，一般に許容遷移である．

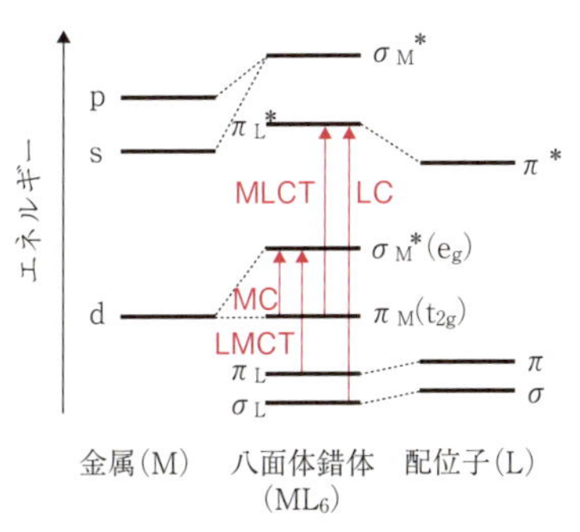

図5. 12 八面体錯体の分子軌道

5. 5. 2 有機化合物の励起状態と光過程

これまで学んできたことを総合して，有機化合物の励起状態と，そこで起こる各種の光過程をまとめておこう．先に述べたように，分子のもつエネルギーは，並進，回転，振動，電子の順に大きくなり，それぞれのエネルギー準位の間隔は，おおよそ，連続（0 eV），0.1 meV，0.01～0.1 eV，1 eV である．したがって，それぞれは独立に取り扱える．この状態を模式的に示したのが図5. 13で，ヤブロ

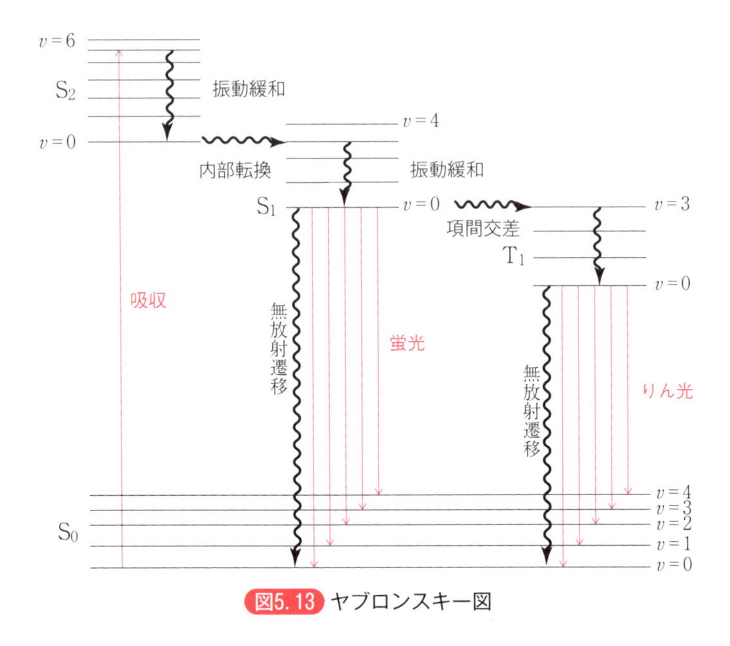

図5.13 ヤブロンスキー図

ンスキー図と呼ばれる．各電子準位には複数の振動準位があり，ここには描いていないが，各振動準位には複数の回転準位が存在する．分子が光を吸収すると，基底状態（S_0）にあった電子が高い電子準位（例えばS_2）に励起される（この過程はわずか約10^{-15} s で起こる）．その後，電子的に励起された分子は，さまざまな過程を経て基底状態に戻る．まず，同じ電子準位の最低振動準位（$v = 0$）に移る．この過程は**振動緩和**と呼ばれ，10^{-12} s 程度で起こる．この過程で失われるエネルギーは熱として放出される．次に，一つ低い電子準位（この図では，S_1）の高い振動準位に，等エネルギー的に移行する．この過程を**内部転換**という．そして再び振動緩和により，その電子準位の最低振動準位に移る．S_1の最低振動準位に移った分子は，大まかに次の三つの過程により基底状態に戻る．第一の過程（無放射遷移）では，S_1の最低振動準位からS_0の高い振動準位に移ったのち，徐々に熱を放出して基底状態のS_0に戻る．第二の過程では，分子はS_1の最低振動準位から，光を放出してS_0の振動準位へ移り，その後，振動緩和により基底状態に戻る．この過程で放出される光を**蛍光**といい，その寿命は，10^{-9} ～ 10^{-6} s 程度である．第三の過程では，S_1の最低振動準位からスピン多重度の異なるT_1の高い振動準位に移り，T_1の最低振動準位から，光を放出してS_0の振動準位へ移り，その後，基底状態に戻る．S_1からT_1への移行を**項間交差**と呼び，このとき放出される光がりん光である．**りん光**は，10^{-6}～10^{-2}s 程度の寿命をもつ．

5.6 ランベルト－ベールの法則

分光分析化学において最も広く利用される定量法に，吸光光度法がある[*8]．例えば，試料溶液に適当な呈色試薬を加えて着色金属錯体を生成させ，この錯体の光吸収を分光光度計で測定することで金属イオンを定量する方法である．他に分光分析化学で用いられる方法に，比濁法がある．これは，測定対象物質を含む試料溶液に沈殿試薬を加えて懸濁液とし，この液の光散乱を測定して対象物質を定量する方法である．ランベルト－ベールの法則は，物質が電磁波を吸収する場合には電磁波の種類に関係なく成り立つ，定量の原理である．

図5.14に，試料溶液を入れた光学セルに光が入射し透過する様子を示す．入射光強度をI_0とし，透過光強度をI_tとすると，透過率Tは，

$$T = \frac{I_t}{I_0} \qquad (5.13)$$

と定義される[*9]．

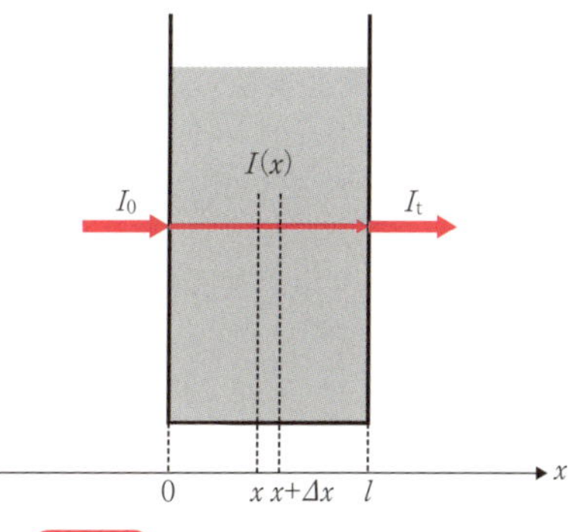

図5.14 ランベルト－ベールの法則

一方，光が試料溶液中に入射してからの距離をx(m)，xでの光の強度を$I(x)$とすると，試料溶液中のxと$x + \Delta x$の間で吸収される光の強度$-\Delta I(x)$は，

$$-\Delta I(x) = I(x + \Delta x) - I(x) \qquad (5.14)$$

となり，これは，吸収係数β(m^{-1})，光の強度およびΔx(m)の積，$\beta \times I(x) \times$

＊8　吸光光度法は比色分析法ともいうが，現在ではこの呼び名はあまり使われない．目視で色を見比べて対象物質の濃度を定量するところから名付けられた．

＊9　光の強度にはさまざまな定義があり，単位もそれに応じて変わる．吸光光度法など，特定の波長の光の強度を扱う方法では，放射照度（W m^{-2}）が使われる．しかし，吸光光度法では，式(5.13)のように光の強度比で表す量が多いので，特に単位を意識する必要はない．

Δxに等しい．これを微分で表すと，

$$-\mathrm{d}I(x) = \beta \times I(x) \times \mathrm{d}x \tag{5.15}$$

したがって，

$$-\frac{\mathrm{d}I(x)}{\mathrm{d}x} = \beta \times I(x) \tag{5.16}$$

の微分方程式が成り立つ．式(5.16)を解き，$0 \leqq x \leqq l$の範囲で積分し，$I_0 = I\ (x = 0)$，$I_\mathrm{t} = I\ (x = l)$であることを考慮すると，

$$-\ln\frac{I_\mathrm{t}}{I_0} = -\ln T = \beta \times l \tag{5.17}$$

となる．lは光路長である．常用対数を用いて式(5.17)を書き直すと，

$$A \equiv -\log T = -\frac{\ln T}{\ln 10} = \left(\frac{\beta}{2.3026}\right) \times l = \beta' \times l \tag{5.18}$$

となる．Aを吸光度と呼ぶ．β'は吸光化学種の濃度に比例するので，モル吸光係数をε，吸光化学種の濃度をCとすると，

$$\beta' = \varepsilon \times C \tag{5.19}$$

となる．よって最終的には，

$$A = \varepsilon \times C \times l \tag{5.20}$$

が導かれる．式(5.20)は，**ランベルト－ベール**（Lambert-Beer）**の法則**と呼ばれ，吸光光度法において最も重要な式である．ランベルトの法則は吸光度が光路長に比例すること，ベールの法則は濃度に比例することに対応する．

最後に，単位について述べておきたい．吸光度に単位はない．濃度の単位は$\mathrm{mol\ L^{-1}}$（$=\mathrm{mol\ dm^{-3}}$）で，光路長lはmである．したがって，モル吸光係数は$\mathrm{m^2\ mol^{-1}}$となるが，分析化学では，通常，$(\mathrm{mol\ L^{-1}})^{-1}\mathrm{cm^{-1}}$($=\mathrm{M^{-1}\ cm^{-1}}$)を用いる．光路長1 cmの光学セルをよく用いるからである．ちなみに，$1\ \mathrm{m^2\ mol^{-1}} = 10(\mathrm{mol\ L^{-1}})^{-1}\mathrm{cm^{-1}}$である．また，多くの物質のモル吸光係数は$0 \sim 10^5(\mathrm{mol\ L^{-1}})^{-1}\mathrm{cm^{-1}}$の値をとる．

例題5.5 1.00×10^{-5} mol L^{-1}の鉄(Ⅱ)フェナントロリン錯体水溶液を光路長が 2.00 cm の光学セルに入れて 520 nm における吸光度を測定したところ，その値は 0.240 であった．520 nm における錯体のモル吸光係数を求めよ．

解答 式(5.20)より，

$$\varepsilon = \frac{0.240}{1.00 \times 10^{-5}\,\mathrm{mol\,L^{-1}} \times 2.00\,\mathrm{cm}}$$

$$= 1.20 \times 10^{4}(\mathrm{mol\,L^{-1}})^{-1}\mathrm{cm^{-1}} = 1.20 \times 10^{3}\,\mathrm{m^{2}\,mol^{-1}}$$

章末問題

5-1 光の強度は，光量子束密度で表すこともでき，その単位は mol $m^{-2}s^{-1}$である．放射照度（W m^{-2}）と光量子束密度の換算式を導け．光量子束密度は，放射強度を，ある特定の波長の光の 1 mol 当たりのエネルギーで割り算した量である．

5-2 波長 500 nm の単色光の光量子が 1 秒当たり1.00×10^{15}個放出する光源があるとする．この光源の出力は何 W か．

5-3 次の透過率（%）に対する吸光度(1)～(5)と，吸光度に対する透過率(6)～(10)を求めよ．
(1) 0.1%，(2) 1.0%，(3) 10%，(4) 90%，(5) 99%，(6) 0.0，(7) 0.10，(8) 0.50，(9) 1.0，(10) 2.0

5-4 1 $m^{2}mol^{-1}$ = $10(\mathrm{mol\,dm^{-3}})^{-1}\mathrm{cm^{-1}}$であることを証明せよ．また，$m^{2}mol^{-1}$と$(\mathrm{mol\,L^{-1}})^{-1}\mathrm{cm^{-1}}$の物理的な意味を説明せよ．

5-5 右図は，ある物質のS_0からS_1への電子遷移の紫外吸収スペクトルで，振動遷移も現れている．このスペクトル図をもとに，この物質のヤブロンスキー図を作成せよ．

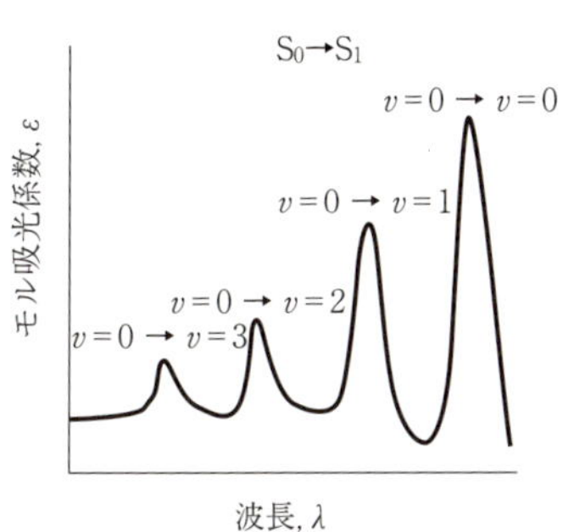

5-6 4.0×10^{-4} mol L^{-1}の過マンガン酸カリウム水溶液（硫酸酸性）を，光路長が 1.0 cm の光学セルに入れて 525 nm の吸光度を測定したところ，吸光度は 0.98 であった．525 nm における過マンガン酸イオンのモル吸光係数を求めよ．

5-7 リン酸の定量にはモリブデンブルー法がよく用いられる．この方法にはさまざまな変法があるが，基本的にはリン酸イオンとモリブデン酸イオンを反応させてヘテロポリ酸の一種であるモリブドリン酸を生成させ，これにアスコルビン酸などの適当な還元剤を加えて還元し，青色のリンモリブデンブルーにした後，この物質の 710 nm の吸光度を測定する．今，検量線作成のために次表のような結果を得た．1）～3）に答えよ．ただし，吸光度の測定には，光路長 10.0 cm の光学セルを用い，結果はブランクを補正したものである．

リン酸濃度/μmol L^{-1}	0	1.00	2.00	3.00
710 nm における吸光度	0	0.159	0.320	0.478

1）検量線（グラフ）を作成せよ．

2）検量線を最小二乗法で処理し，濃度と吸光度の近似曲線を求めよ．また，相関係数も求めよ．

3）三つの試料溶液 A，B，C に対する 710 nm の吸光度は次の通りであった．各試料溶液のリン酸イオン濃度を μmol L^{-1}の単位で求めよ．

試料溶液	A	B	C
710 nm における吸光度	0.180	0.445	0.302

5-8 光路長の正確な値を決めるために，二クロム酸カリウムを正確に 0.100 g はかりとり，メスフラスコを用いて，250 mL の水溶液にした．この水溶液の 5.00 mL を 250 mL のメスフラスコにとり，0.5 mol L^{-1}の水酸化ナトリウム水溶液を 25 mL 加えたのち，標線まで水を満たした．一方，0.5 mol L^{-1}水酸化ナトリウム水溶液 10 mL を 100 mL のメスフラスコにとり，標線まで水で満たした．この水溶液をブランクとして各波長における吸光度を測定したところ，以下のような結果を得た．用いた光学セルの光路長はいくらか．

0.05 mol L^{-1}水酸化ナトリウム水溶液中のクロム酸イオンのモル吸光係数 ε

λ/nm	325	350	372	375	400	425
$\varepsilon/m^2\,mol^{-1}$	43.3	270	472	470	184	45.5
A	0.0238	0.1487	0.2596	0.2585	0.1012	0.0250

Instrumental Methods in Analytical Chemistry

第6章 原子スペクトル分析

原子スペクトル分析法は，試料溶液中の対象元素を原子化・励起・イオン化し，原子の光吸収（または発光）あるいはイオンの発光や計数率を測定して元素濃度を定量する方法である．光源，原子化部，イオン化部，検出部の組合せによって，さまざまな原子スペクトル分析装置が開発されている．本章では，代表的な原子スペクトル分析法として，原子吸光分析，黒鉛炉原子吸光分析，炎光分析，ICP 発光分析，ICP 質量分析を解説する．各原子スペクトルの発現メカニズムと，さまざまな分析法の特徴を理解し，実試料への応用方法も含めて幅広く学習しよう．

6.1 原子スペクトル分析の原理

6.1.1 原子スペクトル分析の原理

原子スペクトル分析における吸光と発光の現象は，古典量子論で説明することができる．図6.1(a) に，原子の電子軌道とエネルギー準位の概念図を示す．

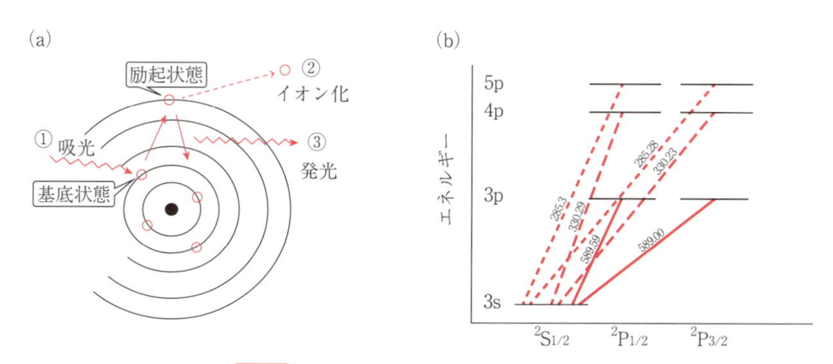

図6.1 原子の電子軌道とエネルギー準位

(a)古典量子論，(b)ナトリウム原子のグロトリアン図．グラフ中の数値は波長（nm）を示す．

原子状態の元素において，最も安定な状態を基底状態，より高いエネルギー状態を励起状態と呼ぶ．古典量子論によれば，原子のエネルギー準位は電子の軌道に対応する．最外殻電子は，基底状態では原子核になるべく近い軌道上に存在するが，エネルギーが与えられて励起状態になると，原子核から離れた空軌道上に順次遷移する．さらに高いエネルギー状態になると電子は原子から放出されて自由電子となり，原子はイオン化される（図中②）．エネルギー準位は元素の種類に固有であり，準位間の電子遷移に伴って吸収あるいは放出されるエネルギーは，準位間のエネルギー差と一致する（5.3節も参照）．

基底状態の原子は，準位間のエネルギー差 ΔE に対応する元素固有の波長 λ の光を吸収して高いエネルギー状態である励起状態の原子になる（①）．この光の吸収を原子吸光と呼ぶ．また，励起状態の原子は，低いエネルギー状態である基底状態とのエネルギー差 ΔE に対応する波長の光を放出して基底状態に遷移する（③）．この光の放出が原子発光である．ΔE と λ には以下の式が成立する．

$$\Delta E = h\nu = hc/\lambda \tag{6.1}$$

ここで，ν は振動数，h はプランク定数，c は光速度である．

原子発光は，光によって励起された原子が基底状態に戻る際に光を放出する場合である原子蛍光と，熱によって励起された原子が基底状態に戻る際に光を放出する場合である炎光とに区別される．

しかし実際の電子軌道や電子遷移は，図6.1(a)に示すほど単純ではない．価電子のエネルギー準位は，主量子数，全軌道量子数，全スピン量子数，全内部量子数により決定される[*1]．

ある原子について，スペクトル線を生じるエネルギー遷移を図にまとめたものを，グロトリアン（Grotrian）図と呼ぶ．ナトリウム原子のグロトリアン図を図6.1(b)に示す．ナトリウムの場合，基底状態は $3\,^2S_{1/2}$ である．ナトリウムの原子スペクトル分析では，吸光や発光で 589.00 nm および 589.59 nm に強いスペクトル線が測定される．この二重共鳴線は，基底状態 $3\,^2S_{1/2}$ と励起状態 $3\,^2P_{3/2}$ および $3\,^2P_{1/2}$ 間の電子遷移にそれぞれ対応する．

＊1　スペクトル項記号（巻末の「付録2」を参照）を使って表すこともある．

分子と違って原子は振動や回転のエネルギー準位をもたないため（5.5節を参照），原子スペクトルは電子遷移のみに依存し，線スペクトルになる．

6.1.2 原子スペクトル装置における原子化のメカニズム

常温において，ほとんどの元素は化合物や単体，溶液として存在する．しかし原子スペクトルの測定は遊離した原子を対象とするので，それぞれの状態から原子を生成する必要がある．このように原子を生成する過程を，**原子化**（atomization）と呼ぶ．通常の原子スペクトル分析では，噴霧した試料溶液を加熱することにより対象元素を原子化する．

図6.2に，化学フレームおよびプラズマ中の原子化過程と，それに伴う種々の現象を示す．高温の状態では，対象元素の化学的性質に応じて，基底状態の原子だけでなく，励起状態の原子やイオン，分子種，塩微粒子も生成する．原子スペクトル分析法を適切に用いるためには，元素の状態変化を理解することが重要である．

試料溶液は，ネブライザー（噴霧器）により微細な液滴として原子化部の中に導入される．対象元素（M）は，微細液滴中ではイオン（M^{n+}）または塩（MX;

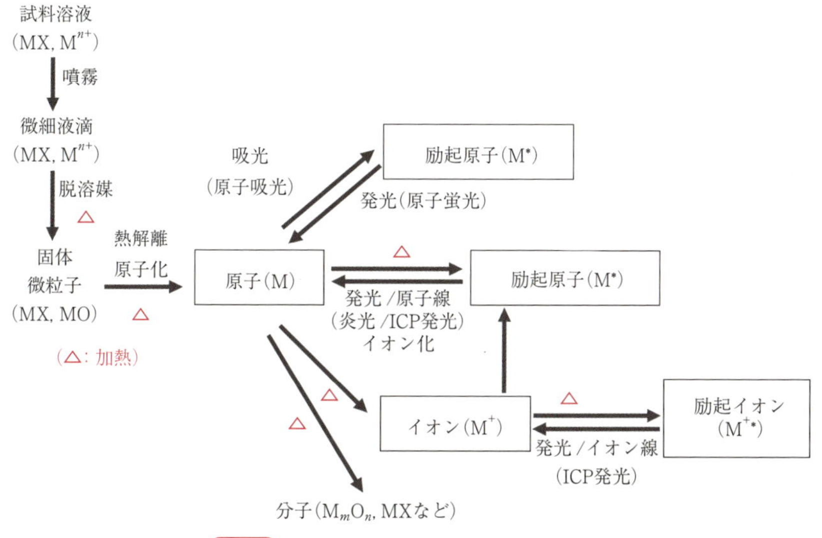

図6.2 元素の原子化過程とそれに伴う現象

X は M と塩を形成する陰イオン）の状態で溶存するが，原子化部における加熱により脱溶媒されて塩や酸化物の微粒子（MX, MO）となり，続いて熱解離して原子（M）になる．原子は基底状態にあり，そこに特定波長の光を入射すると，これを吸収して，基底状態から励起状態（M^*）に遷移する（吸光）．一方，原子化部における加熱により，熱励起されて励起状態（M^*）に遷移する元素もある．励起状態の原子（M^*）は，特定波長の光（原子線）を放出して基底状態に遷移する（発光あるいは炎光）．さらに高温の状態では，イオン化された原子（M^+）の割合が増加するとともに励起状態のイオン種（M^{+*}）も生成し，原子線とは異なる波長の発光（イオン線）が生じる．

原子化部における加熱により，安定な分子種（金属塩や酸化物等）が生成することもある．これらの反応は，基底状態や励起状態の原子やイオンの割合を減らし，一般に原子スペクトル分析による元素の定量を妨害する．

6.1.3　定量の基本原理

原子吸光分析における入射光の吸収は，第5章で学んだランベルト－ベールの法則に従うと考えてよい．原子吸光分析装置で正確な光路長を求めるのは難しいが，装置と測定条件が同じであれば光路長は一定とみなすことができる．この場合，試料溶液中における元素濃度は，原子化部における単位体積当たりの原子蒸気（基底状態）の原子数に比例すると近似される．したがって，原子吸光法の吸光度と試料溶液中の対象元素の濃度 C には，以下の式が成り立つ．

$$A = aC \tag{6.2}$$

ここで，a は装置や測定条件によって決まる定数で，光路長に比例する．

一方，原子発光分析では，一定の測定条件において，試料溶液中の元素濃度と原子化部における励起状態の原子やイオンの生成数が比例する．したがって，発光強度 I と濃度 C には，以下の式が成り立つ．

$$I = bC \tag{6.3}$$

ここで b は定数である．

Column 6.1

検量線法，標準添加法，内標準法

原子スペクトル分析において試料中の元素濃度を定量する方法には，検量線法，標準添加法および内標準法が用いられる．検量線法では，対象元素の濃度が既知の標準試料を調製して原子スペクトル分析を行い，図(a)のように吸光度（または発光強度）の測定値を縦軸，濃度を横軸にプロットして検量線を作成する．このとき，測定値と濃度が直線関係を示す検量線の濃度範囲（ダイナミックレンジという）を確認する．この濃度範囲の検量線を用いて，未知試料の吸光度より，対象元素の濃度を求める．

一方，共存物質が多かったりその特定が困難である試料の測定では，通常の検量線法で共存成分の干渉を除くことは難しい．このような試料に対しては，標準添加法により対象元素の濃度を求めることができる．試料溶液から四つ以上の一定量の溶液を採取し，対象元素を添加しない試料一つと，対象元素をそれぞれ異なる濃度で添加した標準混合試料を三つ以上調製する．それぞれの溶液の吸光度（または発光強度）と濃度との検量線を作成し，図(b)の横軸（濃度）の切片から試料溶液中の対象元素の濃度を求める．標準添加法は，分光干渉がないか，又はバックグラウンド（ブランク）および分光干渉が正しく補正されていて，検量線が良好な直線範囲を示す場合に有効である．

ICP 発光分析や ICP 質量分析等のように多元素同時分析が可能な原子スペクトル分析においては，内標準法により物理干渉を補正することができる．内標準法では，標準試料および未知試料のすべてに，内標準元素と呼ばれる特定の元素を一定濃度で添加して原子スペクトル分析を行う．図(c)のように対象元素／内標準元素の発光強度比を用いて濃度との検量線を作成し，対象元素の濃度を求める．内標準元素には，試料中の濃度が無視できる量であり対象元素と分光特性が類似していることが条件としてあげられ，イットリウムやテルルなどがよく用いられる．

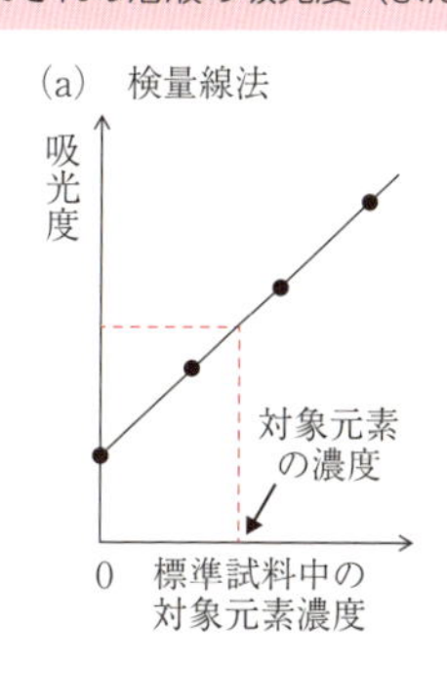

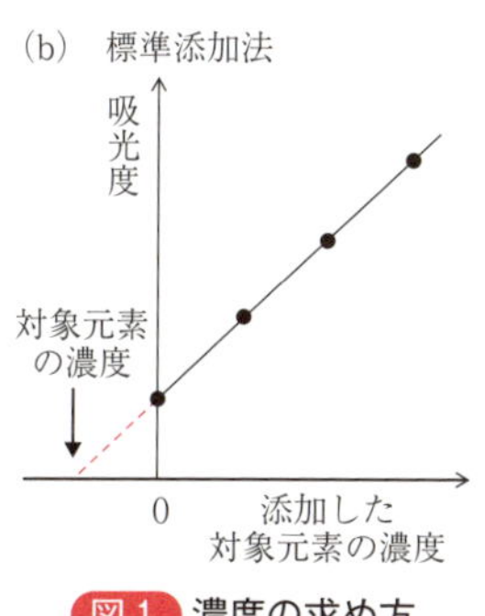

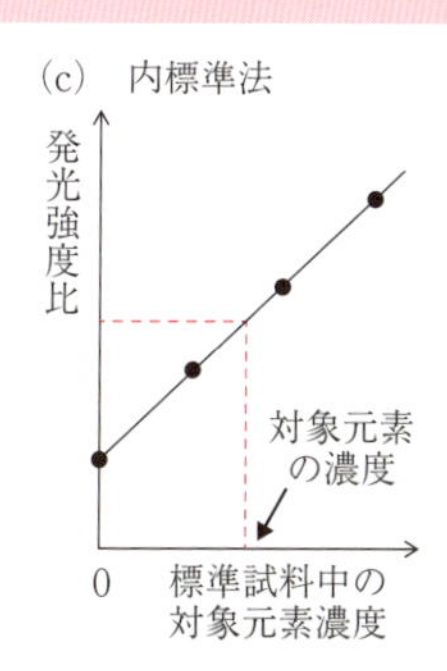

図1　濃度の求め方

理論的には濃度ゼロの時には吸光度もゼロになる（原点を通る）が，実際の測定では，ほとんどの場合，上記(a)および(c)のように原点を通らないためブランク補正が必要となる．

6.2　原子吸光分析

6.2.1　装置の基本構成

原子吸光分析（atomic absorption spectrometry：AAS）は，試料溶液中の対象元素を原子化して，原子の光吸収から元素濃度を定量する方法である．測定機器は，光源部，原子化部，分光部，検出部により構成される（図6.3）．

本章では，一般的な原子吸光分析法として，フレーム原子吸光分析，黒鉛炉原子吸光分析を取り上げる．

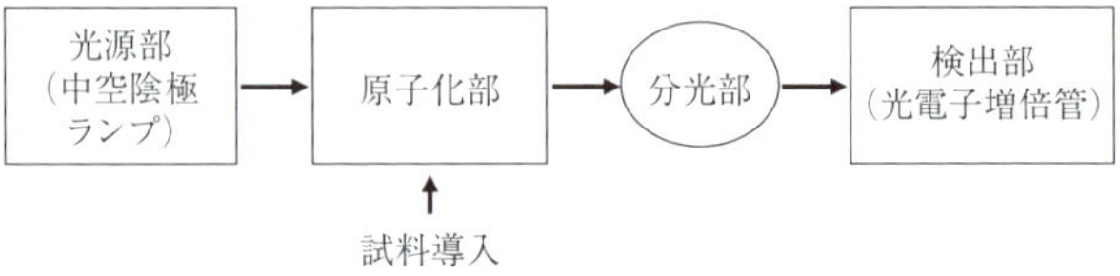

光源部（中空陰極ランプ）→ 原子化部 → 分光部 → 検出部（光電子増倍管）

原子化部 ← 試料導入

図6.3 原子吸光分析装置の基本構成

6.2.2　フレーム原子吸光分析

1）装置と特徴

フレーム原子吸光分析（単に原子吸光分析とも呼ばれる）には，光源部に**ホロカソードランプ**（中空陰極ランプ），原子化部に**化学フレーム**（化学炎）が用いられる（図6.4）．

測定では，試料溶液を化学フレームに噴霧して，溶液中の元素を原子蒸気に変える．基底状態にある原子蒸気に対して，ホロカソードランプから元素に特有の波長の入射光を通すと，その光は原子蒸気の濃度に応じて吸収される．その後，モノクロメーターによって透過光の中から特定のスペクトル線だけを選んで検出部で測定し，吸光度を求める．

原子吸光分析は，共存元素やイオンの影響をあまり受けず，多くの金属元素の定量分析に使用できる．一方，定量する元素ごとに専用のホロカソードランプを用意する必要があり，多元素を同時に分析することはできない．

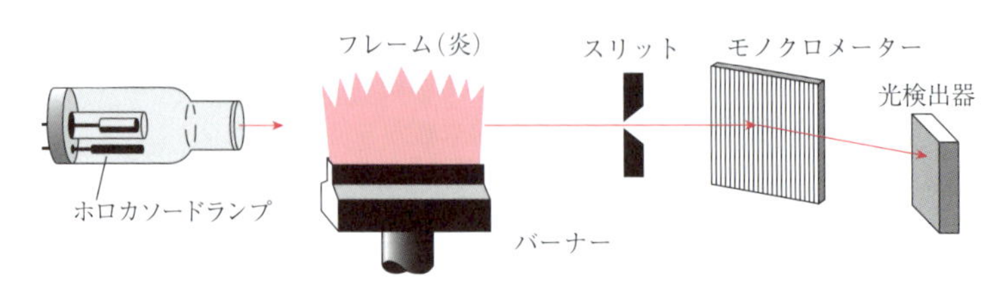

図6.4 フレーム原子吸光分析の装置の構造

2）ホロカソードランプ（中空陰極ランプ）

原子スペクトルは線スペクトルであり，原子吸光線の半値幅は約 0.01 nm である．光源として連続光を用いた場合，通常の分光器でスリットを最小にしても単色光スペクトルの幅は 0.1 nm 程度であり，原子吸光線による光吸収測定の効率は悪くなる．そこで原子吸光分析の光源には，原子吸光線よりも線幅の狭い発光線が得られるホロカソードランプを用いる．

ホロカソードランプの構造を図6.5に示す．ガラス製の中空二重管のランプ内には希ガスが充填されており，内側の管は陰極（対象元素の金属，合金，または気体が封入されている）として働く．この部分を中空陰極と呼ぶ．タングステン線またはニッケル線の陽極と陰極の間に 200～800 V の電圧をかけるとグロー放電が生じ，陰極において対象元素の発光スペクトルが発生する．

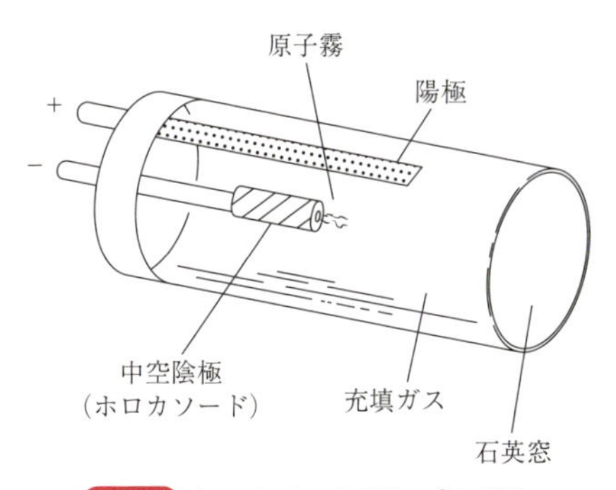

図6.5 ホロカソードランプの構造

3）ネブライザー

原子吸光装置におけるネブライザーの役割は，試料溶液を吸い込み，できるだけ小さな液滴にして原子化部に噴霧することである．ネブライザーの原理は，家庭用の霧吹きと同様である．試料溶液に細管を入れて，その上部に高速で助燃ガスを吹き付けると，ベンチュリー効果により負圧が発生し，管から試料が吸い上げられる（図6.6）．細管上端において試料溶液は，ガス気流によって霧化して放出される．

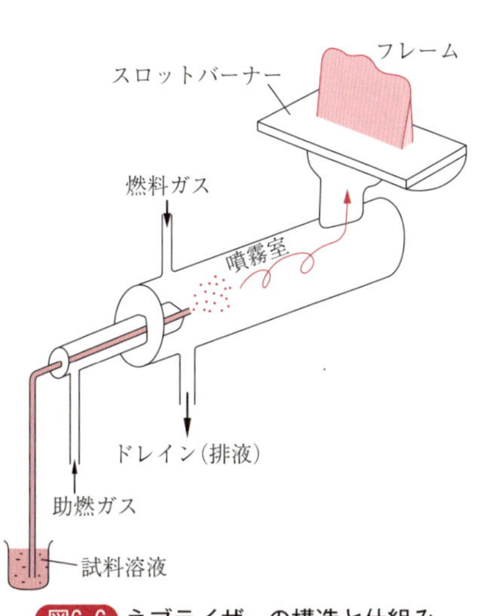

図6.6 ネブライザーの構造と仕組み

4）化学フレーム

原子吸光分析装置の原子化部には，化学フレーム（化学炎）が用いられる．バーナー上で化学フレームを発生させるために用いられる燃料ガスと助燃ガスを表6.1に示す．燃料ガスと助燃ガスの組合せによって，温度が1,900〜3,100℃の化学フレームを得ることができる．対象元素に適した原子化温度を得るためにガスの種類を選択できるが，一般的な原子吸光分析では，取り扱いが容易で比較的高い温度が得られるアセチレン–空気を利用する．

表6.1 化学フレームの種類

燃料ガス	助燃ガス	最高温度（℃）
プロパン	空気	1,930
アセチレン	空気	2,300
水素	酸素	2,660
アセチレン	亜酸化窒素	2,950
アセチレン	酸素	3,100

6.2.3　黒鉛炉原子吸光分析

1）装置と特徴

原子吸光分析において，化学フレームの代わりに電気的な加熱によって試料を原子化する方法を**フレームレス原子吸光分析**と呼ぶ．一般に，発熱体に黒鉛（グラファイト）を用いた**黒鉛炉原子吸光分析**（graphite furnace atomic absorption spectrometry：GFAAS）を指すことが多いが，融点の高いTaなどの金属を用いることもできる．

測定では，黒鉛炉の内部に試料溶液を注入し，炉に電圧をかけてジュール熱により加熱する．黒鉛炉を段階的に加熱すると，試料溶液は蒸発して元素が原子化される．黒鉛炉の中で発生した原子蒸気（原子雲）にホロカソードランプから光を入射して，フレーム原子吸光と同じように吸光度を測定する．

GFAASの長所は，発生した原子蒸気が狭い黒鉛炉内に閉じ込められて濃縮されるため高感度であること，また，昇温プログラムによって妨害物質を除去できること，測定に必要な試料量が数十µL程度と少ないことである．一方の短所は，

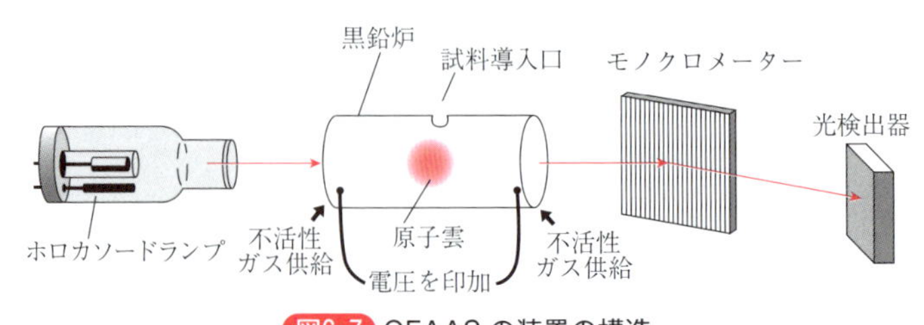

図6.7 GFAASの装置の構造

測定時間が長いこと，試料溶液の注入に熟練と手間がかかることである．試料溶液の注入に自動試料導入装置(オートサンプラー)を用いると再現性が向上する．

2）昇温プログラム

GFAASでは，共存物質の妨害を防ぎ対象元素の原子化効率を上げるために，昇温プログラムにより段階的に加熱する．加熱の段階には，乾燥（drying），灰化（ashing），原子化（atomization），クリーニング（cleaning）がある．乾燥段階では，溶媒が蒸発して塩が析出する．灰化段階では，有機物は熱分解，共存無機塩は分解してそれぞれ揮発する．以上の段階で妨害物質を除いた後に，原子化段階で対象元素を原子化する．その後さらに高温で加熱して黒鉛炉をクリーニングし，次の測定を行う．

3）マトリックス修飾剤

対象元素が低沸点の化合物を形成する場合，灰化の段階で元素が揮散して検出感度が著しく悪くなることがある．このような場合は，黒鉛炉の内部に対象元素との間で高融点化合物をつくる**マトリックス修飾剤**（**マトリックスモデファイアー**）を同時に注入して，灰化段階における対象元素の揮発を防ぐ．例えば，As, Se, Pb, SnなどのGFAAS定量にはPd塩やMg塩の添加が有効である．

6.2.4　原子化過程に影響する因子

1）バックグラウンド干渉

原子吸光分析では，試料溶液中の共存物質濃度が高い場合やフレーム温度が低い場合に，フレーム中で生成した分子による光吸収や塩の微粒子による散乱が生じ，正の誤差が生じる．例えば原子吸光分析で海水を直接測定すると，ナトリウムや塩化物などの主要塩類の影響でバックグラウンドが高くなり，対象元素の原子の吸光度よりも大きな吸光度が検出される（バックグラウンド干渉）．これを減じる方法には，**ゼーマン補正**，**重水素ランプ補正**などがあり，装置にオプションとして組み込まれている．

2）物理干渉

試料溶液中の塩濃度が高いと，粘性と表面張力が大きくなり，ネブライザーから原子化部への導入効率が減少する．標準溶液に主要成分を添加してマトリックスを揃えることで，検量線から物理干渉の影響を除くことができる．

Column 6.2

ゼーマン補正法の開発

初期の原子吸光分析装置では，実試料中の金属成分の測定において，特にバックグラウンド干渉の低減が課題であった．環境試料や生体試料にはさまざまな有機成分が含まれるため，原子吸光分析装置に試料溶液を導入すると，化学フレームの中で二酸化炭素や硫黄酸化物等のガス成分が発生する．ガス成分がホロカソードランプからの入射光を吸収するために，分析対象の金属成分がまったく含まれていなくても，あたかも金属成分が含まれているかのような誤った数値が測定される．

このような問題点を解決する画期的な方法として，1970年代後半に日立製作所の小泉英明らによって「偏光ゼーマン原子吸光分析装置」が開発された．磁場中では，原子蒸気が放出あるいは吸収する単一波長のスペクトル線は原子のエネルギー準位に基づいて複数のスペクトル線に分裂する．この現象はゼーマン効果と呼ばれ，発見者のゼーマンと理論的解明に取り組んだローレンツは1902年にノーベル物理学賞を受賞している．小泉らは，磁場に垂直な偏光特性を有する成分は二つに分裂する一方，分子性の吸収は磁場の影響を受けないことに着目し，両者の差からバックグラウンド補正を行った．偏光ゼーマン補正法は，日本発の革新的な技術として世界で高く評価されている．

ゼーマン補正法以外のバックグラウンド補正法は，紫外線に相当する短波長を吸光する元素の補正に限られており，しかもGFAASでは性能がよくない．ゼーマン原子吸光法の開発により，環境や医療の分野で微量金属を正確に測定することが可能となり，当時の日本で深刻であった重金属による公害問題や生体に与える毒性の解明に関する研究が大きく進展した．

3）化学干渉

対象元素の化学的性質によって，原子化効率は変化する．励起エネルギーが低いいくつかの第1族，第2族元素は，原子化部で熱励起される割合が高く，基底状態の原子は減少する．このような元素は，次項で説明する発光分析法での測定が適している．電気陰性度の大きな非金属元素は陰イオンに変化する割合が高く，そもそも原子吸光・発光法を用いた定量には適さない．また，Alのように酸化物が熱的に安定な元素を分析する場合は，原子化に高温の化学フレームを用いる必要がある．

対象元素と共存物質の塩形成によっても原子化効率は変化する．例えば，Caはリン酸イオンや硫酸イオンが共存成分に含まれると，化学フレーム中で難解離性塩を形成し原子化効率が大きく低下する（この種の妨害にはSrやLaの添加が効果的）．一方，3価Asの測定では塩酸存在下で原子化効率が高くなり検出感度が上がる．

4）イオン化干渉

第1族，第2族元素のようにイオン化エネルギーの小さい元素は原子化部でイオンになりやすく，基底状態の原子の数が減少する．イオン化抑制剤として，対象元素よりもイオン化しやすい元素（例えばCs）を添加して，イオン化干渉を抑制できる．

6.3　原子発光分析

6.3.1　装置の基本構成

原子発光分析は，試料溶液中の対象元素を熱で原子化・励起し，励起状態の原子から放出される発光スペクトルから，元素の同定・定量を行う方法である．測定機器は，発光部，分光部，検出部により構成される（図6.8）．

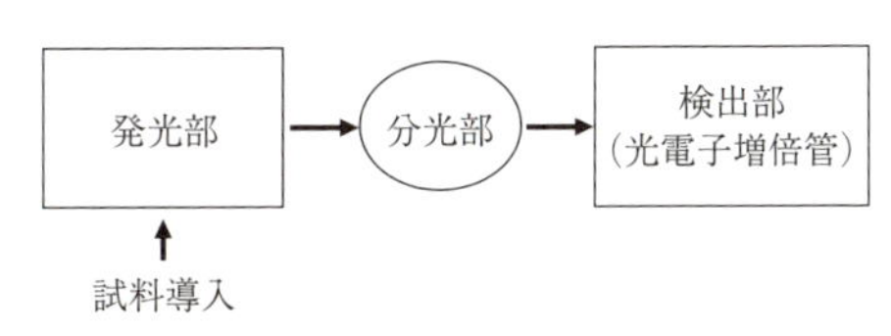

図6.8 原子発光分析装置の基本構成

6.3.2　炎光分析（フレーム原子発光分析）

炎光分析は，化学フレームを発光部に用いる発光分析であり，原子吸光分析と同じ装置で測定することができる．ただし，発光分析であるため光源部は不要である（図6.9）．

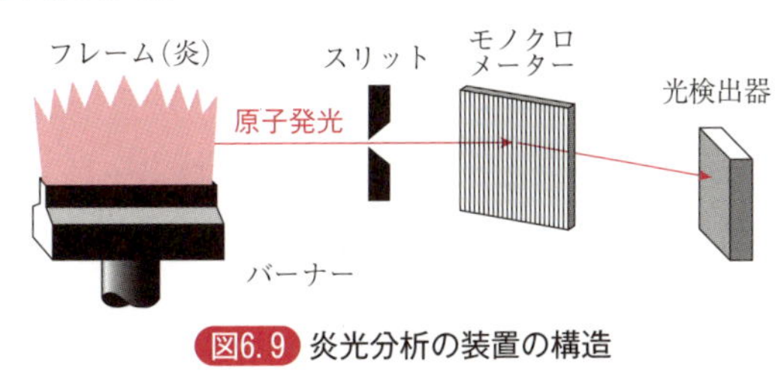

図6.9 炎光分析の装置の構造

試料溶液を化学フレームに噴霧すると，熱励起されやすい元素については比較的高い割合で励起状態の原子蒸気が生成する．炎光分析では，励起状態にある原子が基底状態に遷移する際に発生する元素固有の発光スペクトルを測定して，その発光強度から元素濃度を求める．

炎光分析は，アルカリ金属やアルカリ土類金属などの熱励起されやすい元素を高感度に分析できる．しかし，化学フレームの温度が低いため熱励起はやや不安定であり，測定値は共存イオンの影響を受けやすく，検量線の直線範囲が狭い．

6.3.3 ICP 発光分析

1）装置と特徴

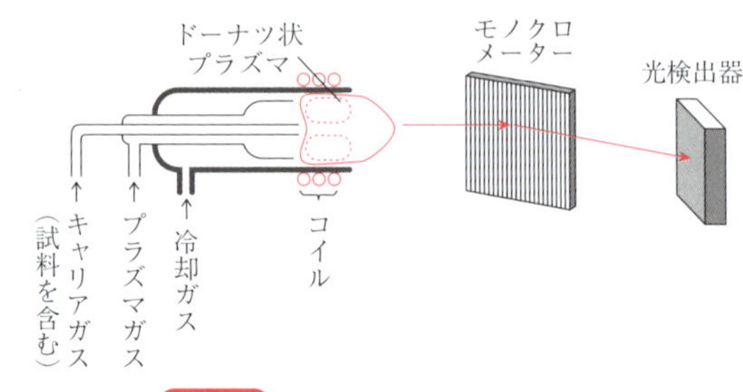

図6.10 ICP 発光分析の装置の構造

ICP 発光分析〔誘導結合プラズマ発光分析，inductively coupled plasma atomic（optical）emission spectrometry：ICP-AES または ICP-OES〕は，発光部に高周波誘導結合プラズマを用いた原子発光分析法である（図6.10）．通常，ICP にはアルゴンプラズマが用いられる．

ICP 法の最大の特徴は，高周波で誘起されたアルゴンガスのプラズマが高温な点にある．石英製トーチに生成する誘導結合プラズマの温度は 6,000～10,000 K で，ほとんどすべての元素が高効率で熱励起して発光する．各元素の発光スペクトルには，励起原子から生じる原子線と励起イオンから生じるイオン線があり，どちらの線が強く発光するかは元素の性質による（付表6.1参照）．ICP から放出される発光スペクトルをモノクロメーターで波長ごとに分け，各元素の発光線の強度から元素濃度を求める．

ICP 発光分析は，一部の非金属を除いたほとんどの元素に適用することができ，しかも**多元素同時分析**が可能である．また，発光部の励起源が高温なため，検量線の直線範囲が $\mu g\ L^{-1}$ からサブ％のオーダーと広いことに加えて，化学干渉やイオン化干渉が著しく低く，共存物質や元素の化学形の影響も少ない．

2）分光器と検出器

ICP 発光分析では，分光部と検出部の性能によって元素の選択性が決まる．分光部には，炎光分析よりも高分解能の分光器が用いられ，近接する元素の発光線を識別する．一つの元素には複数の発光線があり，通常は最も感度の高い発光線を定量に用いる．対象元素の発光線が高濃度の共存物質の発光線と重なる場合は，共存物質の影響がない別の発光線を選択する．

検出部には，光電子増倍管（フォトマル）[*2]や半導体検出器が用いられる．光電子増倍管を用いる場合は，モノクロメーター内の回折格子を高速で回転させて多数の発光線を順次測定するシーケンシャル型と，複数の検出器を他元素の発光線の位置に固定するポリクロメータ型などがある．半導体検出器には，デジタルカメラに搭載されるCCD素子を検出器に用いて，同時に複数の発光線を検出するマルチチャンネル型がある．

6.4　ICP 質量分析

6.4.1　装置と特徴

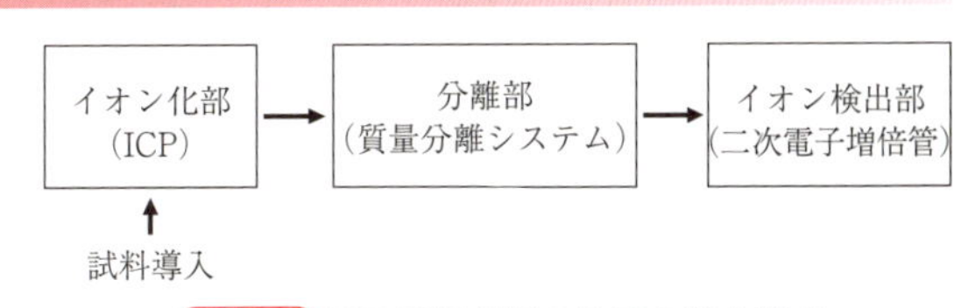

図6.11 ICP 質量分析の装置の基本構成

ICP 質量分析（inductively coupled plasma mass spectrometry：ICP–MS）は，アルゴンプラズマ中に試料溶液を噴霧した際に生成する元素のイオンを質量分析装置で分離し，質量電荷比（m/z）で定性，イオン計数から定量する方法である．図6.11にICP–MS装置の構成を示す．イオン化部にICP，分離部（アナライザー）に質量分離システム，イオン検出部（コレクター）に多段ダイノード型やチャンネルトロン型の二次電子増倍管が用いられる．

ICP 質量分析は，無機元素の分析法では最も感度が高い方法で，pg L^{-1}の超微量元素を直接定量できる（付表6.2参照）．また，高分解能の質量分析システムでは，異なる元素や分子性イオンの同重体[*3]を分離して，各元素の同位体組成を分析できる．ただし，非常に高感度であることから，他の原子スペクトル分析では問題とならない濃度の共存物質が対象元素の測定を妨害したり検出部を汚染する原因になる．さまざまな共存物質を含む実試料を用いる場合は，前処理によって対象元素を分離精製する必要がある．

6.4.2　質量分析部の種類

元素イオンを m/z で分離する質量分析システムには，磁場による**単収束型**，磁場と電場を組み合わせた**二重収束型**，二組の電極に正負の直流・高周波電圧を

＊2　光電子増倍管のしくみは，第7章7.1.5項を参照．
＊3　同じ質量の分子やイオン．

Column 6.3

分光法（spectroscopy）の定義の変遷

ICP質量分析法の測定において，イオンは光や電磁波ではないにもかかわらず，イオン質量の分布データを質量スペクトル（分光）と呼ぶことに疑問を感じないだろうか？

元来，可視光をプリズムあるいは回折格子で波長に分けたものをスペクトル（spectrum）と呼び，可視光の放出・吸収を波長や振動数成分に分けたスペクトルに基づく測定法を分光法と呼んだ．19世紀以降は，光（可視光）が電磁波の一種であることが判明し，ラジオ波からγ線まで電磁波の放出・吸収に基づく測定法を分光法と呼ぶようになった．その後，量子力学により粒子である光子の吸収・放出スペクトルは離散的なエネルギー準位と対応することが明らかにされると，元来の意味の狭義のスペクトル（分光）とは異なる質量や音響などの離散的なエネルギー状態を測定する手法も分光法と呼ばれるようになった．現在では，広義の分光法は，電磁波に限らず，原子，分子，電子，その他の粒子を含めて，対象を成分に分けて分析する方法の総称として使用される．

かける**四重極型**が用いられる（詳しくは第10章を参照）．

四重極型ICP–MSは，簡便・安価で取り扱いが容易である反面，分解能が低く同重体の区別が難しい．一方，二重収束型ICP–MSは取扱いに熟練が必要であるが，分解能を高くすると m/z を小数点以下3～5位まで識別できるため，金属元素の同位体組成を分析できる．質量検出部で計数されるイオンの数は，ピーク面積と比例する．質量分離部の分解能が高いとピーク幅が狭くなるため，ピーク高さが高くなり，検出感度が高くなる．一般に，分解能と感度は「四重極型＜単収束型＜二重収束型」の順に高くなる．

6.4.3　コリジョンセルとリアクションセル

四重極ICP–MSの測定などで，イオン検出部における同重体や分子イオンの干渉を抑制する仕組みの一つである．コリジョンセル（collision cell）ではHeなどの不活性ガスを，リアクションセルでは水素分子などの反応性ガスを用いる．ガスを含むセル内にイオン源で生成したイオンを通して，気体分子とガス成分を衝突させる．対象元素のイオンはセルをそのまま通過してイオン検出部に到達するが，測定を干渉する同重体イオンは，衝突で運動エネルギーを失ったり気体分子と反応して取り除かれる．

6.5 原子スペクトル法の測定例

環境調査において，海水，湖沼水，地下水，雨水，排水などに含まれる金属元素の分析には，原子スペクトル分析が用いられる．まず，試料溶液を孔径0.45 μmのメンブレンフィルターでろ過して懸濁物質を除いた後，塩酸を加えてpH 2以下にして保存する．共存物質の濃度が高かったり対象元素の濃度が低い場合は，前処理で対象元素の分離及び濃縮を行う．分離・濃縮方法には，イオン交換，溶媒抽出，固相抽出，共沈，水素化物発生法などがあり，定量的な濃縮・分離には，対象元素の化学形態を揃える必要がある．以上の一連の操作は，クリーンベンチ内の清浄な環境で行うなど，試料溶液への対象元素の混入（汚染；コンタミネーション）に注意して行う。

原子スペクトル分析の種類は，対象元素や共存物質の種類と濃度，試料数などをふまえて適切な方法を選択する．例えば，同時に多数の対象元素を測定したい場合は，ICP–AESを用いたい．また，得られる試料溶液が少量で対象元素が1種類の場合は，GFAASが便利である．対象元素が超微量である場合は，ICP–MSでなければ定量できない．

章末問題

6-1 原子吸光分析で用いられる次の用語を説明せよ．(a)ホロカソードランプ，(b)マトリックス修飾剤，(c)バックグラウンド干渉，(d)イオン化干渉

6-2 次の略号の正式名称を示せ．(a)GFAAS，(b)ICP–MS，(c)ICP–AES

6-3 問6-2の(a)～(c)を吸光分析，発光分析，その他に分類せよ．

6-4 原子吸光分析における，バックグラウンド干渉の原因を述べよ．

6-5 GFAASの昇温プログラムで試料マトリックス中の主要塩分NaClを除くことができるのはどの段階か．

6-6 炎光分析がアルカリ金属元素の定量に有用である理由を述べよ．

6-7 炎光分析とICP発光分析の相違点を述べよ．

6-8 ICP質量分析において，同重体の妨害を取り除く方法を述べよ．

6-9 自然界におけるFeの同位体の存在度は，^{54}Fe，^{56}Fe，^{57}Fe，^{58}Feがそれぞれ5.845%，91.754%，2.119%，0.282%である．同重体等の妨害はないものとして，ICP–MSによる定量に最も適した同位体をあげよ．

6-10 ^{57}Feと，その同重体ArOHのm/zは，56.93540，56.96512である．ICP質量分析でそれぞれのイオンを分離定量するのに必要な分解能を求めよ．

Instrumental Methods in Analytical Chemistry

第7章 吸光・蛍光分析

基底状態の分子が紫外・可視光線の光エネルギーを吸収すると，電子遷移によって励起状態となる．分子による光吸収の強さは波長によって異なり，物質に特有である．この物質による紫外・可視光線の吸収特性を利用する分析法を紫外・可視吸光光度法といい，最も広く利用されている微量成分分析法の一つである．

また，分子は光を吸収して基底状態から励起状態に遷移した後，エネルギーを放出することで再び基底状態に戻る．エネルギー放出の過程は，主に熱の放出による無放射過程と，光放出による発光過程に分けることができる．発光過程は機構の違いにより，さらに蛍光とりん光に区別されるが，それらの発光機構は密接に関連しているため，同じ装置で測ることができる．

本章では，紫外・可視吸光光度法と蛍光光度法の原理，装置の特徴，実際の測定法を解説する．

7.1 吸光光度法

7.1.1 定量の原理

強度 I_0 の単色光（入射光）が溶液を透過して強度 I_t（透過光）になるとき，この溶液による光の吸収の強さは，透過率 T，透過百分率 $\%T$，または，吸光度 A で示される．

$$T = I_t / I_0 \tag{7.1}$$

$$\%T = 100\,T \tag{7.2}$$

$$A = -\log T \tag{7.3}$$

吸光度 A は，溶液層の厚さ（光路長）l と，溶液の濃度 C に比例する．これを，ランベルト-ベールの法則といい，以下の式で表される（第5章も参照）．

$$A = \varepsilon \times C \times l \qquad (7.4)$$

ここで，ε は 1 mol L^{-1} の溶液 1 cm を通過するときの吸光度であり，これを**モル吸光係数**〔単位は $(mol\ L^{-1})^{-1} cm^{-1}$ あるいは $M^{-1} cm^{-1}$〕と呼ぶ．モル吸光係数は，同じ条件下では物質に特有の値である．吸光分析においてランベルト-ベールの法則が成立する条件として，①入射光は単色光であること，②濃度により化学種が変化しないこと，③溶質および溶媒分子による散乱，懸濁物質による乱反射がないこと，④屈折率が変化しないこと，⑤蛍光がないことなどが重要である．

7.1.2　吸収スペクトル

図7.1に，過マンガン酸カリウム水溶液のスペクトルを示す．横軸には波長（nm），縦軸には透過率（または吸光度）をとる．低濃度の溶液を測定する際には，一般に吸光度が用いられる．波長－吸光度スペクトルにおける光吸収の最高点を示す波長を吸収極大波長（λ_{max}）という．定量分析の際には λ_{max} の吸光度を利用することが多い．また，λ_{max} の吸光度と濃度から求めたモル吸光係数（ε_{max}）は，濃度未知の化合物の定量や分子構造の推測に重要である．

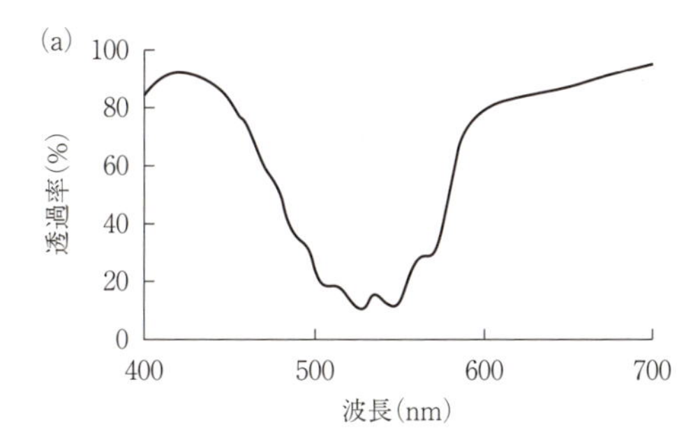

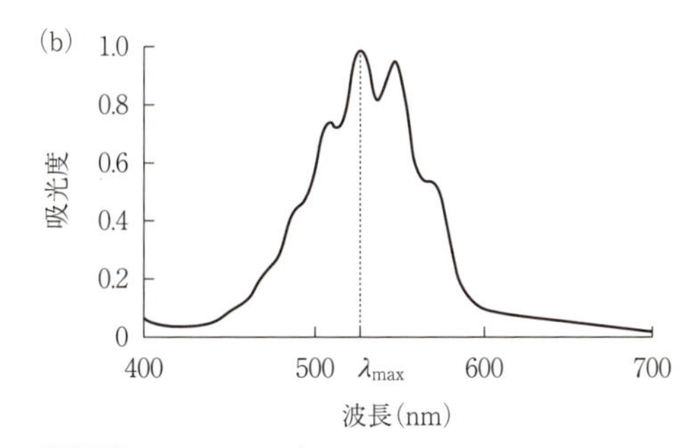

図7.1　0.4 mmol L^{-1} 過マンガン酸カリウム水溶液の(a)波長－透過率スペクトル，(b)波長－吸光度スペクトル

7.1.3　有機化合物の吸収帯

紫外・可視光域の光を試料に照射すると，目的分子の基底状態から励起状態への電子遷移に対応した波長λの光が吸収される．電子遷移をエネルギーの大きいものから，つまり短波長に現れる遷移の順に並べると以下のようになる（図5.9参照）．

$$\sigma \rightarrow \sigma^* > n \rightarrow \sigma^* > \pi \rightarrow \pi^* > n \rightarrow \pi^*$$

それぞれの電子遷移が示す吸収帯の区分と特徴を表7.1に，例としてベンゼンとアセトアルデヒドの吸収スペクトルを図7.2に示す．

表7.1 電子遷移の種類と吸収帯

遷移の種類	吸収帯の区分	特　徴
$\sigma \rightarrow \sigma^*$	遠紫外部	遠紫外用装置で測定される．
$n \rightarrow \sigma^*$	エンド吸収	紫外部短波長端から遠紫外部への大きな吸収．
$\pi \rightarrow \pi^*$	E_1バンド	エチレン性吸収帯で芳香環に起因．
	$K(E_2)$バンド	共役性吸収帯でポリエン，エノン（－C=C－CO－）などに起因．
	Bバンド	ベンゼノイド吸収帯で芳香族，ヘテロ芳香族に起因．微細構造を示すものがある．
$n \rightarrow \pi^*$	Rバンド	ラジカル性吸収帯でCO, NO_2などn電子（非結合電子）をもつ発色基に起因．

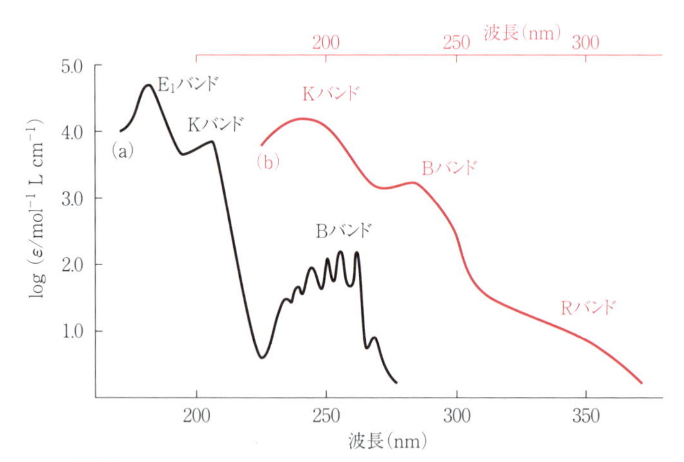

図7.2 ベンゼン(a)，アセトアルデヒド(b)の吸収スペクトル
（泉美治ら，『機器分析のてびき第2版①』，化学同人を参考に作図）

7.1.4 スペクトルと化学結合

紫外・可視吸収スペクトルの形状は，光を吸収する官能基（発色基，または，発色団）と，発色基に結合して光吸収の位置や強度を変化させる官能基(助色基，または，助色団)によって決まり，化学構造と関係づけられる．発色基としては，多重結合をもつC=C，C=O，N=N，N=Oなどがあり，助色基としては非結合電子対をもつ－OH，－OR，$-NR_2$，－Cl，－SHなどがあげられる．主な化合物の吸収帯を表7.2に示す．

表7.2 主な化合物の吸収帯

化合物	例	吸収 λ_{max}/nm（ε/M^{-1} cm^{-1}）	遷移	溶媒
アルケン（R-CH=CH-R）	エチレン	165（15,000）	$\pi \rightarrow \pi^*$	気体
アルキン（R-C≡C-R）	2-オクチン	195（21,000）	$\pi \rightarrow \pi^*$	ヘプタン
ケトン（R-CO-R）	アセトン	189（900）	$n \rightarrow \sigma^*$	ヘキサン
		279（15）	$n \rightarrow \pi^*$	
アルデヒド（R-CHO）	アセトアルデヒド	290（17）	$n \rightarrow \pi^*$	ヘキサン
カルボン酸（R-COOH）	酢酸	208（32）	$n \rightarrow \pi^*$	エタノール
酸アミド（$R-CONH_2$）	アセトアミド	220（63）	$n \rightarrow \pi^*$	水
エステル（R-COOR'）	酢酸エチル	211（58）	$n \rightarrow \pi^*$	イソオクタン
ニトロ化物（$R-NO_2$）	ニトロメタン	278（20）	$n \rightarrow \pi^*$	石油エーテル
アゾ化合物（R-N=N=R'）	アゾメタン	338（4）	$n \rightarrow \pi^*$	エタノール

分子による紫外・可視光線の吸収は，置換基の導入や溶媒の種類やpH，錯体の生成などによって変化する．吸収波長が長波長側に移動することを**深色効果**，短波長側に移動することを**浅色効果**といい，また，吸収強度が増大することを**濃色効果**，減少することを**淡色効果**という．

例えば，多重結合の共役は深色効果と濃色効果を示す（表7.3）．芳香環の共役長の増大も同様である．これらの現象を**共役効果**という．また，ベンゼン環にπまたはn電子のある置換基が存在すると，より強い深色効果，濃色効果を示す（表7.4）．また，アルキル基やフェニル基などが存在すると，立体障害によって電子遷移が妨げられ，著しい浅色効果を示す．

金属イオンを定量するために，さまざまな呈色試薬が利用されている．これらの試薬は金属錯体を形成することで呈色（発色）する．代表的な呈色試薬の化学構造を図7.3に示す．これらの試薬は，酸解離によって，あるいはそのままで配

表7.3 ポリエン化合物（H-(CH=CH)$_n$-H）の極大吸収波長 λ_{max} とモル吸光係数 ε_{max}

n	1	2	3	4	5	6
λ_{max}(nm)	180	217	268	304	334	364
ε_{max}($\times 10^3 M^{-1} cm^{-1}$)	10	21	34	64	121	138

表7.4 一置換ベンゼンの吸光特性　(a)水溶液，(b)アルコール，(c)ヘキサン

置換基	Kバンド		Bバンド		置換基	Kバンド		Bバンド	
−R	λ_{max} (nm)	ε_{max} ($\times 10^3$)	λ_{max} (nm)	ε_{max} ($\times 10^3$)	−R	λ_{max} (nm)	ε_{max} ($\times 10^3$)	λ_{max} (nm)	ε_{max} ($\times 10^3$)
−H	204	7.9	256	0.2 b	$-NH_2$	230	8.6	280	1.4 a
$-NH_3^+$	203	7.5	254	0.2 a	$-O^-$	235	9.4	287	2.6 a
$-CH_3$	207	7.0	261	0.2 b	−C≡CH	236	12.5	278	0.7 c
−I	207	7.0	257	0.7 b	−SH	236	10	269	0.7 c
−Cl	210	7.4	264	0.2 b	$-COCH_3$	240	13	278	1.1 b
−Br	210	7.9	261	0.2 b	$-CH{=}CH_2$	244	12	282	0.5 b
−OH	211	6.2	270	1.5 a	−CHO	244	15	280	1.5 b
$-OCH_3$	217	6.4	269	1.5 a	$-C_6H_5$	246	20	—	— b
−CN	224	13	271	1.0 a	$-N(CH_3)_2$	251	14	298	2.1 b
−COOH	230	10	270	0.8 a	$-NO_2$	269	7.8	—	— c

（泉美治ら，『機器分析のてびき第2版①』，化学同人より．ε の単位は $M^{-1} cm^{-1}$.）

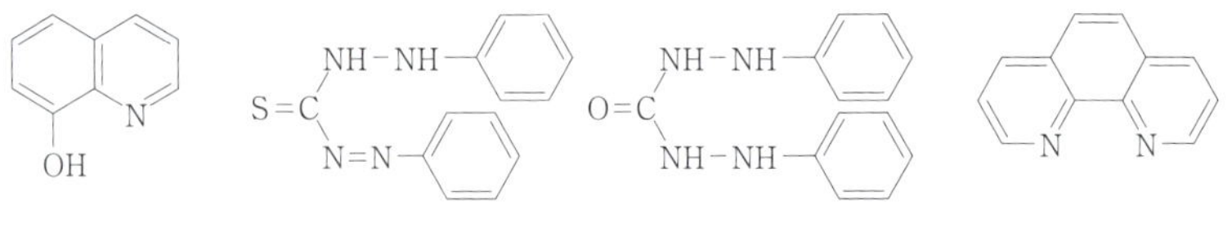

8-キノリノール(オキシン)（Al, Be, Bi, Cd, Co, Cu, Fe, In, Mg, Mn, Mo, Ni, Pb, Znなど）

ジチゾン（Ag, Bi, Co, Cu, Hg, Ni, Pb, Zn）

ジフェニルカルバジド（Cr, Hg, Pb）

1,10-フェナントロリン（Fe, Ni）

図7.3 代表的な呈色試薬とその対象

位子として働き，配位原子O，N，Sで金属イオンに結合し，有色のキレートを生成する（『基礎から学ぶ分析化学』第6章，第9章を参照）．

7.1.5　分光光度計の概要

紫外・可視分光光度計は，光源，分光部（モノクロメーター），試料部，検出器の主に四つの要素からなる．

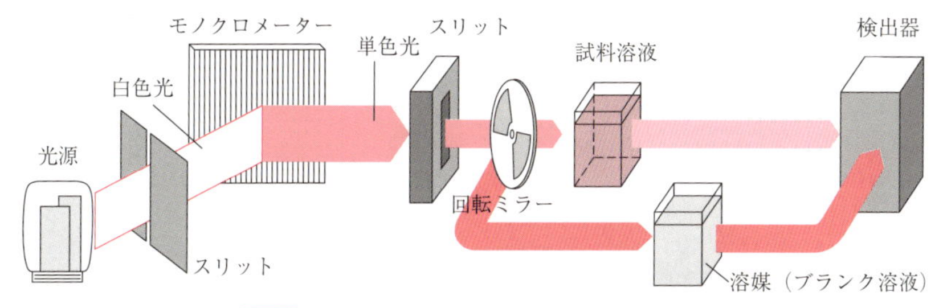

図7.4 分光光度計（ダブルビーム方式）の概要

1）光源

一般に，紫外部用に重水素ランプ（180〜400 nm），可視部用にハロゲンランプ（350〜2600 nm）が備え付けられており，測定波長に応じて自動的に切り替わる．重水素ランプは放電管中に封入した重水素のアーク発光を利用した放電光源である．ハロゲンランプは電球内部に不活性ガスとともに微量のハロゲンガス（ヨウ素など）を封入したものであり，フィラメント（発光体）には白熱電球と同じくタングステンが用いられる．

2）分光部（モノクロメーター）

プリズムや回折格子（グレーティング）を用いて白色光を分光し，実用上の単色光を生じさせる．ただしプリズムによる分光は精度に限界があることや，プリズムの材料を透過できる波長の光に限られるという欠点もあるため，特別な場合を除いて分光光度計には利用されない．最も単純な回折格子は，反射面に多数の階段状の溝が等間隔に配列した構造をしており，例えば，1 mm あたりに 600〜1200 本程度の溝を刻んで鏡面加工した金属（主にアルミニウム）やガラス板などである．図7.5に示すように，白色光を回折格子に入射すると個々の溝で波長ごとに決まった角度で回折される．溝の間隔 d，波長 λ，入射角 θ_{in} に対して，以下の式を満たす方向 θ_{out} には異なる溝からの同じ位相の光が干渉して，強い回折光が得られる．

$$d(\sin\theta_{out} - \sin\theta_{in}) = m\lambda \quad (m \text{ は整数}) \tag{7.5}$$

逆に，式(7.5)を満たさない方向に対しては，光は互いに弱め合い，光強度は非常に小さくなる．$m = 0$ の場合は $\theta_{in} = \theta_{out}$ であり，波長にかかわらず鏡面反

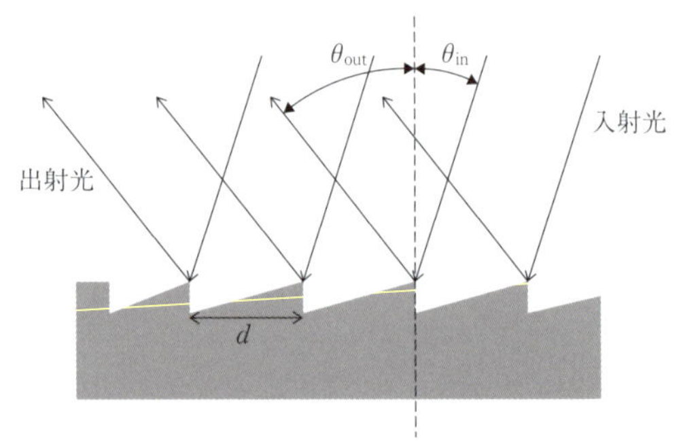

図7.5 回折格子による分光原理

射に等しい．いま，$m = 1$ に相当する回折光（一次回折光）を考えると，以下の式になる．

$$d(\sin\theta_{out} - \sin\theta_{in}) = \lambda \tag{7.6}$$

したがって，$\sin\theta_{out} - \sin\theta_{in}$ を変化させることによって，異なる波長の光を生じさせることができる．すなわち，特定波長の光が特定の角度で回折されて強め合うことで白色光が単色光に分光される．

回折格子を回転することにより，任意の単色光をスリットから取り出すことができる．このとき，単色光を取り出すスリットの幅が狭いほど波長範囲の狭い光が得られるため，分解能が高くなる（ただし光強度は弱まる）．また，スリットから取り出される目的波長以外の光を迷光という．二つのモノクロメーターを用いるダブルモノクロメーター方式を採用すると迷光を抑えることができる．

3）試料部

試料溶液やブランク溶液を測定する際の容器を吸収セル（英語では cuvette），と呼ぶ．セルの材質には，測定波長領域に吸収のないものを用いなければならない．一般に，ガラス製，プラスチック製のセルは安価ではあるが，370 nm 以上の可視部の測定にしか使用できない．石英製のセルは紫外・可視部の測定に用いられる．また，吸収セルの形状，光路長もさまざまなものが市販されている．一般的なセルの光路長は 1 cm であるが，希薄溶液の測定には長い光路長（＜10 cm）のセルを利用することもある．また，低沸点溶媒を使用するときには，ふた付きのセルを用いることが望ましい．試料が微量な場合は，数百 μL の溶液量を測定できるマイクロセルを使用する.

ダブルビーム方式では，分光した単色光を回転ミラーで時間的に二つに分け，これらを試料セルと溶媒（ブランク，対照）セルに通過させる（図7.4も参照）.試料溶液とブランク溶液の吸光度の差から，溶質の吸収を求める.

4）検出器

検出器には，光電管，光電子増倍管（フォトマル），フォトセル，ダイオードアレイ，CCD などが利用される.

金属等の物質に光を照射すると，運動エネルギーをもつ光電子が物質の表面から放出する．この現象を**光電効果**（外部光電効果）と呼ぶ．光電管は光電効果を利用して光エネルギーを電気エネルギーに変換する光センサで，Sb－Cs や Ag－Cs などを蒸着した光電面（陰極）に負電圧をかけておき，そこへ入射光によって生じた光電流（光電子による電流）を陽極から信号として取り出

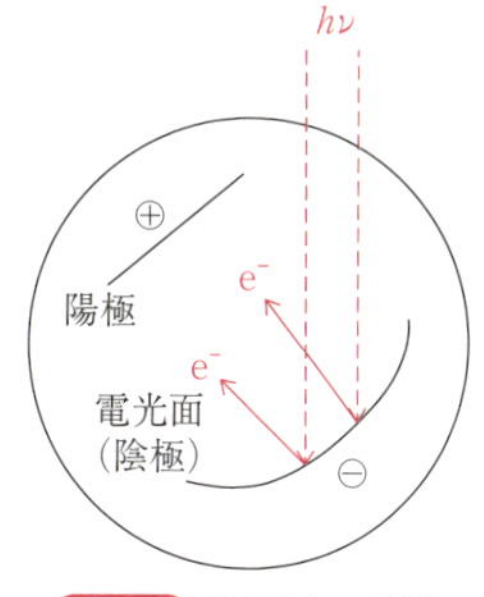

図7.6 光電管の構造

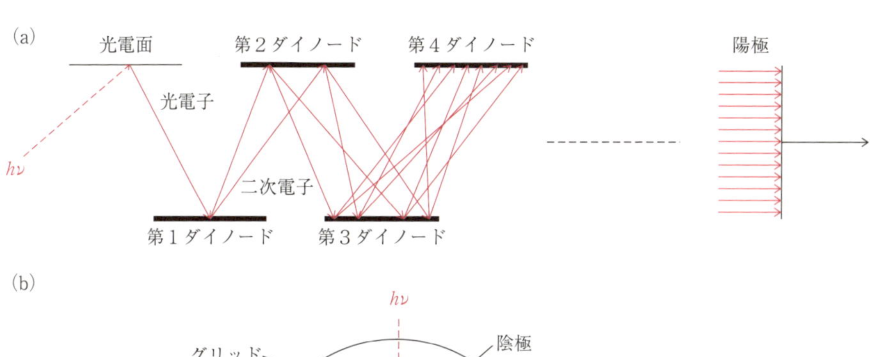

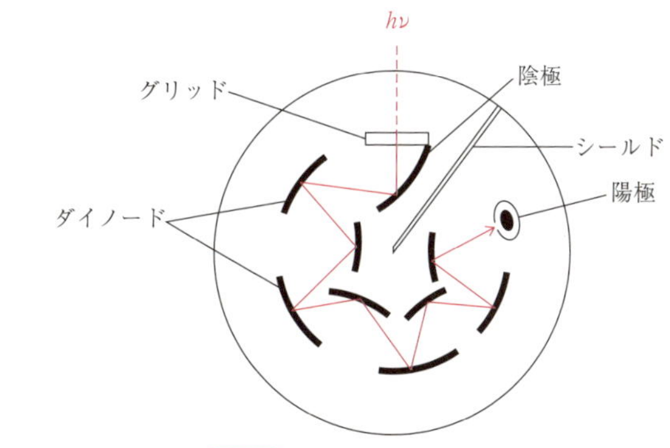

図7.7 光電子増倍管の原理(a)と構造(b)

す(図7.6). 光電子増倍管では, 光電効果によって光電面から放出する光電子が, 光電面に対して正極になっているダイノード（増倍電極）に衝突し, 各々の電子が数倍の二次電子を放出することを利用する（図7.7). 何段ものダイノードで電子が増幅して最後に陽極に達する〔図7.7(a)〕. 1段当たりの電子放出比が4である10段のダイノードにより増倍すると, 電子の数は $4^{10} \fallingdotseq 10^6$ 倍となる. したがって, 光電子増倍管は光電管よりも微弱な光の検出が可能で, 最も一般的に用いられている.

フォトセルは, 高抵抗の半導体に入射する光の強度が増加すると電気抵抗が下がる, **光伝導効果**を利用する光半導体の一つである. 光電子増倍管の感度は, 入射光の波長が900 nm 以上になると急速に減少するため, 近赤外光領域の測定には PbS セルなどのフォトセルが利用されることが多い.

7.1.6　測定と応用

物質による光の吸収は濃度に比例するため（ベールの法則), 定量分析に利用できる. また, 吸収波長が異なれば, 複数の物質が混合していてもそれぞれを同時定量できる. 吸収スペクトルの特徴（波長, 強度, スペクトル形状）は有機化合物の同定や不純物の存在の推定に利用でき, 構造解析の補助手段として有用である. さらなる応用例としては, pH 指示薬などの酸解離定数の測定(例題7.1), 光反応や酵素反応の反応速度の測定, 錯体の組成決定（後述）などがある.

1）実際の測定

(a) 溶媒

吸収スペクトルを測定する際には溶媒の選択が重要である. 溶媒は試料をよく溶解し, 溶質との相互作用がなく, 測定する波長領域における吸収が小さい必要がある. 最も一般的な溶媒は水であるが, 有機溶媒が用いられることも多い. また, 定量分析の際には, 揮発性の高くないものが望ましい. 各溶媒の測定可能な最短波長を巻末の付表7.1に示す. 一般に, 極性の大きい溶媒ほど, $\pi \rightarrow \pi^*$ では π^* のエネルギーが低下するので深色効果を, $n \rightarrow \pi^*$ では n のエネルギーがより低下するので浅色効果を示す. このような溶媒による濃色効果や淡色効果を含めた, 吸収スペクトルの変化を**溶媒効果**と呼ぶ. また, フェノールやアミン類などの化合物では，$\pi \rightarrow \pi^*$の吸収帯の位置と強度がpH変化によって大きく変動する．これは，非結合電子とπ電子系の相互作用が変化するためである．

(b) 試料溶液の濃度

試料溶液の吸光度が0.1〜1.0の範囲になるように濃度を調整することが好ましい．吸光度が低すぎるときは試料による光の吸収が小さすぎるため，一方，吸光度が高すぎるときは透過率がほぼゼロになるため，測定誤差が大きくなる．吸光度の測定誤差が最も小さくなるのは$A = 0.434$($\%T = 36.8\ \%$)のときである．試料のモル吸光係数がわからない場合は，類似物質のモル吸光係数を参考にするか，0.01 mol L^{-1}の濃度の溶液を正確に調製して測定し，その吸光度が1.0以下になるように希釈して濃度を決定する．

2）吸光光度分析の応用

(a) 定量分析

標準溶液の吸光度から検量線を作成すると，未知試料の濃度を求めることができる．検量線は，濃度既知の純物質，またはそれを段階的に希釈して，推定される試料の濃度範囲の溶液系列をつくって作成する．標準溶液の測定に用いるブランク溶液には，溶媒を単独に用いるか，目的成分を含まない同種の試料溶液（空試験溶液）を用いる．各標準溶液から得られたスペクトルから濃度による吸光度差の大きい波長を選び，それぞれの濃度に対して吸光度をプロットして検量線を作成する．酸解離反応や酸化還元反応などにより得られる2成分系の吸収スペクトルから目的成分を定量する場合には，等吸収点の吸光度を利用する．等吸収点とは，ある物質について同じ濃度の溶液を異なった溶液状態で測定した際に，それぞれの吸収スペクトルが交差する点であり，二つの成分のモル吸光係数が等しい波長に相当する．例としてpHの異なるブロモチモールブルー水溶液の吸収スペクトルを図7.8に示す．一般に検量線は，低濃度では直線であるが，高濃度になると曲線になる．多少湾曲していても用いられる場合もあるが，試料の濃度を下げて，直線部を用いることが望ましい．

また，同一溶液中に存在する異なる物質が同じ波長の光を吸収する場合，それらの光吸収は加成性を示す．したがって，二つ以上の物質を含む溶液であっても各物質のλ_{max}に十分な差があれば，吸光度の加成性を考慮したうえで各成分の同時定量が可能である．

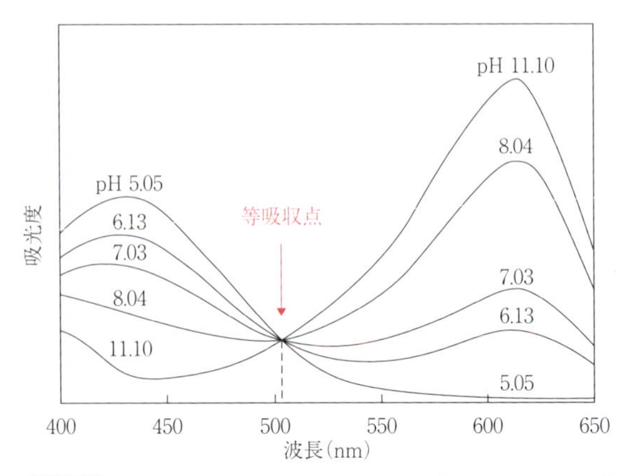

図7.8 pH の異なる溶液から得られたブロモチモールブルーの吸収スペクトル

例題7.1　種々の pH に調製した，1.00×10^{-5} mol L^{-1}のメチルレッド水溶液の 525 nm における吸光度を測定したところ，以下のような結果が得られた．メチルレッドの酸解離定数(K_a)を求めよ．

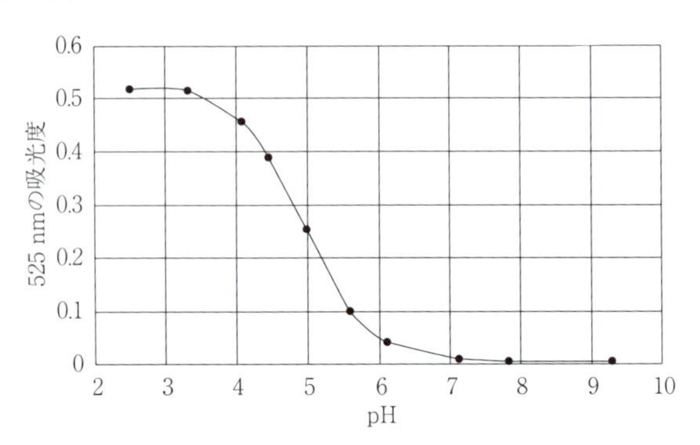

解答　メチルレッドの酸解離反応を以下のように表すと，

$$\text{In-H} \rightleftharpoons \text{H}^+ + \text{In}^-$$

酸解離定数は，

$$K_a = [\text{H}^+][\text{In}^-]/[\text{In-H}]$$

である．半当量点では，$[\text{In}^-] = [\text{In-H}]$であるので，

$$K_a = [\text{H}^+]$$

$$\mathrm{p}K_\mathrm{a} = \mathrm{pH}$$

したがって，

$$A = (A_{max} + A_{min})/2$$

であるときの pH が $\mathrm{p}K_\mathrm{a}$ となる．

吸光度の pH 依存性のグラフより，メチルレッドの $\mathrm{p}K_\mathrm{a}$ を求めると，

$$\mathrm{p}K_\mathrm{a} = 4.95,\ K_\mathrm{a} = 1.1 \times 10^{-5}\ \mathrm{mol\ L^{-1}}$$

(b) 錯体の組成決定法

配位子と金属イオンの結合比を求める方法にモル比法や連続変化法などがある．いま，生成定数が十分に大きい，金属イオンMと配位子Lの以下の錯生成反応を考えてみよう．

$$\mathrm{M} + n\mathrm{L} \rightleftharpoons \mathrm{ML}_n$$

モル比法では，金属イオンの濃度を一定とし，配位子である呈色試薬の濃度を変えた一連の溶液の λ_{max} での吸光度を測定する．生成した錯体の吸光度と配位子の濃度との関係をプロットし，その屈曲点から結合比を求める．例えば，$1 \times 10^{-4}\ \mathrm{mol\ L^{-1}}$ の金属イオンMから図7.9のような結果が得られた場合，結合比は2となり $\mathrm{ML_2}$ が生成していることがわかる．

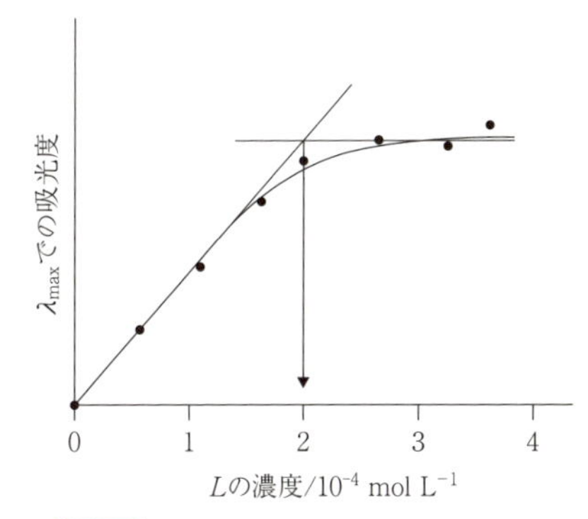

図7.9 モル比法による吸光度プロット

連続変化法（Job's method ともいう）では，金属イオン濃度と配位子濃度の和を一定に保つようにして，それらの濃度比を変えながら生成した錯体の λ_{max} での吸光度を測定する．金属イオンMの溶液 $V_0 \times (1 - x)$ mL（$0 \leqq x \leqq 1$）と同濃度の配位子Lの溶液 $V_0 \times x$ mL を反応させると，図7.10のような「x－吸光度」のプロットが得られる．屈曲点の x を次式に代入すると結合比 n が求められる．

$$n = x/(1 - x) \tag{7.7}$$

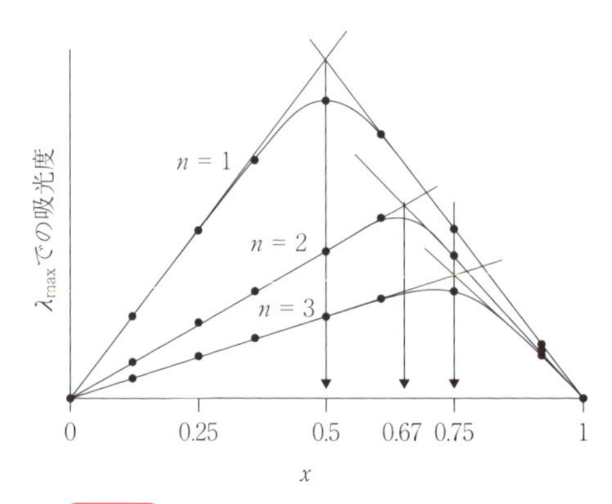

図7.10 連続変化法による吸光度プロット

7.2　蛍光分析

7.2.1　光励起による電子遷移

５章の図5.11に示されるように，有機分子は基底状態においてスピン多重度１の一重項状態（S_0）にある．その分子があるエネルギー（波長）の光を吸収すると，励起一重項状態の各振動準位（v ＝ 0，1，2，3，…）に励起される．図7.11は原子の核間距離とエネルギーの関係を示したポテンシャルエネルギー曲線であり，影の部分は調和振動子の確率密度を示している．フランク–コンドンの原理より，光吸収による電子遷移は原子核の運動に比べて非常に早く，電子遷移の過程において原子核は静止していると見なすことができる．したがって，光励起によって生じる最も強い遷移は，S_0の最低振動準位（v ＝ 0）において確率密度が最大になる核間距離の垂直線上にあるS_1の振動状態への遷移（垂直遷移）である．励起分子は，振動緩和や内部転換により，同じ多重度をもつ最低励

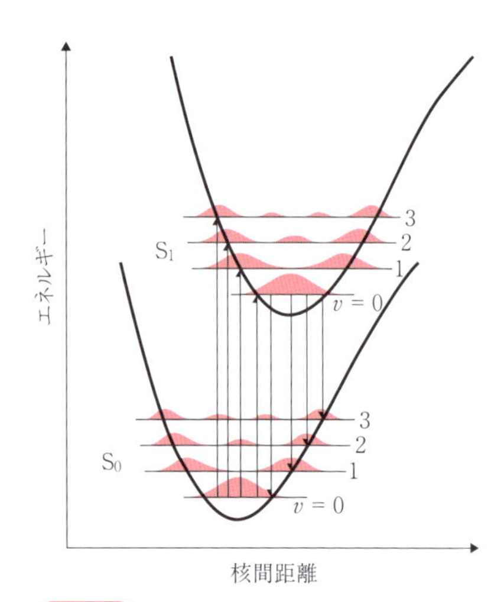

図7.11 光励起と蛍光に関する電子遷移

起状態S_1（$v = 0$）に無放射遷移した後，S_1–S_0間のエネルギー差に対応する波長の光を蛍光として放出しS_0に戻る．蛍光の過程においてもフランク－コンドンの原理が成り立つため，S_1（$v = 0$）からの垂直遷移によってS_0の各振動準位に遷移する．また，異なるスピン多重度間（S_1—T_1）の項間交差を経て励起三重項状態（T_1）に遷移した分子は，$T_1 \rightarrow S_0$遷移のエネルギー差に対応する波長の光をりん光として放出する．りん光の放出に伴う電子遷移も，T_1（$v = 0$）からの垂直遷移によってS_0の各振動準位に戻る．

7.2.2 励起・発光スペクトル

蛍光はS_1（$v = 0$）からS_0への遷移に基づいて生じるため，発光スペクトルの形状は励起光の波長に依存せず，原則として励起光よりも低エネルギー（長波長）領域で観測される（ストークスシフト）．一方で，蛍光の発光強度は分子の励起波長におけるモル吸光係数に依存する．したがって，励起光の波長を変化させながら，一定の波長で蛍光強度を測定して得られる励起スペクトルは，目的分子の吸収スペクトルと類似の形状となる．また，T_1はS_1よりも低いエネルギー状態にあるため，$T_1 \rightarrow S_0$遷移に基づくりん光は蛍光よりも低エネルギー（長波長）領域で観測される．

スペクトルの形状を電子遷移に関連づけて考えると，励起スペクトルでは基底状態であるS_0の最低振動準位（$v = 0$）から，励起状態の各振動準位（$v = 0, 1, 2, 3, \cdots$）への遷移に対応するエネルギーを持った光の波長を中心にバンドが現れる(図7.12)．同様に，発光スペクトル（蛍光）の各バンドはS_1の最低振動準位から基底状態の各振動準位への遷移エネルギーに対応する．基底状態の最低振動準位と励起状態の最低振動準位の間で生じる遷移を0－0遷移と呼ぶ．多くの蛍光物質において，励起スペクトルと発光スペクトルは0－0遷移に基づくバンドを中心とした鏡像に近い関係を示す．これは励起状態と基底状態における振動準位の間隔が類似しているためである．

7.2.3 蛍光強度

蛍光物質が発する蛍光の強度（F）は，吸収される光の強さI_aと，吸収された光子の蛍光への変換効率の指標である**蛍光量子収率** Φ_fとの積で表すことができ

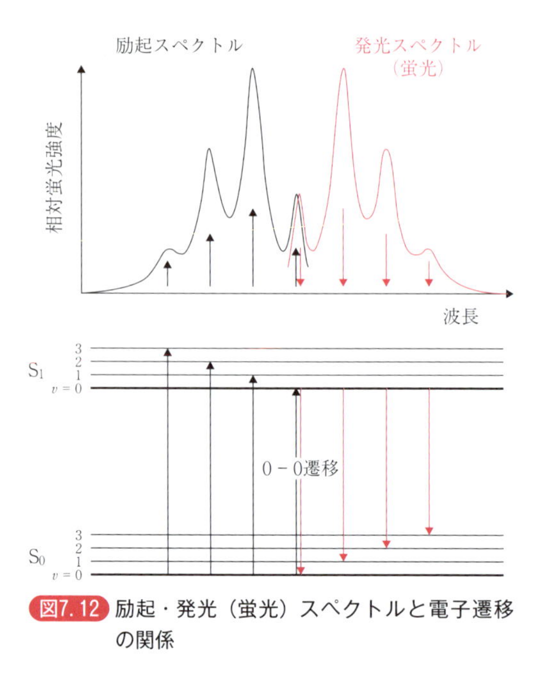

図7.12 励起・発光（蛍光）スペクトルと電子遷移の関係

る．蛍光物質の溶液をセルに入れて強度 I_0 の励起光を入射するとき，ランベルト－ベールの法則より透過光強度が表され，以下の関係式が導かれる．

$$F = I_a \Phi_f = I_0(1 - 10^{-\varepsilon Cl})\Phi_f \tag{7.8}$$

ここで，ε は励起波長におけるモル吸光係数，C は濃度，l は光路長である．式（7.8）を εCl について展開すると式(7.9)が得られる．

$$F = I_0(2.303\varepsilon Cl)[1 - (2.303\varepsilon Cl)/2 + (2.303\varepsilon Cl)^2/6 - \cdots\cdots]\Phi_f \tag{7.9}$$

εCl が十分に小さいときは，以下の近似式(7.10)となる．

$$F = 2.303\, I_0 \Phi_f \varepsilon Cl \tag{7.10}$$

式(7.10)は低濃度溶液の蛍光強度が濃度に比例することを意味しており，蛍光物質の定量に利用できる．また，吸光度が光源強度に依存しないのに対して，蛍光物質の蛍光強度は光源強度に比例するため，高強度の光源を用いることで容易に検出感度を上げることができる．ただし式(7.10)の関係は低濃度領域でのみ成立し，εClの増加に伴って，高濃度領域ではずれが生じる．また，後述する蛍光の再吸収などの影響が無視できなくなるため，定量分析は，式(7.10)の比例関係が成立する濃度条件で行うようにする．

例題7.2 蛍光強度と濃度の関係について，高濃度領域における蛍光強度の濃度依存性を表す近似式を求めよ．ただし，濃度消光や再吸収による影響は無視できるものとする．

解答

簡単のために濃度の一次関数である吸光度(εCl)を用いて蛍光強度(F)を式(7.8)および式(7.10)から見積もると，εClが小さい領域では二つの関数はよく一致し，誤差は$\varepsilon Cl = 0.01$において約1％である．したがって，$\varepsilon Cl < 0.01$の条件ではFは概ね濃度に比例し，近似式(7.10)を適用できる．しかし，εClが大きくなると式(7.10)では近似できなくなり，$\varepsilon Cl = 0.10$における誤差は約12％に拡大する．したがって，$0.01 < \varepsilon Cl < 0.10$では，式(7.9)の[ ]内第2項までを考慮する必要がある($F = I_0(2.303\varepsilon Cl)[1 - (2.303\varepsilon Cl)/2]\Phi_f$)．以上から，溶液の濃度(吸光度)を十分に低くしなければ，式(7.10)で示される単純な比例関係は成り立たないことがわかる．

蛍光強度は低濃度領域であれば濃度に比例し，同一条件で測定した検量線から高感度な定量ができる．一方で，蛍光強度の数値は測定装置に依存して大きく変化するため，蛍光物質の発光効率は次式で定義される蛍光量子収率Φ_fを用いて比較する．

$$\Phi_f = \frac{\text{蛍光の光子数}}{\text{吸収された光子数}} \tag{7.11}$$

式(7.11)より，吸収したすべての光子を蛍光として放出する物質の蛍光量子収率は1，無蛍光性物質では0となる．一般的に用いられる蛍光物質の蛍光量子収率は概ね0.1以上の値である．

蛍光量子収率の決定には高度な絶対測定法が必要であるが，安定な蛍光特性をもつ標準物質との比較から，相対法によって見積もるのが一般的である．表7.5に主な標準物質の蛍光量子収率を示す．既知の蛍光量子収率（$\Phi_{f,S}$）をもつ標準物質と目的物質の希薄溶液の発光スペクトルを同一の装置と条件（励起波長，セル）で測定すれば，目的物質の蛍光量子収率（$\Phi_{f,X}$）を次式から算出できる．

表7.5 標準物質として用いられる主な蛍光物質の量子収率

発光領域（nm）	蛍光物質	溶媒	蛍光量子収率
300～400	ナフタレン	シクロヘキサン	0.23
315～480	2-アミノピリジン	0.05 M 硫酸	0.60
360～480	アントラセン	エタノール	0.27
400～500	9, 10-ジフェニルアントラセン	シクロヘキサル	0.90
400～600	硫酸キニーネ	0.5 M 硫酸	0.546
600～650	ローダミン101	エタノール	1.0

＊濃度は 1×10^{-5} mol L^{-1}以下，吸光度 0.1未満，温度 20℃，脱気溶媒中の値．D. F. Eaton, *Pure & Appl. Chem.*, 60(7), 1107, (1988)から抜粋．

Column 7.1

蛍光量子収率とは

7.2.3項で述べたように，蛍光量子収率（Φ_f）は，吸収された光子の蛍光への変換効率を表す重要な指標である．Φ_f は図に示した最低励起状態（S_1）からの各遷移過程の速度論によって決定される．励起状態からいずれの無放射過程も経ずに基底状態に遷移するとき，蛍光強度〔$F(t)$〕は次式にしたがって指数関数的に減少する．

$$F(t) = F(0)\exp(-t/\tau_0)$$

このとき，蛍光の自然寿命 τ_0(s)は蛍光強度が $1/e$ になるまでの時間を表し，蛍光放射の速度定数 k_F(s^{-1})の逆数である．

$$\tau_0 = \frac{1}{k_F}$$

実際には，蛍光過程は T_1への項間交差（ISC）および S_0への内部転換（IC）との競争反応となるため，蛍光寿命 τ_F(s) は各遷移過程の速度定数 k_{ISC}(s^{-1}) と k_{IC} (s^{-1}) を考慮する必要がある．

$$\tau_F = \frac{1}{k_F + k_{ISC} + k_{IC}}$$

ここで，式(7.11)より Φ_F は τ_F と τ_0の関数となり，各遷移過程の速度定数を用いて次式のように表すことができる．

$$\Phi_f = \frac{\tau_F}{\tau_0} = \frac{k_F}{k_F + k_{ISC} + k_{IC}}$$

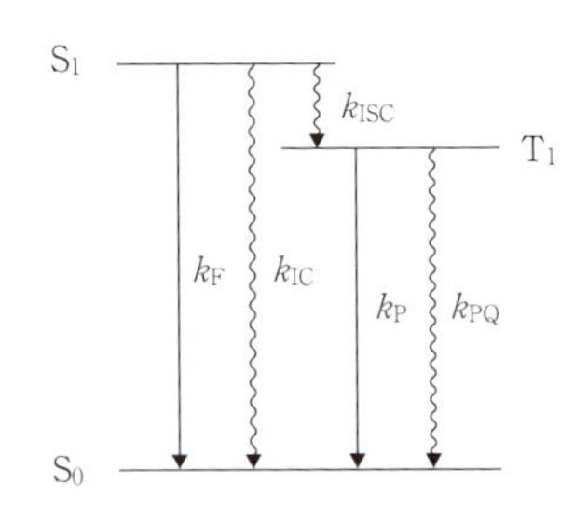

図1 励起分子の失活過程の速度定数
（直線は発光過程，波線は無放射遷移，Pはりん光，PQはりん光の消光を表す）

$$\frac{\Phi_{f,X}}{\Phi_{f,S}} = \frac{d_{f,X}\,\varepsilon_S C_S}{d_{f,S}\,\varepsilon_X C_X} \tag{7.12}$$

ここで，下付のS, Xはそれぞれ標準物質と目的物質を示す．d_fはスペクトルの横軸をエネルギー単位（波数表示）とした場合のピーク積分値（面積）である．

7.2.4 消光作用

蛍光物質の発光強度が何らかの原因で弱められる作用を，**消光**という．消光にはいくつかの機構があるが，試料溶液中の分子同士の衝突や分子間のエネルギー移動によって生じることが多い．消光が蛍光物質どうしの衝突や会合体形成に起因する場合は，濃度が高くなるほど消光作用が生じやすい（濃度消光）．また，温度が高くなると分子間の衝突頻度が増加し，内部転換や項間交差が起こりやすくなるために蛍光強度が減少する（温度消光）．

励起状態の蛍光分子が近接する共存物質によって失活し，発光を伴わずに基底状態に戻るとき，その共存物質を消光剤と呼ぶ．例えば，試料溶液中の溶存酸素は多環芳香族炭化水素など多くの蛍光物質に対して消光剤として作用する．これは基底状態で常磁性三重項状態をとる$^3O_2$分子が蛍光物質の励起三重項状態(T_1)への項間交差を誘発するためである．したがって，精密測定の際には試料溶液に窒素を通気するなどして溶存酸素を除く必要がある．

蛍光性金属錯体では，中心金属イオンを原子番号の小さい軽金属イオンから重金属イオンに置換すると蛍光量子収率が減少する．また，芳香族化合物，例えばナフタレンのハロゲン置換体では，ナフタレン ＞ 1–クロロナフタレン ＞ 1–ブロモナフタレン ＞ 1–ヨードナフタレンの順に蛍光量子収率が低下する．これらの現象はいずれも，電子のスピンと軌道角運動量の相互作用（スピン–軌道相互作用）によって項間交差の確率が高められるためである（重原子効果）．

7.2.5 蛍光分析装置

吸光分析が光強度の減少量を計測するのに対して，蛍光分析ではゼロからの発光強度の増加量を測定するために測定感度が高く〔信号／バックグラウンド比（S/B）が高く〕，吸光分析のようなベースライン補正も不要である．また，適切な励起波長を選択することにより，共存化学種の影響を抑えることができるため，目的とする化学種に対して選択的で高感度な定量分析が可能となる.

1）測定装置

蛍光分析に用いられる装置は，分光光度計と同様に光源，モノクロメーター，検出器から構成されるが，配置は大きく異なる（図7.13）．精密な測定に用いられる分光蛍光光度計は，励起光の波長を選択するためのモノクロメーターに加えて，検出器側にもモノクロメーターを備えている．また，試料からの蛍光に対する励起光の影響（レイリー散乱など）を避けるため，励起光の入射軸に対して直角方向から蛍光を測定（側面測光）するのが一般的である．このため，測定に用いるセルは吸収測定用とは異なり，四面とも透明な角形セルを用いる〔図7.14(a)〕．セルの材質には，無蛍光性で化学的にも安定な石英が多用される．

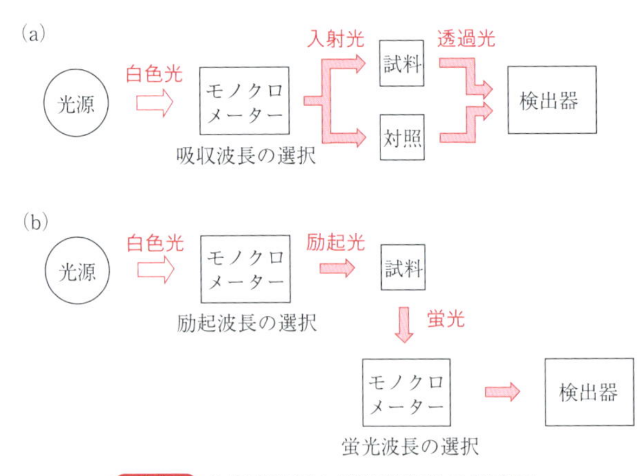

図7.13 分光光度計と蛍光光度計の概略図

(a) 分光光度計（ダブルビーム方式），(b) 蛍光光度計.

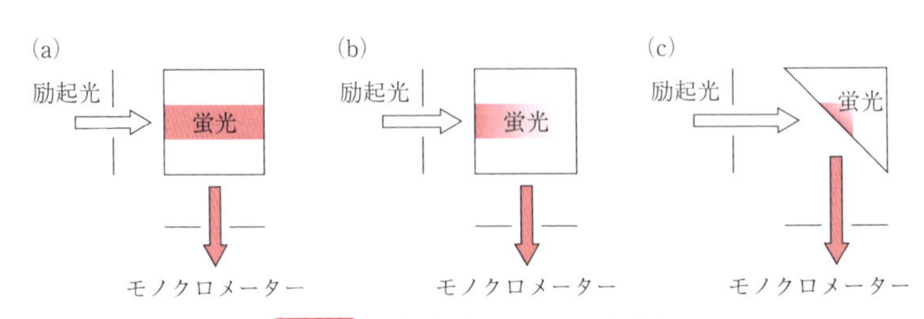

図7.14 蛍光分析におけるセル配置

試料の濃度が高いと励起光は吸収されて減衰し，溶液の中心部まで均一に励起することができなくなる〔図7.14(b)〕．試料を適正な濃度に希釈することが望ましいが，希釈によって試料の溶存状態が変化するなどのやむを得ない場合には，比較的高濃度の試料でも測定できる三角セル〔図7.14(c)〕などの利用が有効である．三角セルを用いた照射面測光の配置では励起光の減衰がなく，蛍光強度が最も強い照射面近傍の蛍光を効率よく検出できるため，比較的高濃度の試料でも測定できる．

2）試料

蛍光分析は吸光分析と比べて高感度である一方で，不純物の影響を大きく受ける．特に紫外線領域の励起光を用いる場合，極微量の有機不純物が非常に強い蛍光を発する可能性がある．このため蛍光分析では，溶媒についても高純度のものを必要とする．実際の測定試料は共存物質を含む場合がほとんどであるため，目的物質自身による蛍光の自己吸収（内部フィルター効果）や，前述の消光作用に対する注意も必要である．

溶媒にラマン活性がある場合，ラマン光が励起光よりも低エネルギー(長波長)側に現れ，目的物質の発光スペクトルに溶媒のラマン光が足し合わされたスペクトルが観測される（図7.15）．ラマン光は励起光に対して常に一定のエネルギー（波数）の場所に現れるため，励起波長を変えるとラマン光の位置も変化する．例えば，水溶液では励起光から波数にして3400 cm^{-1}低エネルギー側に水分子のラマン光が現れるため，405 nmの励起光を入射すると469 nm付近にラマン光

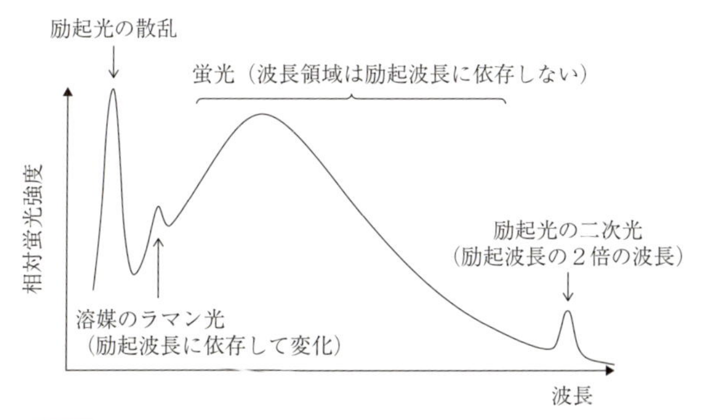

図7.15 発光スペクトルにおける溶媒のラマン光と励起光の影響

が観測される．蛍光の波長領域は励起波長に依存せず一定であるから，励起波長を変化させると溶媒分子のラマン光と容易に区別できる．

蛍光分析では，スペクトル形状や蛍光強度は光源，モノクロメーター，検出器の種類や性能に依存して変化するため，同一試料であっても異なる測定装置で測定されたスペクトルを直接比較することはできない．このためローダミンB（図7.16）などの参照物質を用いたスペクトル補正が必要となる．また，励起光やその二次光による散乱光の影響を完全に取り除くことは難しいため，励起・発光スペクトルを定量的に議論する際には，注目する波長領域にそれらが重なっていないか確認し，場合によっては励起波長を変化させるなどの対策が必要となる（図7.15参照）．

7.2.6　測定法および応用

蛍光分析では，まず励起スペクトルから目的物質の蛍光強度が最も強くなる励起波長を選択し，次に発光スペクトルを測定する．多くの物質において励起スペクトルは吸収スペクトルと形状が一致し，吸収極大波長近傍の光で励起すると強い蛍光が得られる．励起スペクトルは定性分析，発光スペクトルは定性・定量分析ともに用いられる．

1）蛍光試薬による定量分析

多環芳香族化合物をはじめとする多くの有機化合物が蛍光性を有しており，一般的な検量線法で容易に高感度な定量分析ができる．一方で，無蛍光性や弱い蛍光性しかもたない物質は，適切な蛍光試薬と反応させることで蛍光分析ができる．特に無機化合物はランタノイド化合物などを除いて蛍光性をもつことが少ないため，目的に応じてさまざまな蛍光試薬が利用される（図7.16）．蛍光試薬は，一般に複数の芳香環を含み，OまたはNの多重結合をもつ平面分子が多い．濃度を測定する場合には，蛍光試薬自身の蛍光性がない，または弱いことが望ましく，定量目的物質と効率よく反応して蛍光性の強い生成物を生じる試薬が適している．例えば，金属イオンのキレート抽出試薬としても用いられる8-キノリノールは，種々の金属と錯形成して強い蛍光性を示し，アルミニウムの蛍光分析では，吸光光度法と比較して約10倍も高感度な定量が可能である．

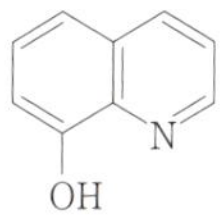

8-キノリノール
(Al, Ga, In, Mg, Zn, La, Sc, Y, Zr)

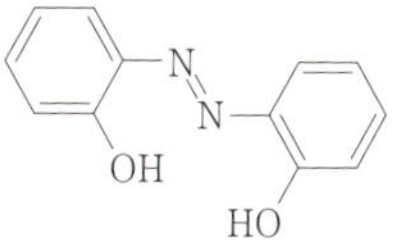

o,o'-ジヒドロキシアゾベンゼン
(Al, Mg)

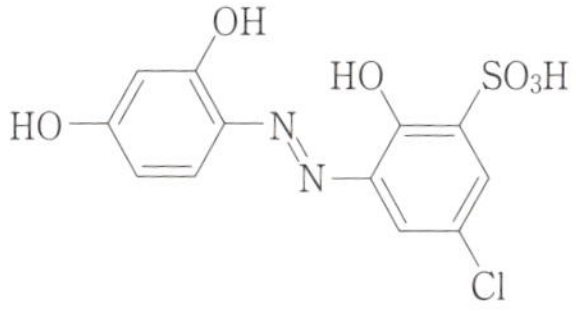

ルモガリオン
(Ca, In, Mo, Nb, Sc, Zr)

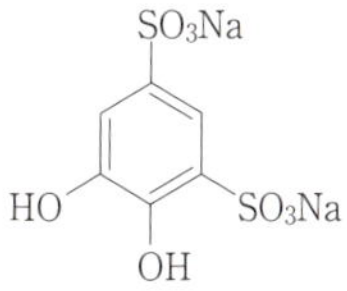

タイロン
(希土類)

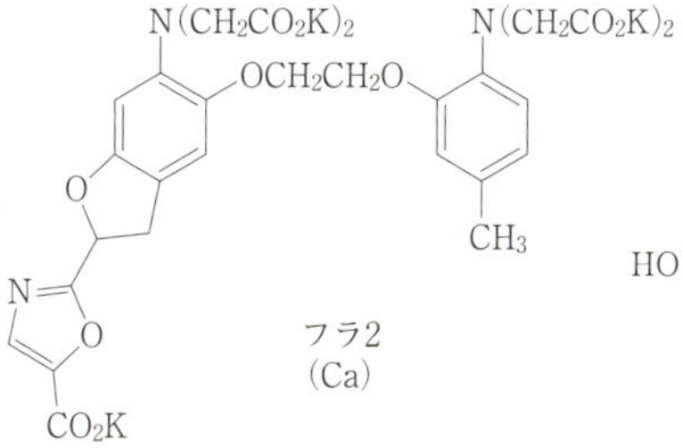

フラ2
(Ca)

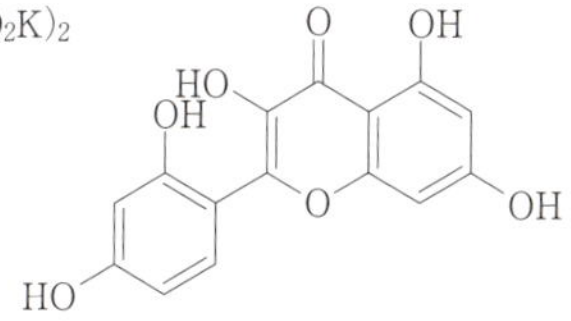

モリン
(Al, Be, Hf, Sc, Zr)

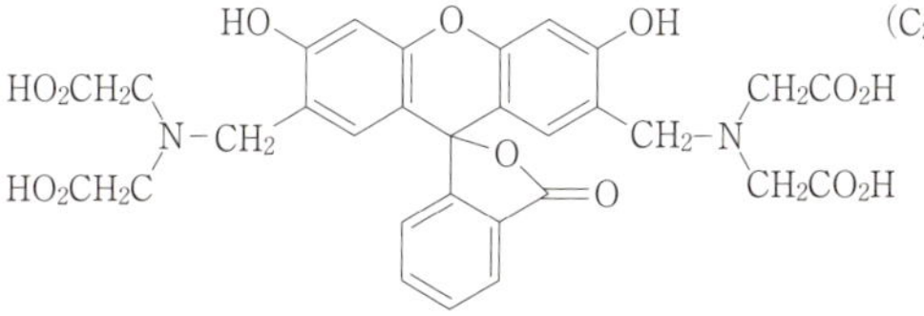

カルセイン
(Al, Ca, Mg, Zn)

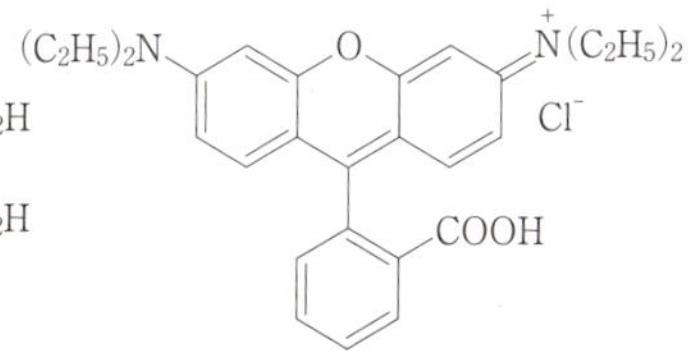

ローダミンB
(Au, Ga, In, Sb, Sn, Tl)

図7.16 無機イオンの定量に用いられる代表的な蛍光試薬とその対象

2）蛍光消光による定量分析

試料溶液中の共存物質による消光作用はしばしば測定上の問題となるが，消光による蛍光強度変化を測定すれば消光作用をもつ物質の定量ができる．蛍光強度Fの試料溶液に対して消光剤Qを添加したときの蛍光強度をF_Qとすると，蛍光強度比（F/F_Q）はシュテルン-フォルマー（Stern-Volmer）式で表される．

$$\frac{F}{F_Q} = 1 + K_{SV}[Q] = 1 + k_Q\tau_F[Q] \qquad (7.13)$$

K_{SV}は消光定数と呼ばれ，蛍光分子と消光剤間の反応速度定数k_Q(mol^{-1} L s^{-1})と，消光剤がない場合の蛍光寿命τ_F(s)の積である．蛍光強度の消光剤濃度依存性を測定し，F/F_Q を[Q]に対してプロットする（シュテルン－フォルマープロット）と，傾き K_{SV}，切片1の直線関係が得られる．このシュテルン－フォルマープロットを検量線として用いることで，消光剤の定量分析が可能となる．

Column 7.2

光音響分光法

蛍光分析が光励起された分子が発光を経て基底状態に遷移する過程を扱う測定法であるのに対して，発光を伴わない無放射遷移による発熱（光熱変換）の過程を扱うのが「光熱変換分光法」である．光熱変換分光法の一つである光音響分光法では，光吸収による発熱と体積膨張に起因する音響波や弾性波をマイクロフォンまたは圧電振動子を用いて測定する．試料の光吸収が強いほど信号強度も強くなるため，吸収スペクトルと同等の情報が得られる．また，蛍光物質の発光強度と同様に，光の吸収が弱くても入射光強度を上げることで発熱量が増加するため，低濃度試料に対して高感度な測定が可能である．光音響分光法では，無放射過程の割合が高い非発光性物質の励起状態の緩和過程（図1）を見ることができるため，蛍光分析とは相補的な関係にあるといえる．

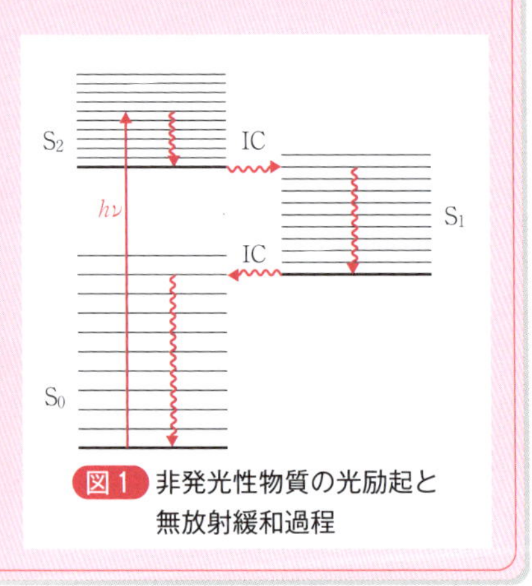

図1 非発光性物質の光励起と無放射緩和過程

章末問題

7-1 1, 10－フェナントロリン（phen）は鉄(Ⅱ)イオンと1：3の組成の赤色キレート錯体を生成する．50 mLのメスフラスコに試料溶液を30 mLとり，1.0×10^{-3} mol L^{-1}の phen 溶液を10 mL加え，さらに蒸留水を標線まで加えた（メスアップ）．溶液の510 nmにおける吸光度は0.615であった．510 nmにおける錯体のモル吸光係数が11100 mol^{-1} L cm^{-1}であるとすると，試料溶液に含まれる鉄(Ⅱ)イオンのモル濃度はいくらか．光路長は1.0 cmとせよ．

7-2 1, 5－ヘキサジエンの ε_{max} は1－ペンテンの約2倍である．これらの化合物の ε_{max} が異なる理由を簡潔に説明せよ．

7-3 亜硝酸イオンの355 nmにおけるモル吸光係数は23.3 mol^{-1} L cm^{-1}であり，302 nmにおける吸光度はその1/2である．一方，硝酸イオンのモル吸光係数は，355 nmでは無視できるほど小さく，302 nm では 7.2 mol^{-1} L cm^{-1}である．亜硝酸イオンと硝酸イオンの混合溶液の吸光度を，光路長1.0 cm のセルを用いて測定したところ，302 nm では0.250，355 nm では 0.180であった．この混合溶液に含まれる，亜硝酸イオンと硝酸イオンのモル濃度を計算せよ．

7-4 金属イオンのモル濃度[M]と配位子のモル濃度[L]の和が一定値となるように[M]と[L]の割合を変化させながら，錯体の吸収極大波長における吸光度変化を測定した結果を以下の表に示す．連続変化法のグラフを作成し，錯体 M_aL_b の組成比 a：b を求めよ．

M のモル分率	0.0	0.1	0.2	0.3	0.4	0.5	0.6	0.7	0.8	0.9	1.0
L のモル分率	1.0	0.9	0.8	0.7	0.6	0.5	0.4	0.3	0.2	0.1	0.0
ML の吸光度	0.002	0.185	0.307	0.448	0.562	0.653	0.710	0.712	0.593	0.302	0.003

7-5 ある酸塩基指示薬（In−H $\rightleftharpoons$ H^+ + In^-）の吸収スペクトルが，pH 1.0と pH 11.0において，以下のように得られた．In−H の酸解離定数 K_a は 1×10^{-5} mol L^{-1}である．

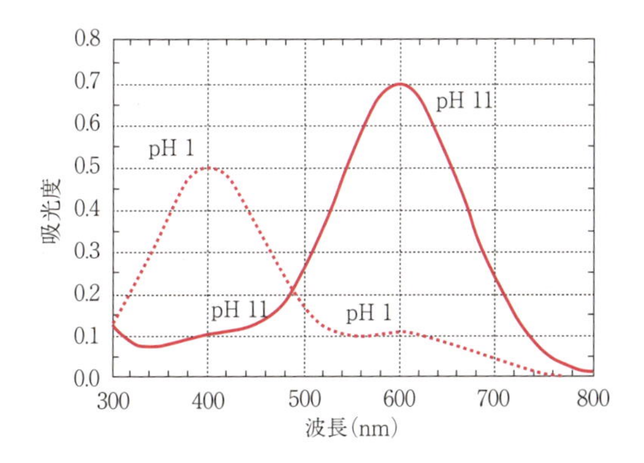

（1）pH 5.0 における 400 nm と 600 nm の吸光度はそれぞれいくらか．

（2）pH 4.7 におけるスペクトルの概略を図中に示し，その根拠を説明せよ．

7-6 吸光光度法によって得られる濃度の測定誤差が，透過率 0.368 のときに最小となる理由を説明せよ．

7-7 蛍光分析法が吸光分析法よりも感度に優れる理由を説明せよ．

7-8 多くの有機化合物において励起スペクトルと発光スペクトルに鏡像関係が生じる理由を説明せよ．

7-9 コラム7.1の図を参考にして，りん光の寿命（τ_P/s）をりん光放射の速度定数（k_P/s^{-1}）と励起三重項状態（T_1）からの無放射遷移過程の速度定数の総和（k_{PQ}/s^{-1}）を用いて表せ．また，りん光量子収率（Φ_P）を各失活過程の速度定数の関数として求めよ．

7-10 トリプトファン水溶液にヨウ化物イオンが共存すると蛍光消光が生じる．ヨウ化物イオンによる消光定数が 12 mol^{-1} L とすると，0.050 mol L^{-1}のヨウ化物イオン共存下の蛍光強度は，非共存条件の何％になるか計算せよ．

Instrumental Methods in Analytical Chemistry

第8章 赤外・ラマン分光分析

赤外分光分析およびラマン分光分析は，分子振動や格子振動に由来するスペクトルを与えるため振動分光法と総称される．特に赤外分光分析は，分子構造固有の赤外吸収スペクトルを与えるので，有機化合物の構造解析，同定，定量に頻用されている．赤外分光分析とラマン分光分析では得られる情報に共通の部分と相補的な部分があるが，ラマン分光分析に比べて赤外分光分析の方が装置，測定操作とも簡便なため，よく用いられる．一方，水溶液試料のように赤外吸収スペクトルが測定できないときにはラマン分光分析を適用するのが一般的である．

8.1 赤外分光分析の原理

電気ストーブやオーブントースターで物を温められるのは，波長およそ1 μm～1 mmの範囲にある赤外光（赤外線）が物質に吸収され，物質の分子振動が激しくなるからである．分子振動のエネルギーは，原子の質量，結合の強さ，振動のパターン等によって決まった値を取るため，吸収される赤外光の波長は分子の種類によって異なる．つまり，物質に赤外光を当てて吸収波長を調べれば，物質の種類を特定することができる．これが**赤外分光法**あるいは**赤外吸収スペクトル分析**〔infrared（IR）spectroscopy, infrared（IR）absorption spectrometry〕である．有機化合物の場合は必ず赤外領域に吸収があり，しかもその吸収は比較的鋭く判別しやすいため，赤外吸収スペクトルは分子の“指紋”となる．特に波長6～15 μmの領域の吸収は，分子構造を敏感に反映するため“指紋領域”と呼ばれている．赤外吸収スペクトルを既知物質のデータ集と比較すれば，分子を同定できる．赤外（IR）分光法は，核磁気共鳴（NMR）法，質量分析法（MS）と並んで最もよく用いられる，有機化合物の機器分析法である．

例題8.1 赤外吸収スペクトルの表現には波数（cm^{-1}）が用いられる．赤外分光法で測定される波長範囲は 2.50～25.0 μm である．波長 2.50～25.0 μm を，波数（cm^{-1}），およびエネルギー（eV）に換算せよ．単位 cm^{-1}は，1 cm 当たりの波の数を表す*1.

解答 波数は波長の逆数である（赤外分光法では2 π をかける必要はない）．波長を cm に換算し逆数をとると，

$$1/2.50\ \mu m = 1/(2.50\times10^{-4}\ cm) = 4000\ cm^{-1}$$

$$1/25.0\ \mu m = 1/(25.0\times10^{-4}\ cm) = 400\ cm^{-1} \qquad 400\sim4000\ cm^{-1}$$

※ 波数（cm^{-1}）＝ 10000/波長（μm）と覚えておくと便利.

光子（フォトン）1 個のエネルギーは $h\nu$ である．ここで，h はプランク定数（6.63×10^{-34} Js），ν は光の振動数（s^{-1}）である．波長を λ (m) とし，光速 c ($3.00\times10^{8}\ m\ s^{-1}$)，$1\ eV = 1.602\times10^{-19}$ J を用いると，波長 2.50 μm は

$$h\nu = hc/\lambda = 6.63\times10^{-34}\ Js\times3.00\times10^{8}\ ms^{-1}/(2.50\times10^{-6}\ m)$$

$$= 7.96\times10^{-20}\ J$$

$$= 7.96\times10^{-20}/(1.602\times10^{-19})\ eV = 0.497\ eV$$

同様に，波長25 μm の光子は 0.0497 eV　　0.0497～0.497 eV

※低波長側が高波数，および高エネルギー側となることに注意．光子 1 個のエネルギーは慣習的に J ではなく eV で表すことが多い.

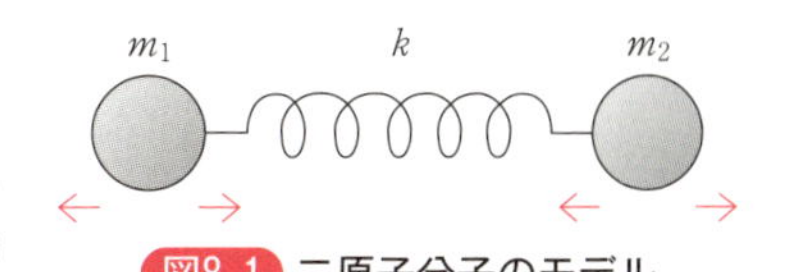

図8.1 二原子分子のモデル

分子振動と赤外光の吸収波長の関係を，もう少し詳しく見ていこう．簡単な例として二原子分子の分子振動を考える．2 個の原子が化学結合によってつながっている様子は，二つの球がバネでつながれている状態とみなせる（図8.1）．二原子分子に起こる分子振動は，バネ（化学結合）の伸縮振動であり，その固有振動数 ν はバネ定数 k と二つの原子の質量 m_1，m_2から，次のように求められる．

$$\nu = \frac{1}{2\pi}\sqrt{\frac{k}{\mu}} \quad ここで，\mu = \frac{m_1 m_2}{m_1 + m_2} \tag{8.1}$$

μ は換算質量と呼ばれ，質量の調和平均の半分と同じ数値である．この固有振

*1　cm^{-1}は過去には国内外を問わず，カイザー（kayser）と読まれていたが，カイザーは非 SI 単位のため，その読み方は現在，推奨されていない．

動数と同じ振動数の赤外光が入射したときに，赤外光の吸収が起こる．

例題8.2　一酸化炭素 C=O の伸縮における固有振動数（s^{-1}）を求め，赤外光の吸収が観察される波数（cm^{-1}）を予測せよ．C=O の結合におけるバネ定数 k は 1.90×10^{3} N m^{-1} である．

解答　換算質量 μ は原子量とアボガドロ定数から kg 単位で算出する．

$$\mu = \frac{12.01 \times 16.00}{(12.01 + 16.00) \times 1000 \times 6.022 \times 10^{23}} = 1.13_9 \times 10^{-26}\,\mathrm{kg}$$

$$振動数\ \nu = \frac{1}{2 \times 3.14_2} \times \sqrt{\frac{1.90 \times 10^{3}}{1.13_9 \times 10^{-26}}} = 6.50_0 \times 10^{13}\,\mathrm{s}^{-1}$$

$$波数\ \tilde{\nu} = \frac{\nu}{c} = \frac{6.50_0 \times 10^{13}}{2.998 \times 10^{8}}\,\mathrm{m}^{-1} = 2.16_8 \times 10^{5}\,\mathrm{m}^{-1} = 216_8\,\mathrm{cm}^{-1} \fallingdotseq 2.17 \times 10^{3}\,\mathrm{cm}^{-1}$$

一酸化炭素の伸縮振動による吸収ピークの実測値は 2145 cm^{-1} で，計算値と1％程度のずれしかない．球とバネが実際の分子振動のよい近似になっていることを示している．

ここまでに見てきたように，分子の固有振動数に等しい振動数の赤外光が入射したときに吸収が起こる．この現象は，古典的には「共鳴が起こるから」と理解できるが，量子論では「振動準位間の遷移により，そのエネルギー差と同じエネルギーの赤外光が吸収されるから」と説明される．分子振動のエネルギーは離散的な（飛び飛びの）値しか取らず，振動準位をつくる．振動準位 E_v は

$$E_v = h\nu\left(v + \frac{1}{2}\right) \quad (v = 0,\ 1,\ 2,\ 3,\ \cdots) \tag{8.2}$$

である（ν と v の混同に注意）．$v = 0$ の基底状態でも，振動エネルギーは0ではなく，$\frac{1}{2}h\nu$ の値を取ることがわかる（零点エネルギー）．分子が赤外光を吸収して，振動エネルギー間の遷移を起こすためには，

$$\Delta v = \pm 1 \tag{8.3}$$

の選択律を満たす必要があるので，吸収される赤外光の振動数は ν となる．2ν，3ν…などの吸収は禁制となるので，原則として観察されない．

分子振動にはさまざまな原子の動きが考えられるが，どのような振動であって

も，基準振動と呼ばれる振動様式（モード）の足し合わせの形（線形結合）で表現することができる．n 個の原子から構成される分子の基準振動の種類は，非直線分子で（$3n-6$）個，直線分子で（$3n-5$）個である．これらの数は「振動の自由度」と呼ばれる．二原子分子は例題8.2で見たように原子間の伸縮振動しか考えられないので，基準振動は１種類である（二原子分子が結合と別方向に動くと，振動ではなく回転となることに注意）．

それでは直線分子としてCO_2を，非直線分子としてH_2Oを例にとって基準振動を考えよう．図8.2に示すように，CO_2の基準振動は４種類，H_2Oは３種類である．CO_2やH_2Oの分子内で想定されるあらゆる原子の動き（回転や並進を除く）はこれらの基準振動の重ね合わせとして表現することができる．これら基準振動の様式は，群論を用いた「因子群解析」と呼ばれる方法で導かれる．複雑な分子になると，直観や思い付きで導出するのは困難である．

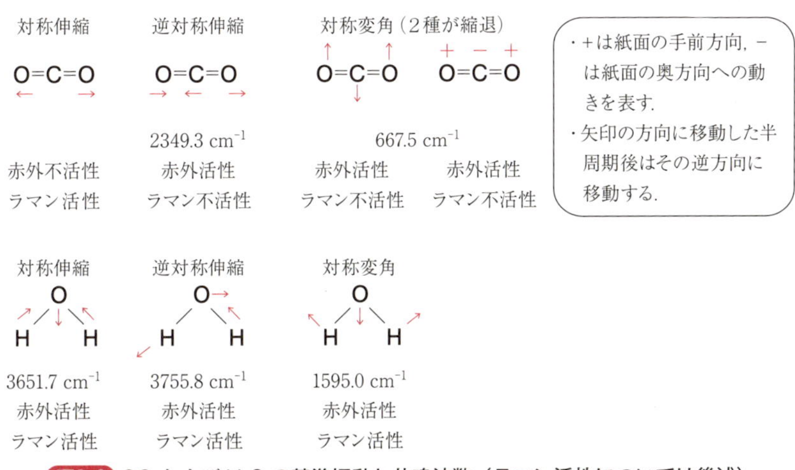

図8.2　CO_2およびH_2Oの基準振動と共鳴波数（ラマン活性については後述）

これらの基準振動のうち，赤外光を吸収する（赤外活性）のは，その振動によって分子のもつ双極子モーメントが変化する場合のみである．振動で分子の双極子モーメントが変化しない場合は，赤外光を吸収しない（赤外不活性）．例としてCO_2分子を見てみよう．まず，分子振動がなく静止している場合を考える．CとOではOの方が電気陰性度が強いので，C＝OのO側に電子が偏り分極しているが，C＝O が左右対称に二つあるので，その偏りが打ち消され，分子全体としては電子の偏りがゼロとなっている．よって，CO_2は無極性分子で，双極子モーメントは0である．次に，このCO_2が左右対称に伸縮振動する場合，電子の偏りは左右同様に打ち消されるため双極子モーメントは0のまま変化しない．すなわちCO_2の対称伸縮振動は赤外不活性である．一方，逆対称伸縮や対称変角の場合，電子の偏りをベクトルで表示して合計すると0にならないので，赤外活性である．また，H_2O の場合はすべての基準振動で双極子モーメントが変化するので，すべて赤外活性である．

Column 8.1

並進と回転と振動の自由度について

表：n 個の原子からなる分子の自由度

	並進	回転	振動
直線分子	3	2	$3n-5$
非直線分子	3	3	$3n-6$

並進，回転，振動の自由度は表の通りだが，自由度という言葉はわかりにくいので，次のように考えるとよいだろう．n 個の原子からなる分子があるとして，いまこの瞬間の n 個の原子の位置を伝えるには何個の数値が必要だろうか？　三次元空間なので，各原子の座標（x, y, z）があれば必要十分であり，$3n$ 個の数値で伝えることができる．しかし，n 個の原子は分子としてまとまって運動しているので，各原子の座標で伝えるのも芸がないと思える．そこで考えるのが，並進，回転，振動である．分子がどのように並進，回転，振動しているかで各原子の位置を伝える訳である．まず，分子の中心を考え，中心の座標がどこにあるか，つまり原点からどの程度，並進しているかを考える．この並進は数値が3個あれば表現できる．このことを「並進の自由度が3」と言っている．次に分子が xy 平面等に対してどのような向きに傾いているかを考える．これが回転である．直線分子なら xy 平面に対する角度と xy 平面に投影したときに x 軸となす角度の2個で表現できる．非直線分子なら，これらにあと一つの回転を加えないと向きを特定できないので3個である．これが「回転の自由度が直線分子で2，非直線分子で3」と言っていることに対応する．あとは，振動の形ごとに振動の程度を示すことで，原子の位置を伝えることができる．振動の自由度は，全体の自由度 $3n$ から並進と回転の自由度を引いて，直線分子で $3n-5$，非直線分子で $3n-6$ である．

8.2　赤外分光光度計の特徴

赤外吸収スペクトルの測定装置には波長分散型とフーリエ変換型の２種類がある．波長分散型は，測定波長を順に変化させて各波長における吸光度を測定するもので，紫外・可視分光光度計（第７章参照）と同様の方式である．フーリエ変換型は，干渉計を使った特殊な方式で波長ごとの吸光度を求める．フーリエ変換型赤外分光光度計（FT-IR）は1980年代から急速に普及し，1990年頃から赤外（IR）分光光度計といえばFT-IRのことを指すようになった．現在流通している波長分散型の市販品は，国内の一社が受注生産している１機種のみである．

フーリエ変換型赤外分光光度計の基本構成を，図8.3に示す．光源には，棒状に焼結した炭化ケイ素（グローバ光源）からの熱放射が用いられることが多い．検出器としては，焦電検出器（赤外光による微小の温度変化で電気的な分極が変化する素子）や半導体検出器（赤外光による電子励起を電気信号として検出）が用いられる．装置を構成するうえで重要なポイントは，赤外光を二つに分けて干渉させるマイケルソン干渉計の部分である．半透鏡（ビームスプリッタ）では光の50％が反射し，50％が透過するので，光源からの光は固定鏡側と可動鏡側の二つに分割される．固定鏡で反射した光と可動鏡で反射した光は再び半透鏡で重ね合わせられ，試料へと導かれる．このとき，重ね合わされた光は固定鏡側と可動鏡側の光路の差に応じた干渉光となっている．干渉光は，光路差dが波長λの整数倍のときに強め合うので，干渉光には波長d，$d/2$，$d/3$，…の光が多く含まれる．可動鏡を動かし，光路差dを変えながら光強度を測定すれば，干渉光の波長の変化に対応した周期的な変化が観測される．これをインターフェログラムと呼ぶ（図8.4）．インターフェログラム上での波長λに対応する信号は，λの周期をもって周期的に変化しているので，インターフェログラムをフーリエ変換してλの周期をもつ成分だけを取り出せば，λの関数，すなわちスペク

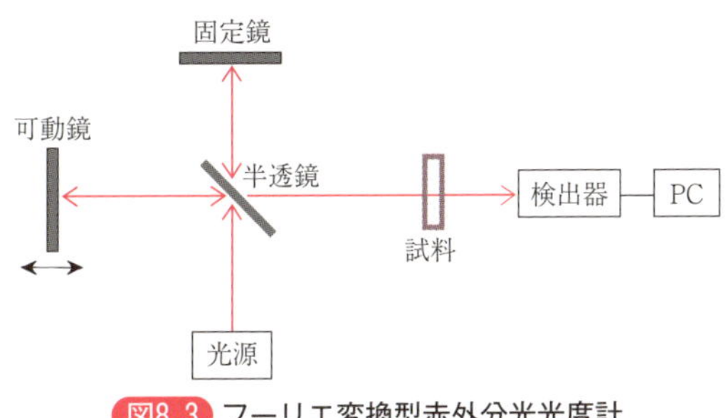

図8.3　フーリエ変換型赤外分光光度計

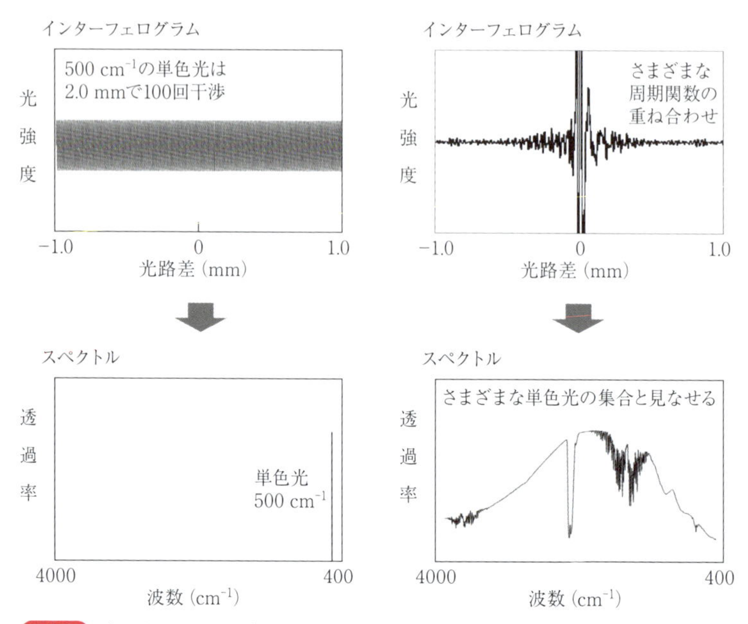

図8.4 インターフェログラムとスペクトルの関係の例（模式的なものを示した）

トルにすることができる．実際の測定ではブランクと試料のインターフェログラムを別々に取得し，それぞれをスペクトルに変換してから，割り算で試料のスペクトルを求める（引き算でなく割り算を使う理由は，ランベルト−ベールの法則（第５章）を復習のこと）．フーリエ変換型では光源から出た赤外光をすべて使用しているので，赤外光の利用効率が良く，測定が速い．

一般的にフーリエ変換は，時間領域のデータを，周波数領域のデータ（スペクトル）に変換する数学的な操作である．赤外分光法の場合は，光路差 d の関数であるインターフェログラムを，周波数領域のデータに変換している（図8.4）．

図8.4の左側は 500 cm^{-1}（波長20 μm）の単色光の例である．単色光を干渉させてインターフェログラムを取得すると，図8.4の左上のように波長 λ と同じ 20 μm の周期をもつ周期関数となる．これにフーリエ変換を施すと，図8.4左下のように 500 cm^{-1}にピークを一つだけもつスペクトルが得られる．この一連の流れを数式を使って書くと以下のようになる．

波長λの光の電場の強さは，時間をt，位置をx，光速をcとすると

$$A\sin\frac{2\pi(ct-x)}{\lambda} \tag{8.4}$$

である．これを光路差dの光と重ね合わせると，その電場の強さは

$$A\sin\frac{2\pi(ct-x)}{\lambda}+A\sin\frac{2\pi(ct-x-d)}{\lambda} \tag{8.5}$$

となる．光の強度Iは電場の強さの二乗なので，式(8.5)を二乗し，時間平均を取ると，

$$I=A^2\left(1+\cos\frac{2\pi d}{\lambda}\right) \tag{8.6}$$

となる．これは，波長λの単色光のインターフェログラムが，周期λで周期的に変化することを示している．式(8.6)に，フーリエ変換を施す（この場合，$e^{-2\pi\nu di}$をかけてdで積分，νは周波数）と，周波数領域に変換され，さらに波数に直すと，λ^{-1}に一箇所だけピークをもつスペクトルが得られる．以上は単色光の場合だが，さまざまな波数の光が混合している場合は，式(8.6)がさまざまなλについての合計の形，すなわちΣや積分を使った形で表現され，同様にフーリエ変換を施すと，さまざまな波数λ^{-1}の位置にピークをもつスペクトルが得られる．

8.3 赤外吸収スペクトルの測定法および応用

8.3.1 試料調製法

透過型の配置で測定する際は，赤外光を透過する窓板を使用する必要がある．液体試料の場合は，2枚の岩塩板（NaCl単結晶，赤外光を透過する）で液滴を挟んだ液膜を測定する方法（液膜法）か，測定領域に吸収の少ない溶媒（付図8.1参照）に試料を溶かして液体用セルに入れて測定する方法（セル法）が用いられる．いずれの場合も，水は赤外領域に強い吸収があるうえ，岩塩板を溶解するので水の使用，混入は避けなければならない．

固体試料の場合は，試料をよく粉砕して，KBrに混合し，加圧成型して試料ペレットを作製する方法（KBr錠剤法）や，粉砕試料をヌジョール（パラフィン油）と混合してスラリー状にして測定する方法（ヌジョール法）などがある．粉末のKBrは水を吸っていることが多いため，単結晶KBrを試料調製に用いる

ことが多い．また，高分子化合物の場合は溶媒に溶かした後，KBrやNaClセル上で溶媒を蒸発させ，薄膜化して測定する方法（薄膜法）がある．

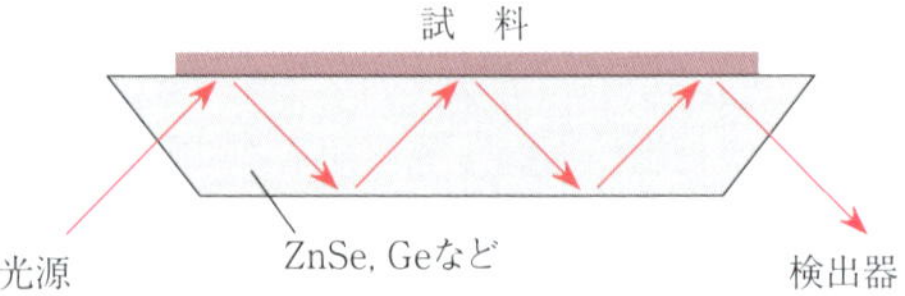

図8.5 ATR法の配置例

金属上の塗料，基材表面への付着物質などを測定したい場合は，下地が赤外光を透過しないので，図8.5に示すような全反射型（attenuated total reflection：ATR）の配置を使用する．これは反射型の配置で吸収スペクトルが測定できる便利な方法である．赤外光を通す材質でできた台形型のセル（内部反射セル，内部反射プレート）に片側から赤外光を入射すると，光がセル内部の上面と下面で全反射しながら進行する．セル上面に試料を密着させると，全反射時に赤外光が一部試料表面に吸収されながら進行するので，吸収スペクトルが得られる．これは，全反射条件であってもエバネッセント光[*1]と呼ばれる光が，セル外側（試料側）に浸み出しているためである．浸み出す深さは，わずかに波長程度の大きさなので，正確な測定のためには試料とセルを密着させることが重要である．

セル内で全反射した光が，どの程度の深さまで試料に浸み込んでいるかを考えよう．エバネッセント光の電場強度（光の強度の平方根）は界面からの距離に対して指数関数的に減衰するので，電場強度が$1/e$に減衰する深さを「浸み込み深さ」とする．浸み込み深さd_pは，式(8.7)のように波長λ_1に比例し，入射角θ，セルの屈折率n_1，試料の屈折率n_2に依存する．

$$d_p = \frac{\lambda_1}{2\pi\sqrt{\sin^2\theta - n_2^2/n_1^2}} \tag{8.7}$$

ここで，波長λ_1はセル中での波長であり，真空中での波長をλとすると$\lambda_1 = \lambda/n_1$である．

ATR用のセルには高屈折率の材料が用いられる．例えば，セレン化亜鉛

＊1　屈折率の高い媒質から屈折率の低い媒質に光を入射する際，入射角が臨界角を超えると，光は屈折率の低い媒質には入らず，境界面で全反射する．この全反射条件下でも，屈折率の低い媒質中の境界面から波長程度以内の距離に，光を吸収，散乱，回折する物体があると，境界面における反射と同時に，光が吸収，散乱，回折される．これは全反射時に光が反対の媒質中に波長程度の深さまで浸み出しているからである．この浸み出している光のことをエバネッセント（evanescent）光と呼ぶ．エバネッセント波，近接場光と呼ぶこともある．

(ZnSe)，ゲルマニウム（Ge)，ハロゲン化タリウムの混晶（KRS-5，KRS-6）などである．ハロゲン化タリウムは毒性があるうえ水に溶解するので，水溶液を測定する場合はZnSeやGeなどを用いる．

8.3.2 有機化合物の定性分析

赤外吸収スペクトルには原子団や官能基固有の吸収ピーク（特性吸収帯）が観察されるので，ピーク位置を手がかりに，分子内に存在する官能基を知ることができる．ピーク位置は隣接する官能基の種類，共鳴構造の有無，水素結合などによってシフトするので，赤外吸収スペクトルは分子固有のものとなり，既知の化合物の赤外吸収スペクトルと照合することで，試料を同定できる．さまざまな原子団の特性吸収帯を表8.1に示す．また，ランベルト－ベールの法則を使って，吸光度から定量分析を行うこともできる．

赤外吸収スペクトルデータ集として，以前は紙媒体の”The Sadtler Handbook of Infrared Spectra”（Sadtler Research Laboratory, 1978)，および「IRDCカード」（全16巻19,200枚，日本赤外データ委員会編，南江堂，1977）がよく用いられていた．最近は産業技術総合研究所がWebで提供する有機化合物のスペクトルデーターベースSDBSがよく使用されている．

表8.1 各原子団の赤外吸収スペクトルの特性吸数帯

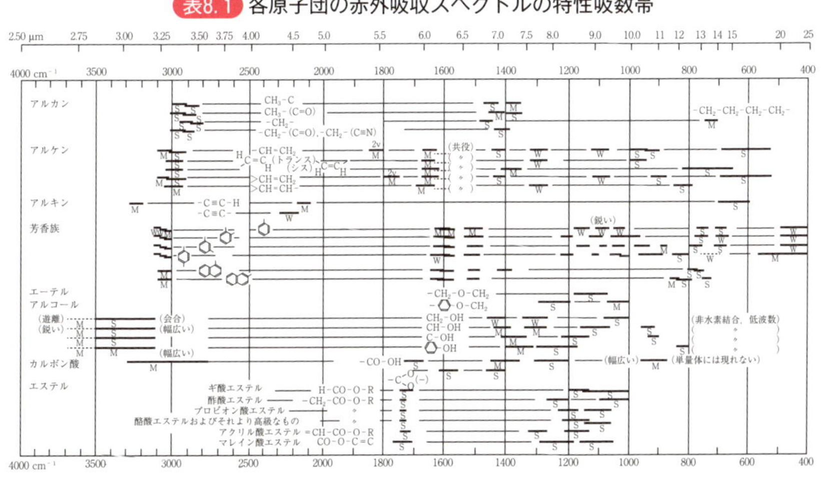

表8.1 各原子団の赤外吸収スペクトルの特性吸数帯（続き）

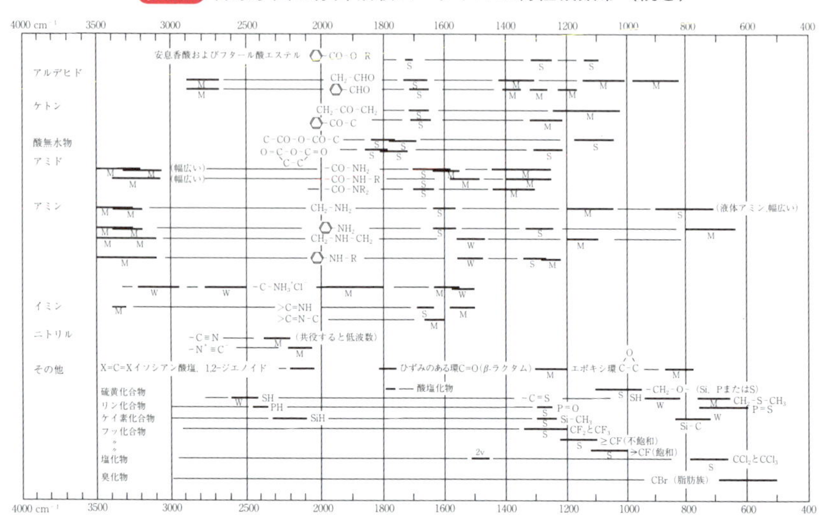

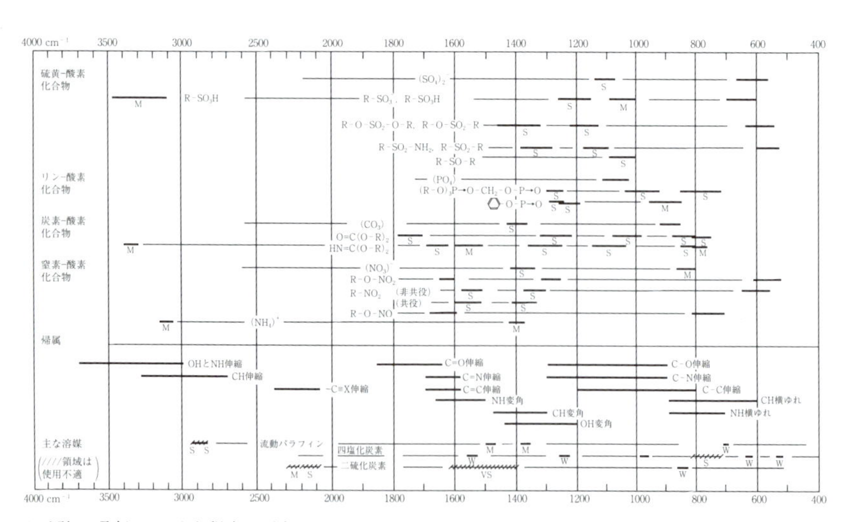

Sは強い吸収，Mは中程度の吸収，Wは弱い吸収を表す．
原典は，N. B. Colthup, *JOSA*, **40**, 397 (1950).

8.4　ラマン分光分析の原理

すでに学習したように赤外分光分析では，振動準位(式8.2)のエネルギー差と同じエネルギーをもつ赤外光が吸収された．つまり振動準位のエネルギー差が，振動数ν_1の光子のエネルギーと同じなら，振動数ν_1に吸収が観察される．

ラマン分光分析では，振動数νの光を入射した時に，振動準位のエネルギー差の分だけシフトした振動数$\nu-\nu_1$と振動数$\nu+\nu_1$の散乱光が観察される．これがラマン散乱である．振動数$\nu-\nu_1$をストークス線，振動数$\nu+\nu_1$をアンチストークス線と呼び，ストークス線の方がアンチストークス線よりも強度が大きい．これらは，図8.6に示すように，振動数νの光子が，振動準位のエネルギー差に相当するエネルギー$h\nu_1$を与える場合ともらう場合とに対応する．

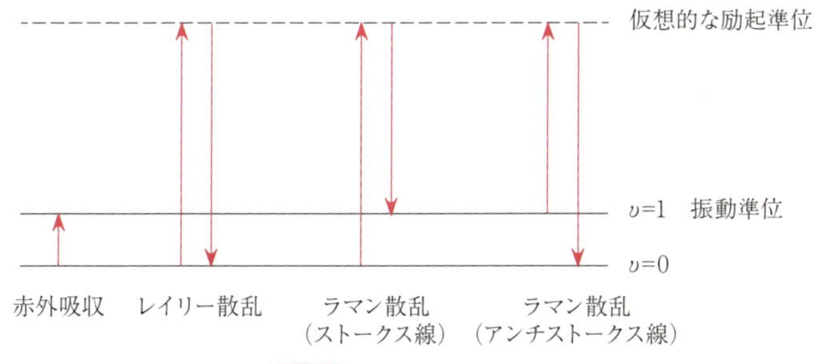

図8.6 ラマン散乱の機構
仮想的な励起準位（破線）を考える．

ラマン散乱は上述のように光子によるエネルギーの授受と説明できるが，古典的には振動数νの電磁波が，振動数ν_1で変動している物質の分極によって変調を受けたと考えることもできる．赤外分光の場合は双極子モーメントの変化する振動だけが活性だったが，ラマン分光の場合は振動により分極率が変化する振動だけが活性である．分極率とは，外部から電場をかけたときに生じる分極，すなわち電子雲の偏りやすさである[*2]．特に，対称中心〔その点を原点として(x, y, z) → $(-x, -y, -z)$の反転操作を行っても元と同じになる点〕のある分子の場合，双極子モーメントの変化する振動では分極率が変化せず，分極率が変化する振動では双極子モーメントが変化しないので，赤外活性の振動はラマン不活性であ

＊2　分極率の単位は，SI単位系では$\mathrm{C\,m^2\,V^{-1}} = \mathrm{A^2\,S^4\,kg^{-1}}$であるが，$\mathrm{cm^3}$あるいは$\mathrm{\AA^3}$の単位をもつ「分極率体積」で示されることもある．「分極率体積が変化する振動はラマン活性」と，直観的に考えることもできる．

り，ラマン活性の振動は赤外不活性である．これを**交互禁制律**と呼び，O_2やCO_2など対称中心のある分子にだけ適用される規則である．対称中心のないH_2O分子はラマンと赤外の両方に活性をもっている（図8.2も参照）．

振動の際に分極率が変化しているかどうかの判断方法には補足説明が必要である．O_2の伸縮振動，CO_2の対称伸縮振動では双極子モーメントはゼロのまま変化しないので赤外不活性だが，分極率は変化しているのでラマン活性となる．いま，O_2の結合が伸びた状態を考えよう．このときO_2の電子雲は大きく広がっているので，そこに外部から電場をかけると大きな分極が生じる．逆にO_2の結合が縮んだ状態で電場をかけると，電子雲の広がりが小さいので生じる分極は小さい．このようにO_2は伸縮によって外部から電場をかけたときの分極の大きさが変わってくるので，伸縮により分極率が変化すると考える．ラマン活性かどうかの判断は，外部からの電場で誘起される分極を考えることに注意しよう．

例題8.3　アセチレン分子H−C≡C−Hは四原子からなる直線分子で，基準振動として以下の①～⑤が考えられる．ただし，④と⑤はそれぞれ結合を軸にして90°回転させた振動形が縮退（縮重）しているので，振動の自由度は７である．各振動について，赤外吸収スペクトル，およびラマンスペクトルで観察されるかどうかを判断せよ．

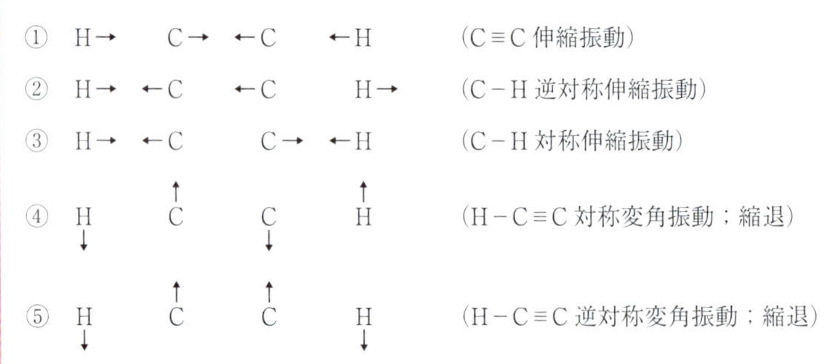

解答　アセチレン分子には対称中心があるから，赤外吸収スペクトルで観察される基準振動はラマンでは観察されず，ラマンスペクトルで観察される基準振動は赤外では観察されない（交互禁制律）．C−H間ではCの方が電気陰性度が高いので，Cに電子雲が偏っているが，分子全体としての双極子モーメントを考えると，対称中心に対して対称（点対称）な振動形では双極子モーメントがゼロのまま変化しない．すなわち①，③，④では双極子モーメントが変化しないので，赤外吸収スペクトルでは観察されず，ラマンスペクトルで観察される．逆に②，⑤では振動により双極子モーメントが変化するので，赤外吸収スペクトルで観察され，ラマンスペクトルでは観察されない．

ラマン分光法も赤外分光法と同様に，分子構造を反映したスペクトルを与えるので，有機分子の同定，構造解析に使用することができる．赤外分光法にはないラマン分光法の長所として，水溶液系の測定が可能，試料の形態の自由度が高い，低波数領域の測定が容易，顕微分光法が可能，偏光を用いることで分子の配向を知ることが可能，などがあげられる．短所としては，蛍光がラマン散乱光と重なると測定が困難な点がある．

8.5　ラマン分光光度計の特徴

図8.7にラマンスペクトルの測定装置の基本構成を示す．光源には高強度かつ単色の光が必要なため可視レーザーがよく用いられる．光源から出た励起光はレンズ（L_1）で集光されて試料に照射される．試料からの散乱光はレンズ（L_2, L_3）で集光され分光器で分光された後，光電子増倍管で検出される．

励起光源は可視光領域にあるが，ラマン散乱により観察される波数変化は400～4000 cm^{-1}の領域である．光源の振動数νに比べるとラマンシフトν_1は1～3桁低い値になる．さらにラマン散乱光は，励起光に比べると極めて弱い．このように励起光と波長の近い弱い光を分離して検出するため，分光器には回折格子（モノクロメーター）を複数使用しなければならない．

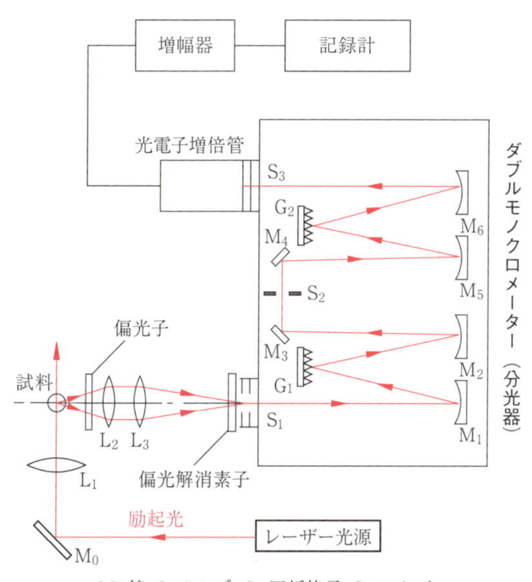

図8.7 ラマン分光光度計

〔庄野・脇田，『入門機器分析化学』，三共出版を参考に作図〕

8.6 ラマン分光法の応用例

ラマン分光法は赤外分光法に比べて測定が難しいので，一般に赤外分光法で測定できる系に使用されることは少ない．ラマン分光法は赤外分光法が苦手とする水溶液系(付図8.1参照)，無機系試料に適用例が多く，ガラス容器に入れたままでの測定も可能である．また，顕微ラマン分光法は，空間分解能が顕微フーリエ変換型赤外分光法より高い(約1 μm)ので，物質の二次元マッピングへの応用例が多い．

8.6.1 水溶液試料の測定

赤外光は水やガラスに吸収されるが，ラマン散乱の励起に用いるレーザー光，およびラマン散乱光は可視光領域にあるので，水やガラスを透過する．このため，水溶液試料をガラス容器に入れたまま測定し，溶媒だけでなく，溶解している分子や多原子イオンを同定することができる．図8.8に，研究所などから排出される不明試薬の同定に応用した例を示す．不明試薬は空気中での安全性が不明で容器を開けられないことが多いため，ガラス容器に入った状態で測定できる点がラマン分析の強みである．また，容器に入った状態で危険物や違法薬物などを同定

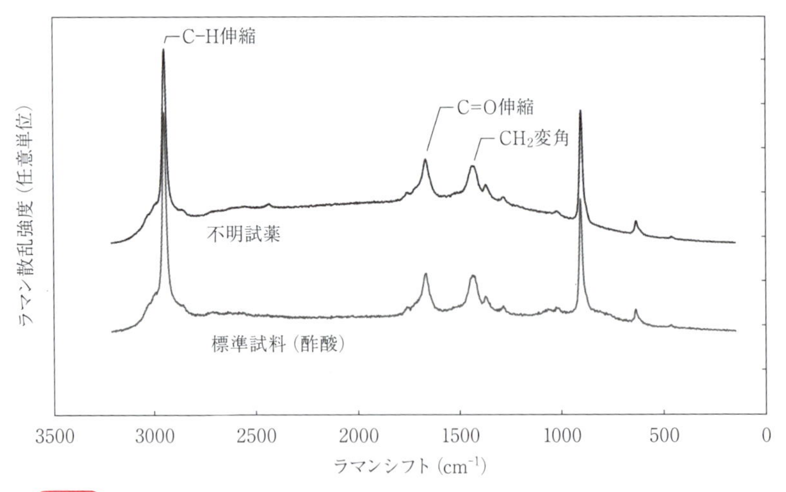

図8.8 ガラス容器に入った未開封状態で測定した不明試薬のラマンスペクトル

標準試料のラマンスペクトルと照合することで，主成分が酢酸であることがわかる．両スペクトルは縦軸方向にずらしてプロットしてある（データは，東京大学　小竹玉緒博士のご厚意による）．

できる携帯型ラマン分光計も市販されている．

8.6.2 固体試料の測定

固体試料の場合，結晶構造がどのような対称性(対称要素)をもつかによって，格子振動のパターンがさまざまに決まる．これらの格子振動のうち分極率が変化するものについては，それぞれ対応する波数の位置にピークが観察され，ピーク位置から結晶構造の候補を絞ることができる．X 線回折と併用すれば，結晶構造に関する精密な議論も可能である．また，X 線回折が苦手とする環境下の測定ではラマン分光法が用いられることも多い．図8.9にリチウムイオン電池の正極材料として用いられるコバルト酸リチウム（$LiCoO_2$）のラマンスペクトルの例を示す．他にも，岩石中に含まれる微細な炭素がグラファイト（黒鉛）かダイヤモンドかの識別，鉛表面の腐食生成物の同定，大気中の固体粉塵の同定などの応用例がある．

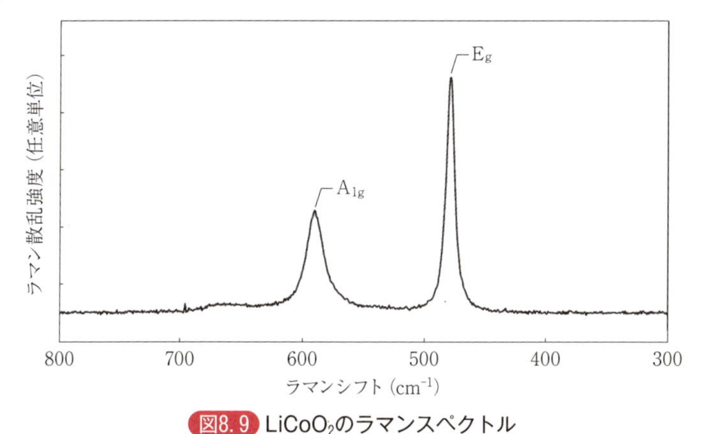

図8.9 $LiCoO_2$のラマンスペクトル

E_g は O−Co−O 変角，A_{1g} は Co−O 伸縮であり，両者とも Co を中心とした対称的な動きである（データは，東京大学　大久保將史博士のご厚意による）．

8.6.3 顕微ラマン分光法

顕微ラマン分光法では，励起光源のレーザー光を光学顕微鏡の対物レンズで集光して試料の微小領域に照射し，後方散乱光を同じ対物レンズで集めて分光する．試料ステージを走査してスペクトルを取得し，各微小領域に存在する物質を同定すれば，試料表面における物質の分布状態を知ることができる（二次元マッピング，ラマンイメージング）．顕微ラマン分光法の空間分解能は約 1 μm であり，顕微フーリエ変換型赤外分光法より高い．また，粉末 X 線回折ではこのような二次元マッピングは不可能である．顕微ラマン分光法では，光学顕微鏡の像と二次元マッピングの結果を重ね合わせて表示することにより，試料形態と物質分布の関係を明瞭に呈示することができる．例えば，メモ用紙を二次元マッピングすると，セルロース，白色顔料（酸化チタン），異物（炭素）の分布状況が明瞭にわかり，酸化チタンをアナターゼ型とルチル型に区別することもできる．他にも，医薬品の錠剤中の薬剤の分散状況や結晶形などの評価にも応用されている．

8.6.4　共鳴ラマン散乱

試料自身が励起光を吸収する場合，ラマン散乱の強度は著しく増大し，10^5～

Column 8.2

離れた場所からガス濃度を測る方法

火山の噴火口から出る火山性ガス（SO_2 など）の濃度などは，離れた場所から測定する必要がある．一般的には，光源，測定対象物，検出器の順に配置して，測定対象物の吸収波長における吸光度を測定すれば，測定対象物の濃度を知ることができるが，光路が長くなるとさまざまな工夫が必要になる．まず，光源と検出器が離れると測定上不便なため，測定対象物より遠い側にレトロリフレクター（三面鏡，入射光の逆方向に反射光を出す）を設置して光を反射させ，光源と検出器を同じ側に設置することが多い．また，光は測定対象物による吸収だけでなく，散乱，発散など別の理由でも減衰してしまう．この別の理由による減衰の程度を調べて差し引くため，測定対象物による吸収のない光を同時に参照光として使用する．これにより，光路上の気体濃度を求めることができる．このような方法は差分吸収分光（differential optical absorption spectroscopy：DOAS）法と呼ばれている．高層建造物に設置されている航空障害灯を光源として応用する方法，人工衛星に積んだレトロリフレクターを使用する方法なども開発されている．

人工衛星から，大気中の温室効果ガス（CO_2，CH_4，N_2O，対流圏 O_3），火山性ガス（SO_2）などを測定する場合を考えてみよう．人工衛星に赤外線の検出器を積むが，光源は何だろう？　地表からは赤外線が自然に放射されているので，それを光源として使用するのである．例えば，SO_2 なら波長 8.6 μm の赤外線を吸収するので，地表から到達する波長 8.6 μm の赤外線の強度を人工衛星で調べ，SO_2 の分布マップを作成することができる．

10^6倍程度になる．これを共鳴ラマン散乱と呼ぶ．通常のラマン散乱では散乱光の強度が弱いため，10^{-5}～10^{-3} mol L^{-1}の試料では十分な信号強度が得られないが，共鳴ラマン散乱を使用することで低濃度の試料の測定も可能になる．クロロフィル，カロテノイドなどの天然色素，食品用着色料を分析した例がある．

章末問題

8-1 フーリエ変換型赤外分光光度計では，マイケルソン干渉計を試料室と検出器の間ではなく，光源と試料室の間に設置している．これは，試料照射後ではなく，試料照射前に赤外光を干渉させる必要があるためである．この理由を考えよ．

8-2 赤外分光光度計における赤外光の調整にはミラーが用いられ，レンズが用いられない理由を考えよ．

8-3 大気中に存在する N_2，O_2，Ar，H_2O，CO_2のうち，赤外吸収スペクトルに現れるものはどれか．

8-4 赤外分光法で水溶液試料を測定できない理由を述べよ．

8-5 赤外分光法においてKBr法などで試料調製する際，試料を細かく粉砕しないと，赤外吸収スペクトルが全体として傾いてしまい，高波数側が下がる傾向が見られる（縦軸が透過率の場合）．この理由について述べよ．

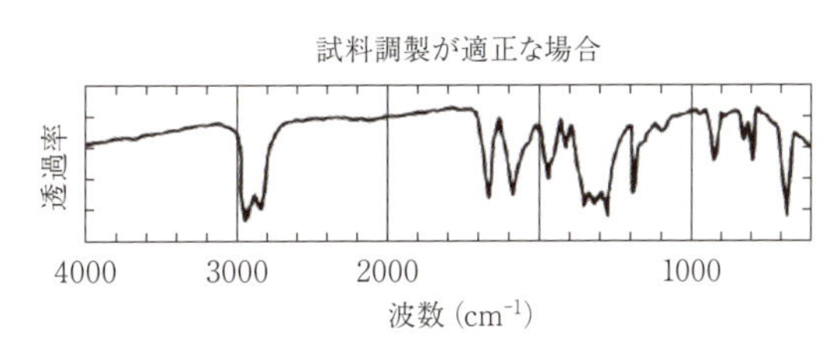

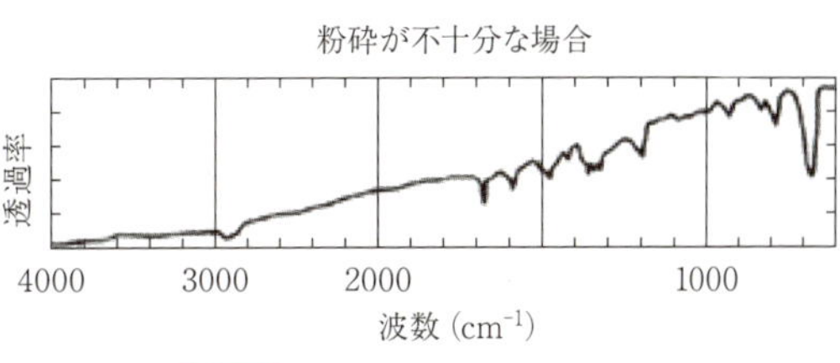

問8-5 赤外吸収スペクトルの例

8-6 ラマン分光法における励起光波長が632.8 nmの場合，1000 cm^{-1}のラマンシフトを受けるとストークス線の波長はいくらになるか．

8-7 波長514.5 nmの光を励起光としてラマンスペクトルを測定したところ，波長559.2 nmのラマン散乱光が観察された．このラマン散乱に対応する基準振動の波数（cm^{-1}）を求めよ．

8-8 ラマンスペクトル測定時に蛍光が発生してラマン散乱光と重なると，測定が困難になる．装置を改良して対処する場合，どのような改良が考えられるか．

Instrumental Methods in Analytical Chemistry

第9章 X線分析法

物質に照射されたX線は，物質を透過したり（透過X線），散乱・回折する（散乱X線，回折X線）ほか，物質に吸収されて別のX線や電子が放出される（蛍光X線，光電子・オージェ電子）などの現象を引き起こす．本章では，これらのX線の現象を利用して元素の組成や化学形態を分析する方法について解説する．X線分析法の基礎となる，X線と物質との相互作用やさまざまなX線分析法の原理と特徴を理解し，X線スペクトルから得られる情報について学ぼう．

9.1 X線を利用した分析法

9.1.1 X線の種類

X線は，波長10 pm～10 nm，エネルギー100 eV～100 keV程度の電磁波である．1895年にドイツのレントゲン（W. C. Röntgen）によって発見され，数学で未知数を表す“X”から命名された．

X線の波長領域は可視・紫外光よりも短く，核反応から発生するガンマ（γ）線よりも長い（第5章表5.1および図5.2を参照）[*1]．X線は，波長が長く（＝エネルギーが低い／軟らかい）紫外線に近い**軟X線**と，波長が短く（＝エネルギーが高い／硬い）透過性の強い**硬X線**に大きく分類される．波長の長さを「硬い・軟らかい」という表現で示すのは，レントゲン撮影に見られるように，短波長のX線は透過力が強く，硬い物質を貫くイメージからである．硬い・軟らかいの尺度の境界は，利用分野によって異なる．

＊1　X線とγ線の波長領域の一部は重なっており，その違いは学問的にやや曖昧である．広く受け入れられている定義では，両者は波長ではなく発生機構で区別される．原子核外の軌道電子の遷移により発生する電磁波をX線と呼び，原子核内のエネルギー準位の遷移から発生する電磁波をガンマ線と呼ぶ．

X線は，波長やエネルギーが同じであっても発生方法により呼び方が変わる．**特性X線**は，ある原子の電子軌道や原子核において，高い電子準位から低い電子準位に遷移する過程で放射される線スペクトルのX線である．それに対して，**制動X線**は，原子核の電場で電子が急激に減速されたり進路を曲げられる際に発生するX線である*2．加速度運動する過程で失われる運動エネルギーが放射されるものは，連続スペクトルを示す**連続X線**になる．

9.1.2 X線と物質の相互作用

X線の特徴は，①他の電磁波と比べると短波長・高エネルギーである点，②電磁波としての**波動性**と，光子としての**粒子性**を，場合に応じて効果的に使い分けることができる点にある．長波長のX線は物質に対して電磁波（波）として振るまうのに対して，短波長のX線は光子としての性質が強く，物質に対して硬い粒子として振るまう．

図9.1に，物質のX線吸収と，その原因となる相互作用を示す．X線吸収の主要因は，照射X線のエネルギーの増加とともに，**光電効果**，**コンプトン散乱**，電子対生成の順で推移する．

1）光電効果

図9.1の低エネルギー領域において，X線は主に光電効果により物質に吸収される．光電効果とは，物質に光を照射した際に，物質の表面から電子（光電子）が放出される現象である．物質を構成する各元素には固有のイオン化エネルギーがあり，それより高エネルギーのX線を吸収すると，図9.2のように内殻電子が励起されて光電子となって原子の外に飛び出していく．

X線の光電効果は，原子の内殻電子がX線のエネルギーをすべて吸収して原子から飛び出す過程と考えればよい．光電子の運動エネルギーE_eは，照射したX線のエネルギー$h\nu$と，内殻電子のイオン化エネルギーE_bより，次式で表すことができる．

$$E_e = h\nu - E_b \quad (9.1)$$

＊2　一般に制動放射（bremsstrahlung）と呼ばれ，電子加速器を用いると数百MeVの電磁波が得られる．

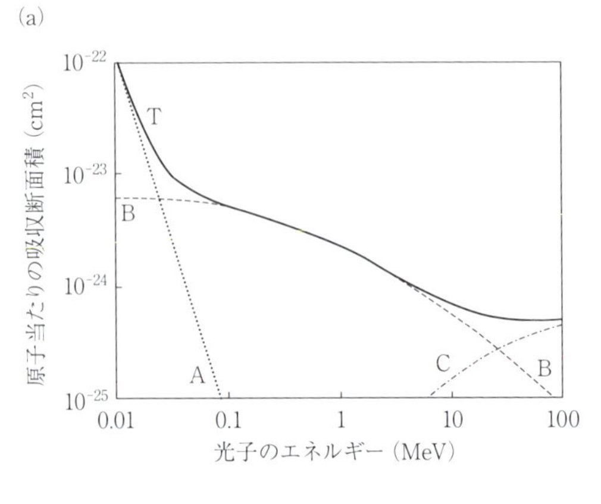

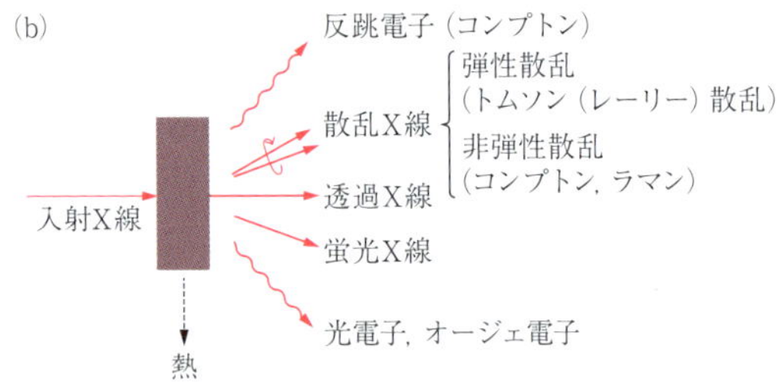

図9.1 物質とX線との相互作用の種類と，X線吸収の関係*3

(a)A：光電効果，B：コンプトン散乱，C：電子対生成，T：全減弱係数（A+B+C）．

光電効果は，外殻電子よりも内殻電子で起こりやすい．電子一つを放出して空になった軌道には上位軌道から電子が遷移して，両軌道のイオン化エネルギーの差に等しいエネルギーをもった特性X線や，そのエネルギーを受け取ったイオン化エネルギーの小さい軌道の電子（オージェ電子）が放出される．

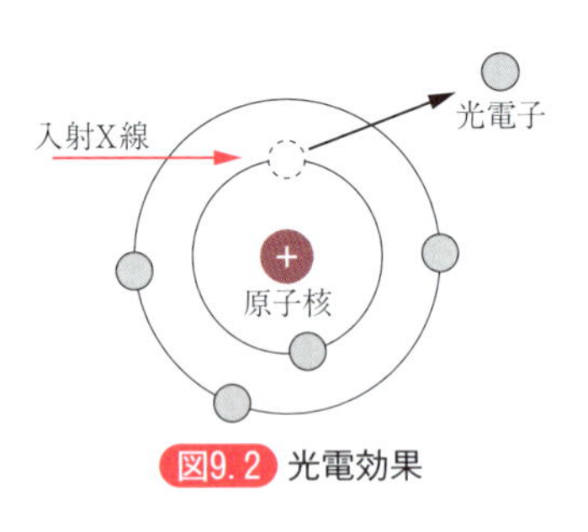

図9.2 光電効果

*3　近年，シンクロトロン放射光（コラム9.1参照）の利用等により，X線分析法で扱うX線のエネルギー範囲が広くなり，電子対生成の影響が見られることがある．ここであげた相互作用の他に，元素によっては原子核に作用して光核反応を起こすようになる．

2）コンプトン散乱

X 線は，エネルギーが大きくなるに従って，光子として物質と相互作用するようになる．X 線のエネルギーが電子の結合エネルギーに比べて著しく大きくなると，X 線は光子として軌道電子と衝突し，X 線の運動エネルギーの一部を受け取った軌道電子が軌道を飛び出し，その分のエネルギーを失った光子が散乱する．この現象をコンプトン散乱と呼ぶ．コンプトン散乱は電子による X 線の非弾性散乱であり，図9. 3に示すように，入射した光子 1 個から，エネルギーの異なる光子 1 個と高速電子 1 個が発生する．コンプトン散乱が起こる確率は物質の陽子数に比例する．

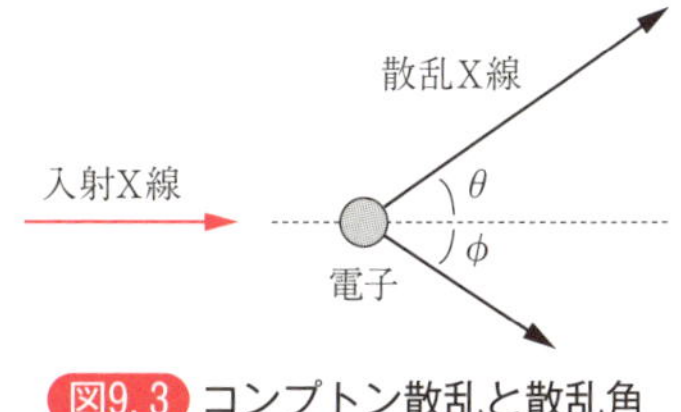

図9. 3 コンプトン散乱と散乱角

コンプトン散乱とは別に，光子が電子によって弾性散乱される現象は，レイリー散乱と呼ばれる．レイリー散乱では，入射した光子と散乱された光子のエネルギーは同じであり，電子が放出されない．

3）電子対生成

X 線のエネルギーが 2 個の電子の静止エネルギー（$2mc^2 = 1.02$ MeV）以上になると，X 線は原子核の電場と相互作用して消失し，一対の陰電子と陽電子が生成し始める（電子対生成）．X 線分光法で電子対生成の領域が用いられることは，ほとんどない．

9. 1. 3　X 線分析法の分類

化学の分野でよく用いられる X 線分析法には，X 線が物質に吸収される現象を利用した X 線吸収法，その際に放出される特性 X 線や電子を測定する蛍光 X 線法や光電子分光法，X 線の散乱や回折現象を利用した X 線回折法などがある．本章では，特に X 線吸収法と蛍光 X 線法による元素の組成や化学形態の分析について詳しく解説する．

9. 2　X 線吸収分析

X 線吸収分光法（X-ray absorption spectroscopy：XAS）は，対象原子の電子

状態や局所構造を調べる分析法である．測定対象となる物質には，固体だけでなく，液体，気体を選ぶことができる．XASの分析技術は，エネルギーが連続的で高輝度のX線が得られる大型放射光実験施設の光源を利用して発展してきたが，最近では実験室規模の測定装置も開発されている．

9.2.1　X線吸収分析の原理

X線のエネルギーを連続的に変えながら，物質に入射するX線の強度I_0と透過するX線の強度Iを測定し，入射X線のエネルギーを横軸に，吸光度μ〔$=\ln(I_0/I)$〕を縦軸にプロットしたものがX線吸収スペクトルである（図9.4）．測定試料が薄膜の場合は透過X線を直接測定できるが，測定試料が厚い場合は透過X線を測定できない．このような場合は，入射X線の吸収により放出される光電子やオージェ電子を利用してX線吸収スペクトルを求めることができる．

X線吸収スペクトルの測定には，内殻電子を励起することができるエネルギー（約0.1～100 keV）をもった入射X線を用いる．入射X線のエネルギーを徐々に増加させると，物質を構成する元素の内殻電子のイオン化エネルギーに相当する領域で吸収強度が急激に増加する．吸収強度が大きく変化する領域を（特性）**吸収端**と呼び，各吸収端の高エネルギー側には波状の微細構造が現れる（図9.4）．吸収端の微細構造は，入射X線のエネルギーが内殻電子の結合エネルギーと等しくなり，光電効果により内殻電子が遷移することによって生じる現象である．各元素の特性吸収端のエネルギー値は元素の種類に固有であり，原子番号とともに増加する．元素がK, L, M殻に複数の内殻電子をもつ場合は，それぞれに対応する複数の吸収端（K吸収端，L吸収端，M吸収端，あるいはK端，L端，M端と呼ぶ）が現れる．

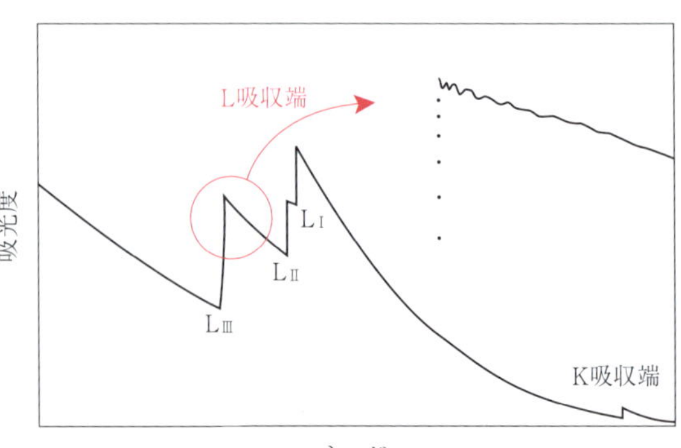

図9.4　X線吸収スペクトルと特性吸収端

9.2.2 X線吸収微細構造（XAFS）

X線吸収スペクトルにおいて，各元素の特性吸収端の高エネルギー側には，波状の微細構造が現れる．この微細構造から元素の存在形態を解析する手法を**X線吸収微細構造**（X-ray absorption fine structure：XAFS（ザフス））という．

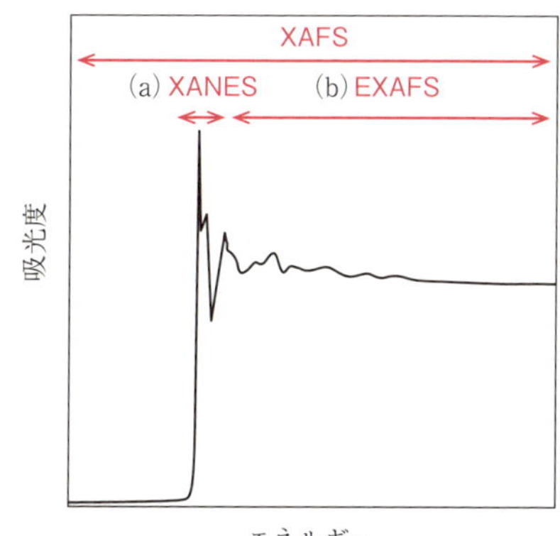

図9.5 XASスペクトルの吸収端における微細構造

XAFSの微細構造は，X線によって内殻よりたたき出された直後の光電子の運動エネルギー変化に起因するが，吸収端付近に現れる微細構造〔図9.5(a)〕と吸収端から数十eV以上離れた領域に現れる微細構造〔図9.5(b)〕とで形成メカニズムが異なる．前者は**X線吸収端近傍構造**（X-ray absorption near edge structure：XANES（ザーネス）），後者は**広域X線吸収微細構造**（extended X-ray absorption fine structure：EXAFS（エグザフス））と呼ばれ，XAFSは両者の総称である．

1）XANES

XANESは，吸収端近くの50 eV程度までのエネルギー領域に生じる微細構造である．この微細構造を形成するピークは，内殻電子が外側の空軌道またはバンドへ遷移することに由来する．すなわち，X線吸収によって放出された光電子が，よりエネルギーの高い非占有の束縛状態，もしくはイオン化状態より上の連続的な状態へ遷移する過程から生じる．

XANESに相当する吸収端領域のピーク構造から，X線吸収原子の電子状態（価数など）や局所的な三次元立体構造（対称性など）を解析することができる．

2）EXAFS

EXAFSは，XANESよりも高いエネルギー領域で形成される振動構造である．X線吸収により励起された内殻電子は，原子から光電子として放出される．放出された光電子は隣接する原子により散乱され，光電子とその散乱波との干渉の結果，X線吸収スペクトルに微細な振動構造が現れる．

EXAFSにはX線を吸収した原子の周囲の環境が反映されることから，EXAFS

の振動構造を解析すると，X線吸収原子と近接する原子の種類や数，原子間距離といった局所的な構造に関する情報が得られる．

例題9.1　X線吸収スペクトルで測定できる特性吸収端と微細構造から解析できる化学情報を述べよ．

考え方のポイント　9.2.1から9.2.2項の内容を理解しているか確認しよう．

解答　特性吸収端のエネルギーは各元素固有の値であり元素の種類がわかる．吸収端付近に現れる微細構造からはその元素の存在形態を解析することができる．

9.2.3　XASの測定例

XAFSスペクトルから物質の詳細な構造情報を得るには熟練を要するが，標準試料のスペクトルパターンと比べることで比較的簡単に対象元素の化学形態を推定することができる．図9.6に，宝石サンゴの炭酸塩骨格に含まれる硫黄の化

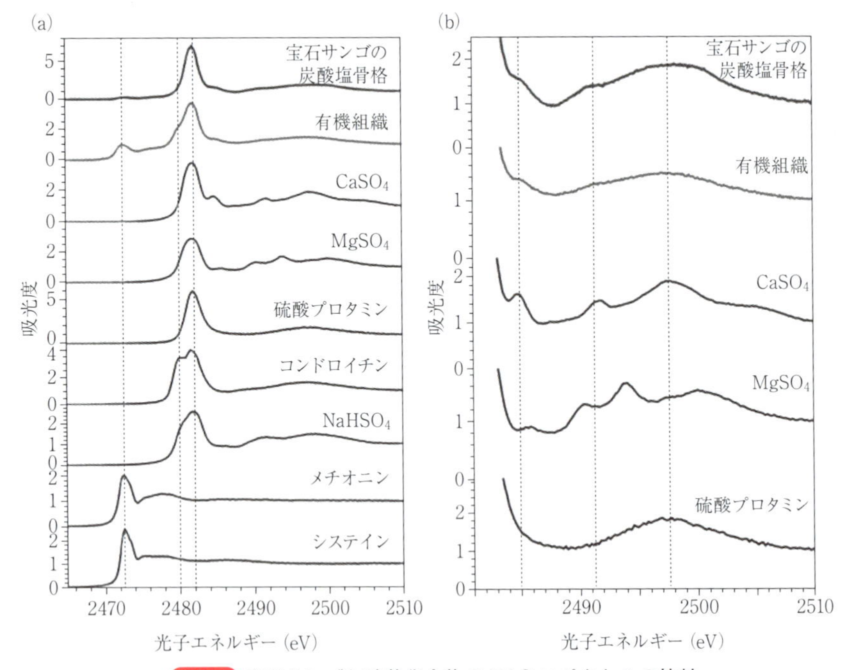

図9.6 宝石サンゴと硫黄化合物のXASスペクトルの比較
(a)XASスペクトル，(b)(a)の拡大図．

学形を同定するために測定された，宝石サンゴの炭酸塩骨格と有機組織，種々の硫黄化合物の XAS スペクトルを示す．

図9. 6(a)では，XANES 領域に形成される三つの極大ピークから，硫黄原子の価数の情報が得られる．－2 価硫化物，および＋6 価硫酸塩の硫黄原子をもつ標準物質のエネルギー値がそれぞれ 2472.5 eV，2482.0 eV であることから，宝石サンゴの炭酸塩骨格の硫黄原子は＋6 価硫酸塩であることがわかる．次に，2480〜2510 eV 領域の XAS スペクトルを拡大した図9. 6(b)からは，微細な振動構造を比較するができ，2485.0，2491.2，2497.7 eV の三つの穏やかな吸収ピークが一致することから，宝石サンゴの炭酸塩骨格はカルシウム塩である可能性が高いといえる．以上より，宝石サンゴの炭酸塩骨格中の硫黄は硫酸カルシウムであると推定できる．

9.3　蛍光 X 線分析

物質に一定以上のエネルギーをもつ X 線（一次 X 線）を照射すると，照射された物質から特性 X 線（二次 X 線）を発生させることができる．この特性 X 線を**蛍光 X 線**と呼び，蛍光 X 線を用いて試料を構成する元素を検出する方法を**蛍光 X 線分析法**（X-ray fluorescence analysis：XRF）という．蛍光 X 線分析法を用いると比較的簡単に元素組成を求めることができるため，材料分析，環境分析，文化財分析などのさまざまな分野で広く利用されている．

蛍光 X 線分析法の主な特徴は，①物質の状態（固体，粉体，液体など）や対象元素の化学形態によらず分析できる，②非破壊分析である，③ナトリウムからウランまでの元素に適用でき，多元素同時分析が可能である，④定量可能な濃度範囲が 1 ppm から100 %と広いことである．

9.3.1　蛍光 X 線分析法の原理

蛍光 X 線の発生機構を図9. 7に示す．入射 X 線のエネルギーが物質の内殻軌道の電子の結合エネルギーよりも大きい場合，光電効果により内殻電子は励起され，軌道から放出される．その空位に外側の L，M，N，…殻軌道の電子が遷移して安定な状態に戻るときに蛍光 X 線（特性 X 線）が放射される．特性 X 線の波長（エネルギー）が，内殻と外殻のエネルギー差に対応して元素ごとに固有であることから，蛍光X線は**固有X線**とも呼ばれる．蛍光X線の波長から元素を同定し，その強度から元素濃度を求めることができる．

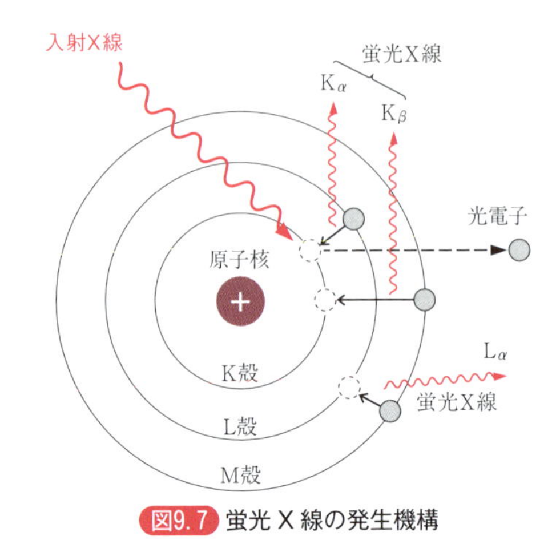

図9.7 蛍光X線の発生機構

9.3.2　固有X線

X線がK殻の電子をたたき出し，L殻の電子がK殻の空位に落ちる場合，K殻，L殻のエネルギーをそれぞれ E_K, E_L とすると，固有X線のエネルギー E と振動数 ν は次のように表される．

$$E = |E_K - E_L| \tag{9.2}$$

$$\nu = E/h \tag{9.3}$$

すなわち，固有X線のエネルギーはK殻とL殻準位間のエネルギー差に相当する．特性X線のエネルギー E は原子番号 Z と単調な関係にあることが知られており，モーズリー（H. Moseley）の法則（1913年）と呼ばれている．

$$\sqrt{E} = K(Z - \sigma) \tag{9.4}$$

ここで，K は比例定数であり，σ は電子遷移によって決まる定数である．

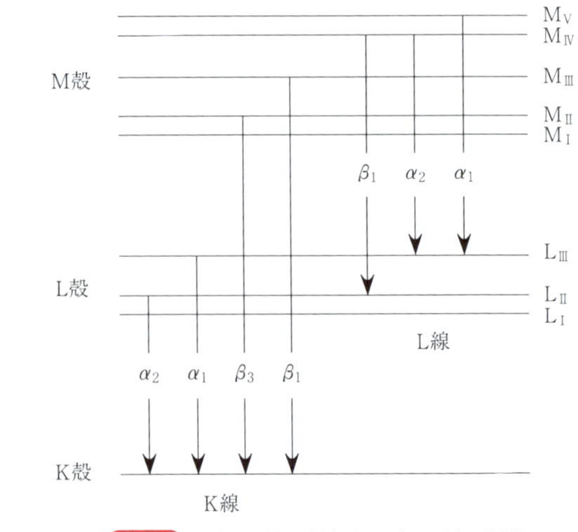

図9.8 固有X線の種類とエネルギー順位

図9.8に固有Ｘ線の名称とエネルギー順位の関係を示す．外殻軌道の電子がＫ殻，Ｌ殻へ遷移することにより発生する固有Ｘ線をそれぞれ**Ｋ線**，**Ｌ線**と呼ぶ．また，Ｋ線のなかでも，外殻軌道Ｌ殻のL_{III}，L_{II}からの電子遷移によって発生する固有Ｘ線をそれぞれ$K_{\alpha1}$線，$K_{\alpha2}$線，Ｍ殻のM_{III}，M_{II}からの電子遷移によって発生する固有Ｘ線をそれぞれ$K_{\beta1}$線，$K_{\beta3}$線と呼ぶ．固有Ｘ線の名称は慣用的に決められており，Ｌ線については規則的な命名法になっていない（付表9.1参照）．

蛍光Ｘ線では，内殻電子の励起にＸ線を用いるが，電子線やイオンビームを用いても類似した原理で元素の定性，定量分析を行える（9.4.1項を参照）．

9.3.3 装置の特徴

蛍光Ｘ線分析装置は，光源，分光器，検出器から構成される（図9.9）．光源のＸ線発生装置には，Ｘ線管球が用いられ，加速した電子ビームを対陰極（陽極）の標的元素に照射した際に発生する特性Ｘ線を光源として利用する．標的元素にはロジウムRh，タングステンW，モリブデンMo，銅Cuなどが用いられ，それぞれ波長の異なるＸ線が発生する．

分光器と検出器の組み合わせは，**エネルギー分散型分光法**（energy dispersive X-ray spectrometry：EDXまたはEDS）と**波長分散型分光法**（wavelength dis-

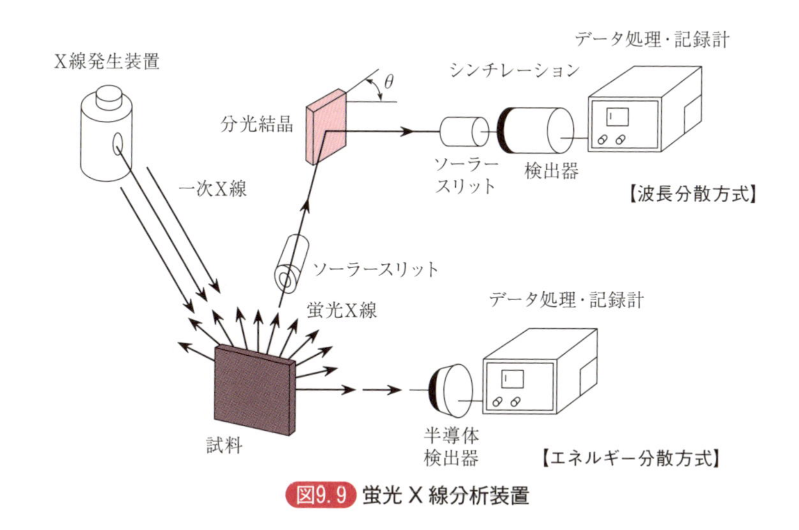

図9.9 蛍光Ｘ線分析装置

persive X-ray spectrometry：WDX または WDS）に分類される.

エネルギー分散型では，Si の結晶に薄い Li 膜を取り付けた Si（Li）半導体検出器を用いて，蛍光 X 線の光子一つ一つのエネルギーを直接測定する．Si（Li）半導体検出器は X 線に対してエネルギー分解能が高く，分光器がなくても X 線スペクトルを得ることができる。測定が迅速で，装置が簡便・小型なことが特徴である．ハンディタイプの蛍光 X 線分析装置では，エネルギー分散型方式が用いられる.

一方の波長分散型は，分光器として結晶または回折格子によりスペクトルを分散させて，ブラッグ（H. Bragg, L. Bragg）の法則*4から蛍光 X 線の波長を測定する．分光結晶には LiF，Ge，PET（ペンタエリトリトール）などが用いられ，それぞれ適用できる X 線の波長範囲が異なる．測定波長が広範囲である場合は，複数の分光結晶を用いる必要がある．検出器には，X 線の検出能力に優れるシンチレーション検出器やガスフロー型比例計数管等が用いられる．エネルギー分散型と比べると，エネルギー分解能がより高く（10 eV 程度），検出感度も高い.

9.3.4　蛍光 X 線分析に影響する因子

1）マトリックス効果

蛍光 X 線分析では，試料中で対象元素がどのような原子に囲まれているかによって，検出感度が大きく変化する．原子の内殻電子からの光子放出を測定する蛍光 X 線分析では，発生した X 線を吸収する原子が試料中に多く存在すると，その吸収のために検量線が直線から外れることがある．この効果をマトリックス効果と呼ぶ．対象元素よりも原子番号が大きい元素があると，その元素から放出された蛍光 X 線が対象元素を励起する．対象元素よりも原子番号が小さい元素がある場合には，その元素が対象元素から放出された蛍光 X 線を吸収する．マトリックス効果では，このような現象が繰り返される．原子番号の大きさだけでなく，吸収端のエネルギーの大きさも重要である.

2）測定環境の影響

原子番号12～92までの元素は空気中でも測定できる．原子番号 5 ～11の元素の

＊4　結晶格子に照射した X 線の回折や反射について成立する物理法則．面間隔 d の格子面に対して $2d\sin\theta = n\lambda$ が成り立つ．ここで θ は入射角，n は自然数，λ は波長.

蛍光X線は長波長（低エネルギー）であるため，空気中の窒素分子や酸素分子などによって吸収されてしまう．そのため，軽元素の分析は，真空下かヘリウム雰囲気下で行う必要がある．

9.3.5 蛍光X線分析の測定例

1）電気電子製品中の有害物質スクリーニング

ヨーロッパでは，電気電子製品への特定有害物質を使用制限するRoHS指令[*5]が2003年に制定され，対象製品はすべての部品でPb，Hg，Cd，Cr，Brの含有量を指定値以下にすることが求められている．

蛍光X線分析法は，これらの有害物質を非破壊かつ非接触で同時に測定できることから，工場内生産工程の品質管理や操業管理の現場で各部品の含有量の一次スクリーニングに使用される．材質については，金属材料やセラミック材料だけでなく，ゴムやプラスチック等の高分子材料にも適用できる．

2）宝石や文化財の真贋（しんがん）判定

3月の誕生石である宝石サンゴ（コーラル）は，海洋動物である宝石サンゴが形成する生物起源の無機鉱物である．主要成分は，炭酸カルシウムのカルサイトで，数パーセントの微量元素が含まれる．宝石サンゴ製品はとても高価で，場合によっては文化的価値をもつことから，その真贋判定には非破壊的に元素組成を分析できる蛍光X線分析が適している．

図9.10に宝石サンゴの蛍光X線スペクトルを示す．宝石サンゴの模造品はガラスや別の無機鉱物を赤く染めたものであるため，成分組成を調べることによって真正品と区別することができる．

例題9.2 図9.10の蛍光X線スペクトルから，宝石サンゴ試料中に含まれる元素の種類を推定せよ．

考え方のポイント 固有X線から元素の種類を判断する．

解答 Ca（K_α, K_β），Sr（K_α, K_β）が含まれる．

（ ）内は，蛍光X線スペクトルで観測された固有X線である．

＊5 RoHSとは，Restriction of Hazardous Substances（危険物質に関する制限）のこと．

(a)

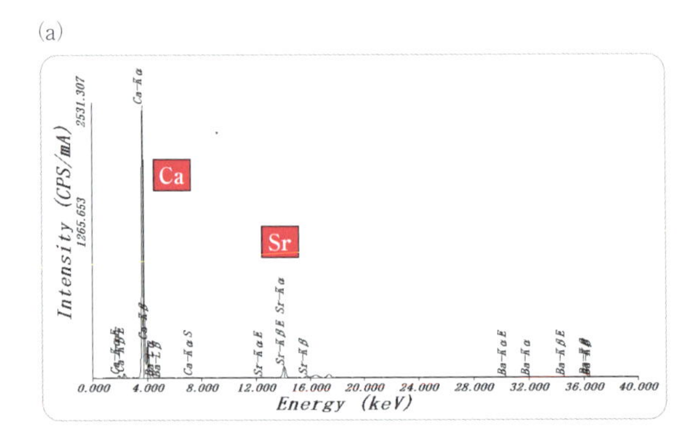

(b)

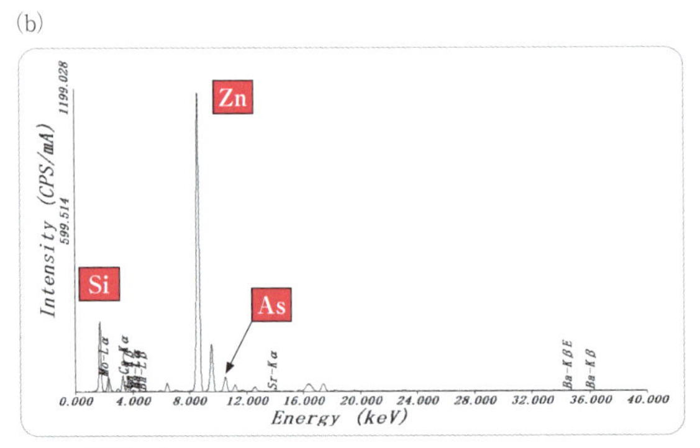

図9.10 宝石サンゴ製品の蛍光X線スペクトル
(a)宝石サンゴ，(b)模造品.

9.4　その他のX線分析法

化学の分野では，上記で取り上げた他にもさまざまなX線分析法が用いられる．以下に概略のみを示す．

電子プローブマイクロアナライザー（electron probe micro analyzer：EPMA）は，真空条件下で固体試料表面に直径がμmレベルの電子線（電子プローブ）を照射し，試料と電子線の相互作用により発生する特性X線を検出して，試料表面の元素組成を測定する分析機器である．試料表面全体を電子線で走査することにより，ppm以上の元素の濃度分布を明らかにすることができる．

全反射蛍光X線分析では，X線を臨界角よりも小さな角度で試料表面に入射する．入射X線は試料表面の深さ10 Å程度までしか侵入せず，ほとんどが試料表面で反射される．試料内部からの散乱X線がきわめて少なく，蛍光X線を高感度で検出できることから，通常の蛍光X線分析よりも微量成分分析が可能である．

X線回折法では，結晶性の物質に対して原子間隔と同程度の波長のX線を入射すると，物質の原子・分子の配列状態に応じて散乱X線が特定の方向で干渉し合い，強いX線が生じる．このようなX線の回折現象を利用した分析法をX線回折法（X-ray diffraction：XRD）と呼ぶ．粉末X線回折法，単結晶X線回折法，X線回折顕微法などがあり，物質の格子面間隔や化合物分子の立体構造などの解析に用いる．

X線小角散乱（small angle X-ray scattering：SAXS）は，X線を物質に照射して得られる散乱X線のうち，散乱角が10°未満の散乱から，1～100 nm程度の大きさの物質の構造情報を得る分析法である．これに対して，前項で説明したX線回折は，広角散乱を利用してÅの大きさの構造を対象とする分析法である．

X線光電子分光法（X-ray photoelectron spectroscopy：XPS, electron spectroscopy for chemical analysis：ESCA）は，X線を試料表面に照射した際に表面から放出される光電子の運動エネルギーを計測することで，固体表面の深さ数nm

Column 9.1

大型放射光施設とX線分析

放射光とは，ほぼ光速まで加速された電子を磁石によって進行方向を曲げた際に発生する電磁波である．日本には，世界でも有数の規模を誇る大型放射光施設SPring-8があり，世界最高性能の放射光を利用した最先端の計測分析技術が研究されている．SPring-8の放射光は，指向性の高い高輝度の電磁波で，X線から赤外線までの広い波長領域を含んでいる．

SPring-8に設置された数十のビームラインには，X線分析法の実験装置が多数あり，全国共同利用施設として国内外の研究者に公開されている．これらのビームラインでは，実験室で用いられるX線光源（X線管球）の約100億倍の明るさのX線を利用できる．その他にも，放射光の特性である，指向性，エネルギーの連続性，直線偏光性は，X線分析に適している．SPring-8のような放射光施設は，国内に複数が設置されており（高エネルギー加速器研究機構のPhoton Factoryなど），近年のX線分析法の飛躍的な発展を牽引している

の範囲にある元素の種類と，その電子状態を分析する手法である．同じ装置でオージェ電子を計測する**オージェ電子分光法**（Auger electron spectroscopy：AES）の測定もできる．

章末問題

9-1 次の用語を説明せよ．(a)光電効果，(b)コンプトン散乱，(c)特性X線，(d)連続X線

9-2 次の略号の正式名称（日本語，英語）を示せ．(a)XAFS，(b)WDX，(c)SAXS，(d)XAS，(e)XRF，(f)EPMA

9-3 X線吸収スペクトルで特性吸収端が形成される理由を述べよ．

9-4 X線吸収スペクトルの吸光度の測定方法を説明せよ．

9-5 X線吸収端に現れる二つの微細構造の名称を答えよ．

9-6 物質にX線を照射した際に蛍光X線が発生するしくみを述べよ．

9-7 蛍光X線分析で用いられる代表的な検出器を2種類あげよ．

9-8 蛍光X線分析の利点を述べよ．

9-9 蛍光X線分析におけるマトリックス効果を説明せよ．

9-10 EPMAと蛍光X線分析の類似点と相違点を述べよ．

Instrumental Methods in Analytical Chemistry

第10章

質量分析

原子や分子の質量は，試料中の成分を特定するうえで最も重要な情報となり得る．質量分析法は，原子や分子の質量を測るための手法であり，化学，物理学，生化学，医学，薬学，宇宙科学，考古学など，幅広い分野で利用されている．応用例としては，未知化合物の組成・構造の推定，環境汚染物質の検出，アミノ酸やタンパク質などの生体関連物質の分析などがある．本章では，質量分析法を理解するのに重要な物質のイオン化と質量分離の概要について学び，マススペクトルの解釈のために必要な基礎知識を身につけよう．

10.1　質量分析法

質量分析法（mass spectrometry：MS）とは，原子や分子をイオン化し，**質量電荷比** m/z（エム・オーバー・ジーと読む．m はイオンの相対モル質量，z はイオンの電荷数）に応じて分離した後，検出・記録する方法である．質量分析法で用いる装置を**質量分析計**（mass spectrometer）という．また，質量分析計により得られる結果を**マススペクトル**（mass spectrum，複数形は mass spectra）という．

10.1.1　イオンに働く力

まず，質量分析法を理解するうえで必要な物理の諸現象として，荷電粒子に電場および磁場を作用させた時に受ける力について簡単に説明しておこう．

図10.1(a)のように，電荷に対して電気力が働く空間を電界（電場）という．q (C)の電荷が電場 E(V m^{-1})の中で受ける力 F(N)は

$$F = qE \tag{10.1}$$

で与えられる．このとき，荷電粒子は，静止しているか運動しているかには関係なく，電場と同じ方向に力を受ける．

今，電荷 q が電場から力を受けて図10.1(a)の点Xから点Yまで動いたとすると，電場がした仕事は qV で与えらえる．この V を，「点Yを基準にした点Xの電位」という（単位は $\mathrm{V = J\,C^{-1}}$）．また，2点間の電位の差を，電位差または電圧という．電位が V である点に電荷 q が置かれているとき，その電荷がもつ電気力による位置エネルギー U(J)は次式で与えられる．

$$U = qV \tag{10.2}$$

一方，磁極に力を及ぼすような空間を磁界（磁場）という．静止している荷電粒子は磁場から力を受けないが，運動している荷電粒子は磁場から力を受ける．この力を**ローレンツ力**（りょく）という．今，図10.1(b)のように，電荷 q が磁束密度 B(T；テスラ)の磁場中を磁場に対して垂直方向に速度 v($\mathrm{m\,s^{-1}}$)で運動するとき，ローレンツ力 F(N)は次式で与えられる．

$$F = qvB \tag{10.3}$$

ローレンツ力の向きは，電荷 q が正の場合，運動方向を電流の向きとして「フレミングの左手の法則」を適用すればよい．なお，ローレンツ力は運動方向に対

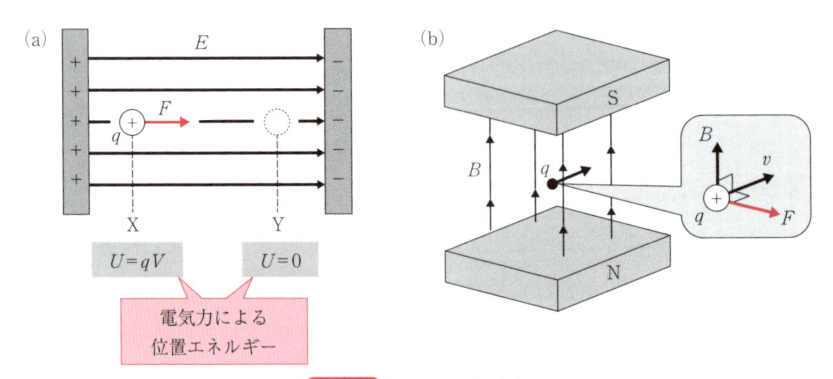

図10.1 イオンに働く力
(a) 電界から受ける力，(b) 磁界から受ける力．

して垂直方向に働くため，荷電粒子に仕事をしない．よって，荷電粒子の速さは変わらず，向きだけが変化する．

質量分析では電場や磁場を荷電粒子に作用させて分離・検出を行う．このような研究の起源は19世紀末まで遡ることができる．1897年，トムソン（J.J. Thomson）は，陰極線に電場や磁場をかけてその比電荷（電荷と質量の比）を測定した．陰極線粒子は，後に電子と呼ばれるようになった．また20世紀初めには陽極線について質量分析し，その正体が原子の正イオンであることを突き止めた．

10.1.2　質量分析法で得られる情報

前項で述べた電場や磁場の作用により，イオンは分離される．ここでは，クロロベンゼン C_6H_5Cl の電子イオン化（EI）によるマススペクトル（図10.2）を例として，質量分析法で得られる情報について説明しよう．図10.2の横軸は m/z，縦軸は信号強度（相対値）である．クロロベンゼンの分子量は 112.56 であるが，マススペクトルでは m/z 112.56にはピークは現れず，$C_6H_5{}^{35}Cl$と$C_6H_5{}^{37}Cl$に由来する m/z 112および114に強いピークが現れる[*1]．つまり，平均の分子量ではなく，個別の同位体まで考慮した各質量に対応するピークが得られる．

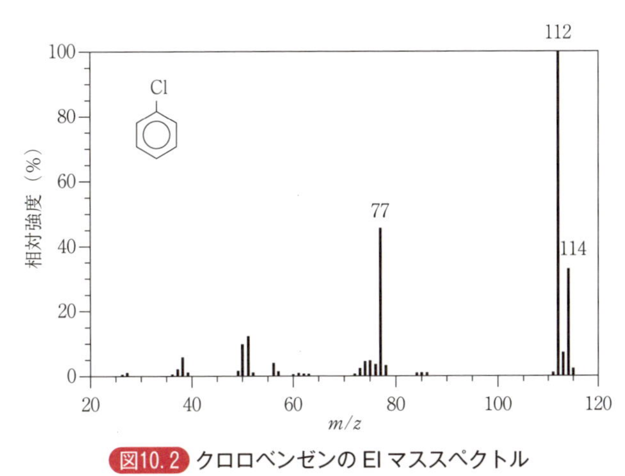

図10.2 クロロベンゼンの EI マススペクトル

図中の数値はピークの m/z を示す（スペクトルはNIST の許諾を得て使用）．

＊1　精密質量はそれぞれ 112.007 978 u および 114.005 028 u である（10.3.3項を参照）．質量分析法で扱う分子やイオンなどの質量については，統一原子質量単位 u を用いた表記が公認されている．生化学の分野では，u の代わりに dalton [Da]が使われることもある．

10.1.3　質量分析計の構成

質量分析計は，①試料導入部，②イオン化部，③質量分離部，④検出部，⑤記録部から構成される(図10.3)．各構成要素にはそれぞれいくつかの種類があり，実際に測定する場合には，その試料に適したイオン化法と質量分離部からなる質量分析計を用いることが重要である．質量分析計の重要な要素であるイオン化部，および質量分離部の詳細については10.2節で述べるが，たとえば，タンパク質などの難揮発性・高分子化合物の測定には，マトリックス支援レーザー脱離イオン化（MALDI）と飛行時間型質量分析計（TOFMS）の組合せが用いられる．また，測定試料が溶液であれば，エレクトロスプレーイオン化（ESI）と四重極型質量分析計（QMS）の組合せが用いられる．測定対象に適していない質量分析計を用いた場合は，信号が見られないばかりでなく，装置の汚染や故障につながる．

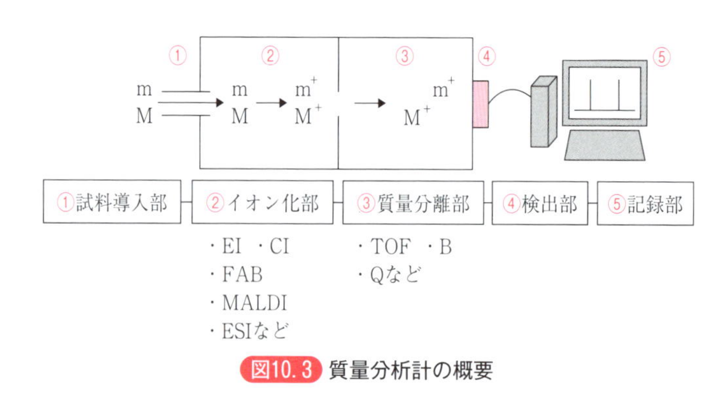

図10.3 質量分析計の概要

10.2　イオン化法と質量分離部

質量分析法では，質量分離部における電場や磁場の作用により測定対象成分を分離する．その際，対象成分が電気的に中性のままでは分離できないため，対象成分をイオン化して，後に続く質量分離部に移送する必要がある．以下に，イオン化法と質量分離部の種類をいくつか紹介する．

10.2.1　イオン化法

1）電子イオン化（electron ionization：EI）法

EI 法[*2]は，測定対象であるガス状の化学種を，加速した電子によってイオン化する手法である．液体や固体試料の測定では，加熱等によりそれらを気化する必要がある．EI 法のイオン化部では，図10.4(a)のように，フィラメントから電子が放出される．通常，この電子を加速するための電圧は70 V に設定される．イオン化部に導入された試料分子 M は，この70 eV のエネルギーをもつ電子の流れを通過する中でイオン化され，分子イオン $M^{+\bullet}$ となる[*3](10.3.1項を参照).

$$M + e^- \longrightarrow M^{+\bullet} + 2e^-$$

図10.4(b)に，EI 法でイオン化したメタンのマススペクトルを示す．EI 法を用いると，分子イオンの生成に加え，**フラグメンテーション**と呼ばれるイオンの開裂が起こる．フラグメントイオンのピークパターンは，元の分子の構成元素や置換基などの情報を含んでおり，構造決定において有用である[*4]（10.3.1項を参照)．しかし，過度にフラグメンテーションが起こると分子イオンピークがほと

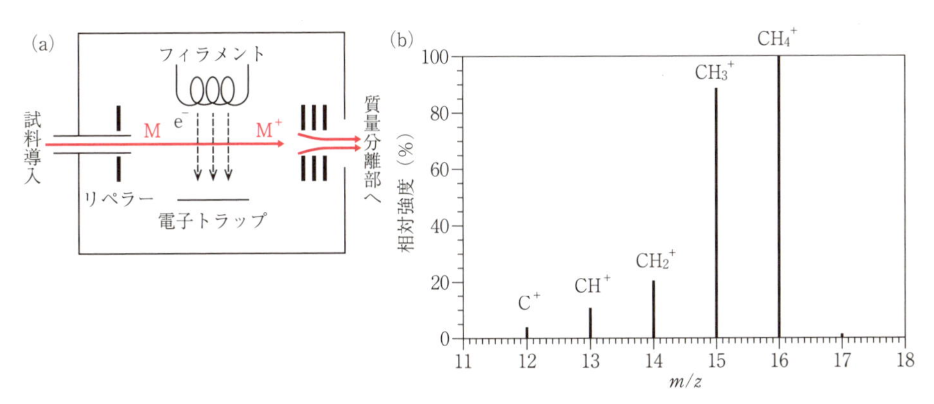

図10.4 EI イオン源の模式図（a）とメタンの EI マススペクトル（b）

＊2　以前は「電子衝撃イオン化」と呼ばれていたが，現在は推奨されていない．

＊3　$M^{+\bullet}$ は分子 M の正のラジカルイオンを表す．単に M^+ と表すこともある．負イオン M^- が生成する場合もあるが，割合としては少ない．

＊4　以前は分子イオン，フラグメントイオンのことを，それぞれ親イオン，娘イオンと呼んでいたが，現在は推奨されていない．

んど現れず，化学種の特定が困難になる場合もある．EIのように過度にフラグメンテーションが起こるイオン化は，ハードイオン化に分類される．

EI法は，最も一般的に用いられるイオン化法で，これまでに多数のマススペクトルの報告例があり，過去のデータとの比較(ライブラリ検索)が可能である．

2）化学イオン化（chemical ionization：CI）法

CI法は，測定対象の気体分子を反応イオンと呼ばれる化学種でイオン化する手法である．CI法では，初めに，試薬ガスと呼ばれるメタンCH_4やイソブタンi-C_4H_{10}，アンモニアNH_3などをEI法でイオン化し，一次イオンを発生させる．この一次イオンと試薬ガスが何度も衝突し，さまざまな二次イオン(反応イオン)が生成する．さらにこれらの反応イオンと測定対象の化合物が反応し，検出可能なイオンが生成する．このとき得られるイオンは，分子イオンM^+ではなく，プロトン化分子$[M+H]^+$やカチオン付加分子（$[M+C_2H_5]^+$や$[M+NH_4]^+$など）である[*5]．また，正イオンだけでなくM^-や$[M-H]^-$（脱プロトン化分子）などの負イオンも生成する．CI法はフラグメンテーションが起きにくいことから，ソフトイオン化に分類される．

3）高速原子衝撃（fast atom bombardment：FAB）法

FAB法とは,固体や溶液の試料に原子を衝突させてイオン化する手法である．分子量が数千程度までの分子のイオン化が可能である．FAB法ではまず，EI法を用いてアルゴンまたはキセノンなどをイオン化する．加速されたこれらのイオン(一次イオン)は同種の中性原子と衝突する．このとき生じる電荷交換により，中性原子ビームが得られる．

一方，測定試料は，分散保持の目的でマトリックスと呼ばれる揮発性の低い有機溶剤と混合し，試料ホルダーに設置する．FAB法のマトリックスにはグリセロール（グリセリン）や3-ニトロベンジルアルコールなどが用いられる．この混合試料に中性原子ビームが衝突し，試料の気化・イオン化が起こる．得られるイオンは，$[M+H]^+$や$[M+Na]^+$などである．このNaは，試料調製時に試料容器から混入するものである．FAB法は，揮発性の低い試料や熱に不安定な試料に対して有効なイオン化法であるが，試料に応じたマトリックスの選択を行う必

＊5　以前は擬分子イオン（pseudo-molecular ion あるいは quasi-molecular ion）と呼ばれていたが，現在は推奨されていない．

要がある．

高速の中性原子ビームを試料に衝突させるFAB法に対し，加速したセシウムイオンCs^+などのイオンビームを固体表面に照射し，試料から放出される二次イオンを検出する方法もある．これを**二次イオン質量分析法**(secondary ion mass spectrometry：SIMS）といい，半導体材料の表面分析などに用いられる．

4）マトリックス支援レーザー脱離イオン化（matrix-assisted laser desorption/ionization：MALDI）法

MALDI法は，マトリックスと混合した試料にレーザー光を照射し，試料分子を気化・イオン化させる手法である*6．主にタンパク質や高分子化合物などの巨大な難揮発性分子のイオン化に用いられる（図10.5）．

高分子化合物のイオン化には，原子ビームを衝突させるFAB法やレーザー光を直接照射するレーザー脱離イオン化法なども用いられる．しかし，これらのイオン化法では，試料分子のフラグメンテーションが起こりやすい．これに対しMALDI法では，レーザー光のエネルギーを吸収するマトリックスを使用する．試料分子はマトリックスとのプロトンの授受によってソフトにイオン化される．レーザー光源には，主に窒素レーザー（波長337 nm）が用いられ，マトリックスとしてニコチン酸やピコリン酸誘導体が知られている．

MALDI法では，測定対象分子や使用するレーザーの波長に合わせて，適切なマトリックスを選択する必要がある．また，MALDI法で得られる結果については，一般に定量性に乏しい．もっとも，タンパク質や糖

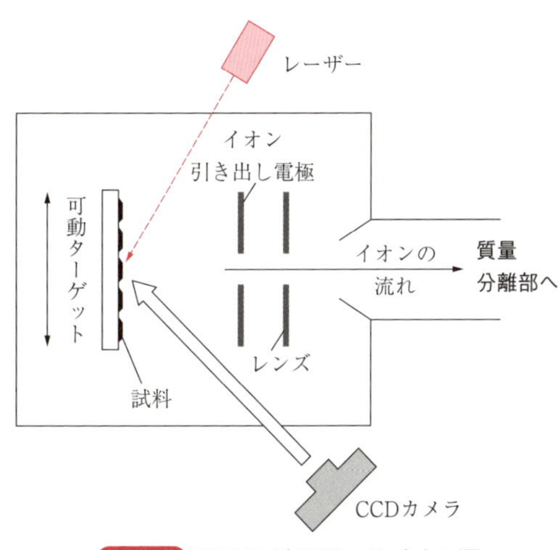

図10.5　MALDI法に用いるイオン源
(志田保夫他「これならわかるマススペクトロメトリー」，化学同人，p86, 図3-8より)

*6　2002年，「生体高分子の質量分析のためのソフトイオン化法の開発」として，MALDI法の開発に対して田中耕一に，またESI法の開発に対してJ. B. フェンに，それぞれノーベル化学賞が授与された．

質の構造解析などでは，定量性がそれほど必要とされない場合も多い．

5）エレクトロスプレーイオン化（electrospray ionization：ESI）法

ESI 法は，高電圧が印加された細管から溶液試料を噴霧してイオン化する手法である．EI, CI, FAB, MALDI などは真空中でのイオン化であるのに対し，ESI は大気圧下でのイオン化である．溶液を直接導入してイオン化できるため，液体クロマトグラフ（LC，第13章）やキャピラリー電気泳動（CE，第14章）で分離された成分のイオン化法としても用いられる．

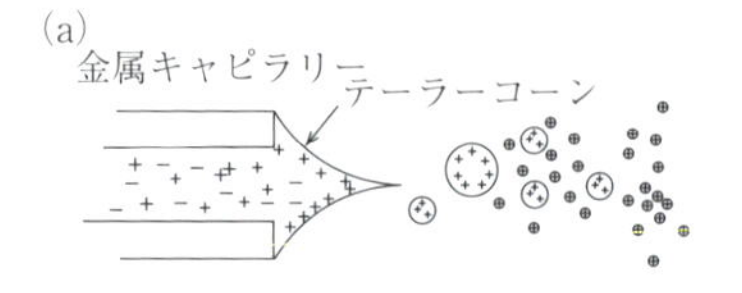

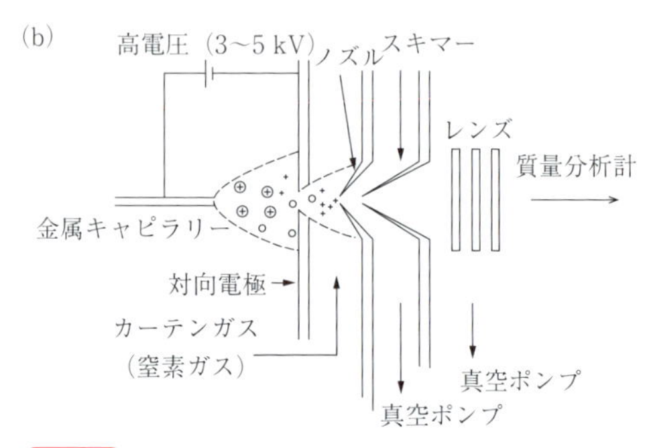

図10.6 ESI 法のイオン化機構の概念図（a），ESI イオン源のインターフェイス（b）
（日本化学会編「第５版　実験化学講座20-1　分析化学」，丸善，p419, 図9.4より）

ESI 法では，溶液試料導入用の金属製細管（キャピラリー）の先端に高電圧が印加される（図10.6）．溶液はその先端部で円すい状の形（テーラーコーン）となり，その後，微細な液滴として噴霧される．このとき試料に高温の窒素ガスを衝突させ，安定した液滴を形成させる（窒素ガスをスプレー方向と同方向に噴射させる場合もある）．溶媒の揮発が進むと，試料分子がイオン化する．ESI 法では，$[M+nH]^{n+}$ や $[M-nH]^{n-}$ といった多価イオンが生成しやすい（10.3.1項を参照）．

10.2.2　質量分離部

イオン化部で生成したイオンは，後に続く質量分離部へと移動する．この質量分離部は通常，高真空状態（10^{-3}～10^{-7} Pa）に保たれている．これは測定対象のイオンが質量分離部に残存する分子と衝突してその飛行方向が変わったり，電荷を失ったりするのを防ぐためである．ここで，圧力と平均自由行程（衝突から次の衝突までに粒子が飛行する平均の距離）の関係について説明しよう．平均自由行程 λ(m)は，

$$\lambda = \frac{kT}{\sqrt{2}p\sigma} \tag{10.4}$$

で表される．ここでkはボルツマン定数（1.38×10^{-23} J K^{-1}），Tは温度（K），pは圧力（Pa），σは衝突断面積（m^2）である．$T = 300$ K，$\sigma = 4.5 \times 10^{-19}$ m^{2}とすると，式(10.4)は以下のようになる．

$$\lambda = \frac{6.5 \times 10^{-3}}{p} \tag{10.5}$$

例題10.1 式(10.5)を用いて，圧力が(a) 0.10 Pa（ロータリーポンプで到達する圧力），および(b) 1.0×10^{-3} Pa（ターボ分子ポンプで到達する圧力）での平均自由行程を求めよ．

解答

(a) 6.5 cm，(b) 6.5 m

一般的な質量分離部の長さは数十 cm～数 m である．つまり，質量分離部に移動してきたイオンが残存分子と衝突せずに検出器に到達するためには，10^{-3} Pa 以下の高真空状態が必要となる．

1）飛行時間型（time-of-flight：TOF）

飛行時間型質量分析計は，質量の異なるイオンの飛行速度の差を利用して分離する装置である．飛行時間型に限らず，一般的な質量分析計では，原子や分子はイオン化部でイオン化された後，加速電圧（電位差）Vで加速されて質量分離部に導入される．イオンがもつ電荷qは，電気素量e（$= 1.60218 \times 10^{-19}$ C）とイオンの電荷数zを用いて

$$q = ze \tag{10.6}$$

で与えられる．今，式(10.2)で示した電気力による位置エネルギーをもつ静止イオンがあるとする．このイオンが加速電圧により加速され，その位置エネルギーがすべて運動エネルギーに変換されたとすると，加速後のイオンは

$$zeV = \frac{1}{2}mv^2 \tag{10.7}$$

より，

$$v = \sqrt{\frac{2zeV}{m}} \tag{10.8}$$

という速度 v(m s^{-1})をもつ．m はイオンの質量(kg)である．式(10.8)より，速度 v は質量 m の平方根に反比例することがわかる．

例題10.2　加速電圧 6.5 kV で加速されたベンゼンイオン $C_6H_6^+$ の速度を求めよ．ベンゼンイオンの質量 m は，$78 \times 10^{-3}/6.02 \times 10^{23} = 1.3 \times 10^{-25}$ kg とする．

解答

$$v = \sqrt{\frac{2 \times 1 \times 1.60218 \times 10^{-19} \times 6.5 \times 10^{3}}{1.3 \times 10^{-25}}} = 130{,}000 \text{ m s}^{-1}$$

図10.7に直線型（リニア型）の飛行時間型質量分析計の概念図を示す．イオン化部から導入されたイオンは，電位勾配のないドリフト管を等速で飛行し，検出される．距離 L のドリフト管を飛行するのに要する時間（飛行時間）t(s)は

$$t = \frac{L}{v} = L\sqrt{\frac{m}{2zeV}} = a\sqrt{\frac{m}{z}} \tag{10.9}$$

となる（a は比例定数）．式(10.9)より，質量の小さいイオンほど早く検出器に到達することがわかる．なお，飛行距離 L や加速電圧 V にもよるが，a を 1 と置き，m を質量(u, Da)とすると，おおよその飛行時間を推測することができる．

例題10.3　a を 1 として (a) m/z 100 および (b) m/z 10000 のイオンが検出器に到達する時間（μs）を求めよ．

解答

(a) 10 μs，(b) 100 μs

飛行時間型質量分析計は装置の構造が単純で，理論上，測定できる質量に制限がない．そのため，MALDI 法でイオン化された分子量数10万のタンパク質などでも分離・検出が可能である[*7]．また，次に述べる磁場型や四重極型と異なり，生成したイオンをすべて検出できる非走査型の装置である．

＊7　質量分離部に導入されるイオンには，それぞれに運動エネルギーや向きの違いがあるため，従来は質量分解能がそれほど高くなかった．近年では，運動エネルギーの広がりを補正するために飛行中にイオンを折り返させる反射型（リフレクター型）などの開発が進み，高分解能化されている．

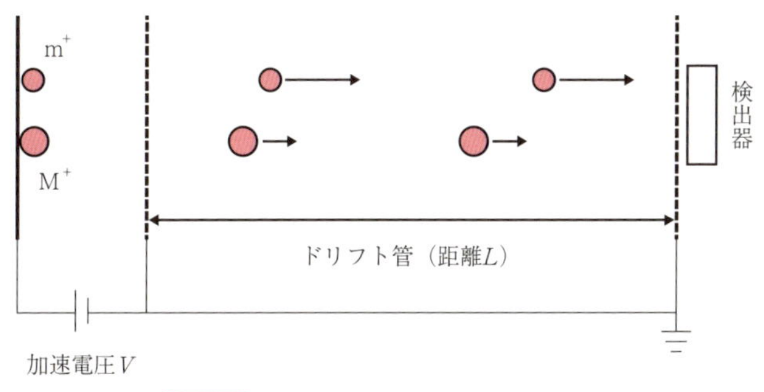

図10.7 飛行時間型質量分析計の概念図

2）磁場型（B）

磁場型質量分析計（図10.8）は，磁場中を運動するイオンに力が加わり，イオンの飛行方向に差が生じることを利用して分離する装置である．加速電圧 V で加速されたイオンは，ソーススリットから扇形の質量分離部に入る．このときのイオンの速度 v は，式(10.8)で与えられる．磁場中に侵入したイオンには，式(10.3)で示すローレンツ力が働く．一方，半径 r(m)の円軌道を描くイオンには，それと釣り合う遠心力 F(N)が働く．

$$F = \frac{mv^2}{r} \tag{10.10}$$

両者を等しいと置くことで，質量 m(kg)のイオンは式(10.11)を満たす半径 r の円軌道を描いて飛行することがわかる．

$$\frac{m}{z} = \frac{eB^2r^2}{2V} \tag{10.11}$$

検出器の手前にはコレクタースリットがあり，特定の m/z をもつイオンだけがスリットを通り抜けて検出器に到達する．磁場の強さを変える（磁場走査する）ことで，異なる m/z をもつイオンを順次検出できる．

図10.8のように磁場だけで質量分離する装置を，単収束質量分析計（あるいは磁場セクター型）という[*8]．

＊8　飛行時間型の場合と同様，質量分離部に導入されるイオンにはエネルギーや向きにばらつきがあり，この装置で得られる質量分解能には限界がある．これを解消するため，磁場以外に静電場を配置した装置が用いられる．電場と磁場により質量分離する装置を**二重収束質量分析計**（double-focusing mass spectrometer）という．装置は大型になるが，ミリマス測定と呼ばれる1質量単位の1000分の1（0.001 u）まで測定できる．

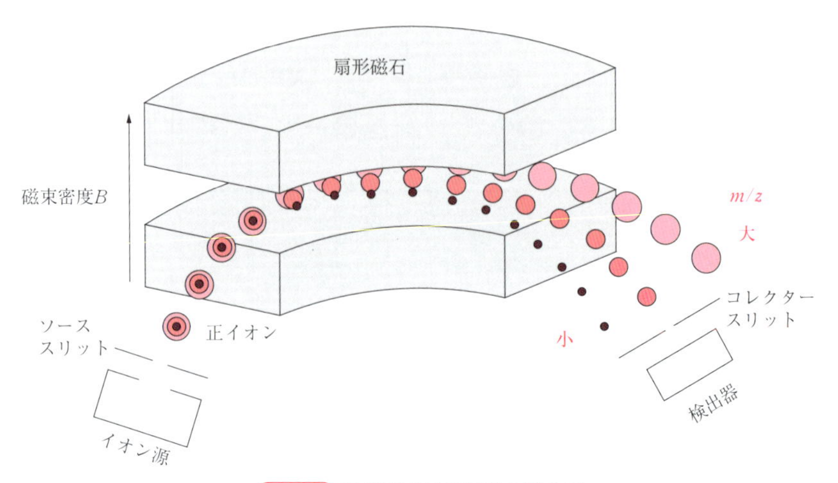

図10.8 磁場型質量分析計の概念図

（高山光男他編「現代質量分析学」，化学同人，p76，図 6－1 より）

3）四重極型（quadrupole, Q）

四重極型質量分析計は，長さ 20 cm 程度の 4 本の棒状電極からなる（図10. 9）．相対する電極には，それぞれ $\pm(U+V\cos\omega t)$ の直流電圧 U と，高周波電圧 V がかけられる（ω は角周波数）．イオンはこの内部を振動しながら進み，特定の m/z をもつイオンのみが検出器に到達し，それ以外のイオンは電極に衝突する，あるいは電極の間から飛び出すなどして検出器まで到達しない．通常の測定では，U/V の値を一定にして U と V を変化させ，m/z の小さいイオンから順次検出していく．四重極型も走査型の装置であり，質量を選別して検出することから，四重極マスフィルターとも呼ばれる．

四重極型質量分析計は装置が小型かつ軽量であるが，精密な質量は測定できない．また，四重極部を通過できるイオンの m/z には上限があり，一般に分子量が1000以下の化合物に適用される．ただし ESI 法を用いることで，高分子化合物を多価イオンとして検出することができる．四重極型と同様の原理をもつ装置として，特定の m/z のイオンだけを電極領域内にとどめてその他のイオンと分離するイオントラップ型もある．

表10. 1に，各質量分離部の特徴や用途の例を示す．ただし，近年の質量分析計の発展・進歩は目覚ましく，特徴・用途はこの表で示す限りではない．

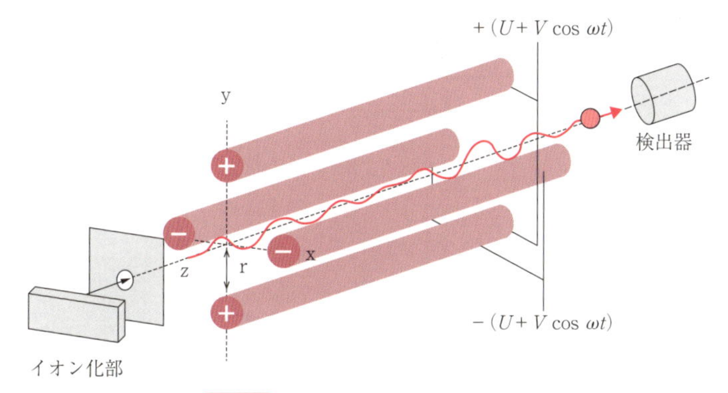

図10.9 四重極質量分析計の概念図
（島津製作所 HP を参考に作成）

表10.1 質量分離部の特徴および用途

	大きさ	分解能	測定速度*	測定可能な質量範囲	用途例
飛行時間型	小～中	低～高	高	広い	・MALDI と組み合わせた高分子分析 ・生体・環境試料の一斉分析
磁場型／二重収束型	大	高	低	中程度	・化合物の精密質量測定 ・有機分子の組成解析
四重極型	小	低	低～中	狭い	・ESI と組み合わせた溶液試料測定 ・GC，LC 用検出器

＊ 1 秒あたりのマススペクトルの表示回数.

10.3　マススペクトル

10.3.1　マススペクトルに現れるピーク

質量分析の結果として得られるマススペクトルには，さまざまなピークが現れる．これらは試料分子の構造決定において重要な情報を与える．図10.10の安息香酸のマススペクトルを例に，観測される各ピークについて解説する．

1）分子イオンピーク

分子から電子が 1 個取り除かれてできたイオンを分子イオンという[*9]．分子イ

＊9　正しくは，電子が複数個取り除かれてできた多価イオンや，開裂していない負イオンなども含まれる．

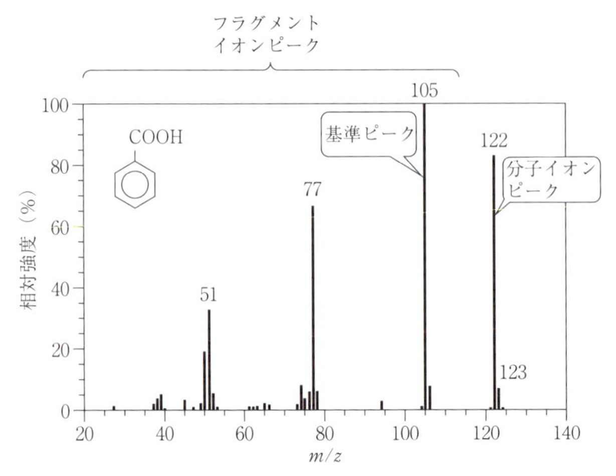

図10.10 安息香酸のEIマススペクトル
（スペクトルはNISTの許諾を得て使用）

オンピークは，分子の相対モル質量を直接提示するピークであり，分子を特定するうえで極めて重要である．観測されるピークのうち，最も質量の大きいピークである可能性が高い．一方，CI法やFAB法などでは，分子イオンの代わりにプロトン化分子などが生成する．m/z値から対象分子の質量を決定する際には注意が必要である．

2）フラグメントイオンピーク

結合の開裂によって生じるイオンをフラグメントイオンという．図10.10のm/z 77や105などのピークがそれにあたる．ハードイオン化に分類されるEI法などでは，フラグメントイオンピークが顕著に見られる．表10.2に代表的なフラグメントイオンの例を示す．フラグメントイオンピークから特定の構造や置換基の存在を推測することができる．また，得られるマススペクトルのピークパターンを過去のデータと比較することで未知試料を同定できる．

3）基準ピーク

マススペクトル上で最も信号強度の大きいピークを基準ピークという．図10.10ではm/z 105のピークが基準ピークに該当する．通常，基準ピークの強度を100として他のピークの信号強度を表す．

表10.2 フラグメントイオンの例

m/z	イオン	m/z	イオン	m/z	イオン
14	CH_2	31	CH_2OH, OCH_3	46	NO_2
15	CH_3	32	O_2（空気）	51	CHF_2, C_4H_3
16	O	33	SH	57	C_4H_9, $C_2H_5C{=}O$
17	OH	34	H_2S	71	C_5H_{11}, $C_3H_7C{=}O$
18	H_2O, NH_4	35	^{35}Cl	77	C_6H_5
19	F	36	$H^{35}Cl$	79	^{79}Br
26	CN, C_2H_2	37	^{37}Cl	81	^{81}Br
27	C_2H_3	41	C_3H_5	85	C_6H_{13}, $C_4H_9C{=}O$
28	C_2H_4, CO, N_2（空気）	42	C_3H_6, C_2H_2O	91	$C_6H_5CH_2$
29	C_2H_5, CHO	43	C_3H_7, $CH_3C{=}O$	92	$C_6H_5CH_3$
30	CH_2NH_2, NO	45	C_2H_4OH	127	I

イオンは，正イオンの場合も負イオンの場合もありうる．

4）多価イオンピーク

分子がイオン化される時，1価のイオン M^+ の他に，2価，3価，……，n 価の多価イオンが生じる場合がある．n 価イオン M^{n+} の場合，m/z の値は実際のイオンの質量の n 分の1になる．多価イオンはESI法などで多く見られる．

10.3.2 質量分解能

m/z 値の近いイオンに由来する2本のピークを分離する性能のことを，質量分解能（あるいは単に分解能）という．質量分解能 R は，マススペクトルにおいて注目しているイオンの質量 m と，以下に示す質量差 Δm を用いて

$$R = \frac{m}{\Delta m} \tag{10.12}$$

で定義される．一般に，質量分解能が5000以上で「高分解能」という表現を用いるが，明確な定義はない．

質量分解能には，次の二通りの算出法がある．

1）10%谷による定義

磁場型の場合は，10%谷による定義が用いられる．今，図10.11(a)のように，2本のピークが等しい強度で検出され，ピーク高さの10%で重なっているとする．このとき，質量分析計はこれらのピークを分離する十分な分解能を有してい

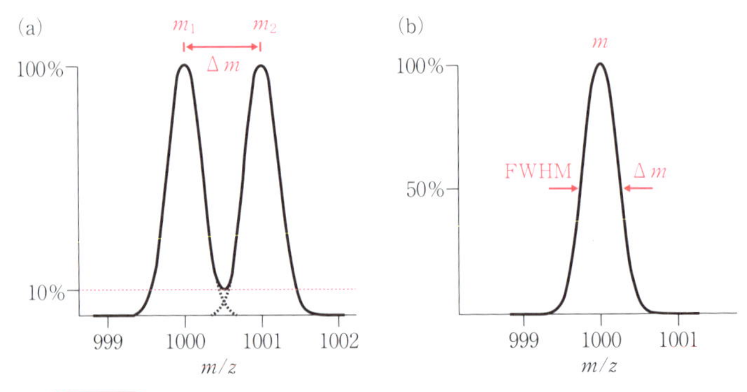

図10.11 分解能を算出するために模式的に示したマススペクトル

(a) 10%谷定義，(b) 半値幅による定義.

るといえる．質量分解能は，質量差を Δm として算出する[*10].

2）半値幅による定義

飛行時間型や四重極型の場合は，ピークの半値幅(full width at half maximum：FWHM) による定義が用いられる．半値幅とは，図10.11(b)のように，ピーク高さが半分になる位置でのピーク幅のことで，これを Δm として分解能を算出する．

例題10.4　図10.11(a)および(b)について，それぞれの質量分解能 R を求めよ．ピークの半値幅は0.5とする．

解答

(a) $R = 1000$，(b) $R = 2000$

10.3.3　マススペクトルの解釈

1）同位体

質量分析法で取り扱う試料の多くは，同位体をもつ元素で構成されている．そのためマススペクトルには，各同位体に由来するピーク群が現れる．この同位体パターンは，組成や構造を決定する際に有用である．付表10.1にいくつかの元素の同位体存在度と原子質量（u）を示す．測定対象の化合物は炭素原子を複数個

*10　実際の測定において，図10.11(a)のような理想的な結果が得られることはあまりない．そのため通常は，単一ピークとして検出されたピークの高さの５％の位置でのピーク幅を Δm として計算する．

含んでいることが多く，図10.10の m/z 122と123のような ^{12}C と ^{13}C に由来するピークの強度比から炭素数を推定することができる．

2）精密質量測定

分子の精密な質量が計測できれば，どのような元素で構成されているかを判断できる．例えば，窒素 $^{14}N_2$ と一酸化炭素 $^{12}C^{16}O$ は，整数質量はどちらも 28 であるが，精密質量はそれぞれ 28.006 148 u および 27.994 915 u である．これらを識別するためには，次の例題で示す分解能をもつ，ミリマス測定可能な装置が必要である．

例題10.5 $^{14}N_2^+$ と $^{12}C^{16}O^+$ を分離するために必要な分解能は，およそいくつか．

解答

$R = 28/(28.006148 - 27.994915) \fallingdotseq 2500$

計測により得られた精密質量と計算により得られた精密質量の差は，絶対値（mmu，ミリマスユニット）や百万分率（ppm）で表される．

例題10.6 安息香酸 $C_7H_6O_2$ を質量分析したところ，m/z 122.0375 にピークが現れた．計算により精密質量を求め，計測値との差を絶対値および ppm で示せ．

解答

計算精密質量は 122.0368．測定値との差は 0.7 mmu および 5.7 ppm．

質量分析計を使用する場合は，あらかじめ質量較正用の標準物質を測定して電場や磁場などの条件を最適化しておく必要がある．標準物質は，広い質量範囲にわたって既知の質量を与える物質が望ましい．例えばペルフルオロケロセン（PFK，C_nF_{2n+2}）やペルフルオロトリブチルアミン（PFTBA）などは，多くのフラグメントイオンピークを与えるため，質量較正用の標準物質として用いられる．またFABによるイオン化では，マトリックスであるグリセロールなどが複数個会合したクラスターイオンが生成するため，それらのピークにより質量較正ができる．

3）窒素ルール

分子量が奇数である有機化合物は，その分子内に奇数個の窒素原子をもつ．また，分子量が偶数である有機化合物は，その分子内にゼロを含む偶数個の窒素原子をもつ．ピークを帰属する際，観測された m/z が偶数か奇数かは，低分子解能質量分析計で低分子量の化合物を測定したときに特に貴重な情報となる．

10.4 ハイフネーティッド技術

以降の章で解説するガスクロマトグラフィー（GC，第12章）や液体クロマトグラフィー（LC，第13章），キャピラリー電気泳動法（CE，第14章）などの分離分析法は，試料の分離や定量性に優れるが，成分の構造や質量には言及できない．一方，質量分析法は分子構造や質量に関する情報を与えるが，混合物の分離はできない．そのため，これらを連結する，つまりガスクロマトグラフなどの検出器として質量分析計を用いることで，試料の分離・定量・同定のための優れた分析装置となる．このような組み合わせ技術のことをハイフネーティッド技術（ハイフンでつなぐことに由来）という．

10.4.1 スキャンモードと選択イオンモニタリングモード

GCやLCに四重極型などの走査型の装置を組み合わせて測定する場合，所定の m/z 範囲（例えば m/z 50〜350）を繰り返し測定するスキャンモードと，対象とする特定の m/z（通常3〜10個程度）だけを繰り返し測定するモードがある．後者は**選択イオンモニタリング**と呼ばれる．

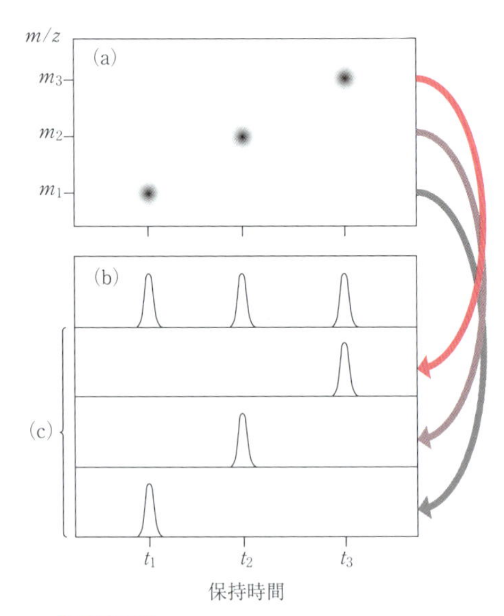

図10.12 GC/MSで得られるスペクトル
(a) 二次元スペクトル，(b) トータルイオンクロマトグラム，(c) 各 m/z のマスクロマトグラム．

図10.12にGC/MSで得られる結果の模式図を示す．飛行時間型質量分析計と組み合わせた場合，図10.12(a)のように，保持時間と m/z を軸

とする二次元の結果が得られる.

クロマトグラフィーで得られる結果をクロマトグラムと呼ぶのに対して，質量分析計を検出器とした場合に得られるクロマトグラムをマスクロマトグラムと呼ぶ．また，測定した全イオンの信号強度の結果を表すクロマトグラム〔図10.12(b)〕を**トータルイオンクロマトグラム**と呼ぶ.

10.4.2 ハイフネーティッド技術の例

1）ガスクロマトグラフィー質量分析法（GC/MS）

GC/MSは，揮発性有機化合物やダイオキシンなどの環境汚染物質の分析を始め，残留農薬や石油の分析，科学捜査などに用いられる.

GCでの分離に充填カラム（パックドカラム）を用いる場合，キャリアガスの流量（数十 mL min^{-1}）が質量分析計への許容導入量（数 mL min^{-1}）に対して多いため，連結部にジェットセパレーターと呼ばれる装置を用いてキャリアガスの大部分を廃棄する．一方，分離にキャピラリーカラムを用いた場合，キャリアガスの流量が少ないため，溶出するガスすべてを質量分析計に導入しても問題ない.

2）液体クロマトグラフィー質量分析法（LC/MS）

LC/MSは，タンパク質や糖脂質などの生体分子，河川水中の農薬，食品，医薬品などの分析に用いられる.おもに難揮発性,熱不安定性の分子が対象となる.

質量分析計の内部は高真空が要求されるため，LCから溶出する溶液を導入することは本来好ましくない．そのため以前は，溶出物をベルトの上に滴下し，乾燥させてからイオン源に移動させる移動ベルト法が用いられていた.その後,サーモスプレーイオン化法やフローFAB法が開発された．現在ではESI法や大気圧化学イオン化法などが用いられている.

3）キャピラリー電気泳動質量分析法（CE/MS）

CE/MSもLC/MSと同様，ペプチドやタンパク質などの生体分子の測定に用いられる．細胞に含まれるイオン性代謝物の一斉分析などが可能であり，疾患バイオマーカーの発見や創薬開発などに応用されている（コラム14.2も参照).

CE/MSのイオン化法としてはESI法とフローFAB法が用いられる．ESI法の場合，CEの泳動溶液の流量はESI法で要求される流量よりも少ないため，直接つないだだけでは泳動溶液が蒸発乾固してキャピラリーの出口が詰まってしまう．そのため，溶液試料導入用キャピラリーの外側から液体を流すシースフロー方式が用いられる．

Column 10.1

質量分析法の応用

人の体の中では，生体成分の合成や分解，輸送などの代謝過程が起こっている．生まれたての赤ちゃんの場合，見た目は健康でも代謝過程に異常がある場合がある．発見や治療が遅れると，重い障害や命を落とす危険性もある．このような新生児の代謝異常を早期に発見する目的で，タンデムマス法を取り入れる自治体が増えている．タンデムマス法（タンデム質量分析法，MS/MS, MS^2）とは，質量分離部を2台接続した装置を用い，1台目で注目するイオン（プリカーサーイオン，前駆イオン）のみを選び，不活性ガスと衝突させて分解（衝突誘起解離，CID）し，生成したイオン（プロダクトイオン）を2台目で質量分析する手法である．タンデムマス法は先天性代謝異常症の検査の他に，ペプチド配列の解析や混合物中の微量成分の検出などにも用いられる．

その他にも質量分析は，隕石や月の石の分析，地層の年代測定，テロ対策のための爆発物の検出，食品の産地判別，麻薬・覚せい剤の分析，ドーピング検査など，さまざまな用途に利用されている．

章末問題

10-1　EI，FAB，ESIの各イオン化法の利点と欠点を述べよ．

10-2　MALDI法で用いられる主なマトリックスについて，いくつか調べよ．

10-3　質量分析法で用いられる以下のイオン化法について，原理，特徴を述べよ．
(a) 電界脱離（FD），(b) 誘導結合プラズマ（ICP），(c) レーザーイオン化（LI）

10-4　GC/MSのイオン化法として適するもの，および適さないものを答えよ．

10-5　飛行時間型および四重極型の各質量分離部の特徴，利点を述べよ．

10-6　整数質量がいずれも324である$^{12}C_{12}\,^{1}H_{4}\,^{35}Cl_{2}\,^{37}Cl_{2}\,^{16}O_{2}$（ダイオキシン類の一種）と$^{12}C_{12}\,^{1}H_{5}\,^{35}Cl_{5}$（ポリ塩化ビフェニルの一種）を質量分離するためには，どの程度の質量分解能が必要か．

10-7　EI法を用いて得られた(a)n-ブチルベンゼン$C_{10}H_{14}$，(b)ジクロロメタンCH_2Cl_2のマススペクトルにおいて，基準ピークはどれか．由来するイオン種とともに答えよ．

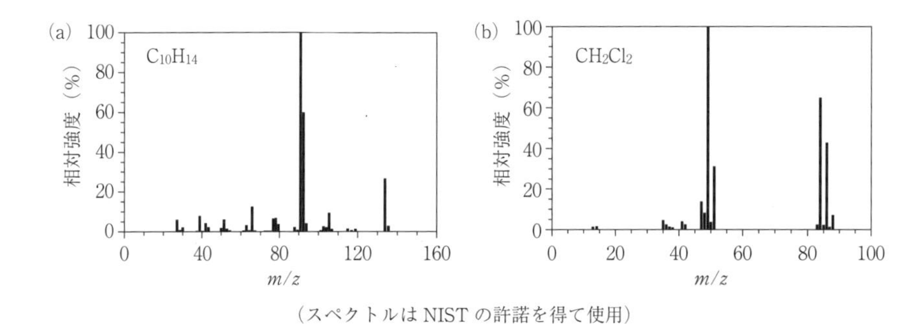

（スペクトルはNISTの許諾を得て使用）

10-8　分子量10000の分子をESI法でイオン化したところ，$[M+5H]^{5+}$から$[M+14H]^{14+}$までの10本のピークが得られた．横軸をm/zとして，そのピークパターンを棒グラフで示せ．

Instrumental Methods in Analytical Chemistry

第11章 クロマトグラフィーの理論と分類

クロマトグラフィーは，ロシアの植物学者ツヴェット（M. S. Tswett）によって創始されたとされる（1906）．彼は，ガラス管に炭酸カルシウムなどの吸着体を充填し，その上部に植物色素の混合物を添加，そこへ石油エーテルを加えて展開したところ，植物色素が帯状の色の輪として分離されることを見いだした．彼はその方法に対して，ギリシア語で「色」を意味する「chroma」と，「書くこと」を意味する「graphein」から，「die chromatographische Methode」とドイツ語で命名した．クロマトグラフィーは，上述の石油エーテルのように試料成分を運ぶ役目をもつ移動相と，上述の炭酸カルシウムのように試料成分を保持する固定相との二相に対する相互作用の差を利用して試料成分を分離する，現代化学においてはなくてはならない分離分析法である．

11.1 クロマトグラフィーの分類と特徴

クロマトグラフィーは，移動相の状態，分離場の形状，分離モードなどにより分類することができる．

11.1.1 移動相の状態による分類

クロマトグラフィーは，移動相が気体の場合は**ガスクロマトグラフィー**（gas chromatography：GC），液体の場合は**液体クロマトグラフィー**（liquid chromatography：LC），超臨界流体の場合は**超臨界流体クロマトグラフィー**（supercritical fluid chromatography: SFC）と呼ばれる[*1]．GCでは揮発性の成分が分析対象となり，LCでは溶液に溶解する成分が分析対象となる．SFCはGCで分析できな

*1 超臨界流体とは，臨界点以上の高温高圧条件に置いた物質の状態．気体とも液体とも区別のつかない流体で，試料成分をよく溶解する．SFCではCO_2（臨界温度31.3℃，臨界圧力7.39 MPa）が一般に用いられる．

い不揮発性成分を，LC よりも迅速に分析できる可能性がある．各移動相の物性を表11.1に示す．液体中の拡散係数は気体中よりもかなり小さく，超臨界流体中では中間的になる．これが，LC，GC，SFC に特徴をもたらしている．

表11.1 移動相の物性の比較

	密度 ($g\ cm^{-3}$)	拡散係数 ($cm^2\ s^{-1}$)	動的粘性 (Pa・s)
気体	10^{-3}	10^{-1}	10^{-5}
超臨界流体	0.3	10^{-3}	10^{-5}
液体	1	5×10^{-6}	10^{-3}

11.1.2 分離場の形状による分類

クロマトグラフィーは，表11.2のように分離場の形状によっても分類することができる．分離場が管状のものをカラムクロマトグラフィー，平面状のものを平面クロマトグラフィーと呼ぶ.カラムクロマトグラフィーは,粒子充填型カラム，モノリス型（一体型）カラム，および中空キャピラリーカラムに分けることができる．一方，平面クロマトグラフィーには分離媒体に濾紙を用いる**ペーパークロマトグラフィー**と，ガラス板もしくはプラスチック製板の上にシリカゲルなどの吸着剤を薄く塗布したものを用いる**薄層クロマトグラフィー**がある．

表11.2 分離場の形状によるクロマトグラフィーの分類

分離場の形状	名　称	固定相の形態	適用可能なクロマトグラフィー
平　面	平面クロマトグラフィー	濾紙（ペーパークロマトグラフィー） 薄層板（薄層クロマトグラフィー）	LC LC
管　状	カラムクロマトグラフィー	粒子充填型カラム モノリス型カラム 中空キャピラリーカラム	LC, SFC, GC LC GC

11.1.3 相互作用の差異による分類

ガスクロマトグラフィーでは，試料成分と移動相との間の相互作用がほとんどなく，移動相はキャリヤーガスとも呼ばれる．したがって，溶出順は基本的には沸点の低い方からの順になり，これに固定相の極性の差異に基づく二次的効果などが加わる．一方，液体クロマトグラフィーでは試料成分は移動相および固定相の両相に相互作用があり，その種類も多い．分配，吸着，静電的相互作用などによって分類されるが，複数の相互作用が関与している場合が多い．充填剤細孔への拡散に基づくサイズ排除クロマトグラフィーや充填剤粒子間の層流を利用したハイドロダイナミッククロマトグラフィーでは，固定相と試料成分の相互作用はない．表11.3に分類例を示す．サイズ排除クロマトグラフィーは，試料成分が水溶性高分子の場合の**ゲル濾過クロマトグラフィー**，有機溶媒に溶解する場合の**ゲル浸透クロマトグラフィー**に分類できる．

表11.3 試料−固定相間の相互作用に基づく分類

相互作用	クロマトグラフィーの名称
分配	分配クロマトグラフィー
吸着	吸着クロマトグラフィー
静電的引力	イオン交換クロマトグラフィー
静電的引力・分配	イオン対クロマトグラフィー
静電的斥力	イオン排除クロマトグラフィー
特異的相互作用	アフィニティークロマトグラフィー
特異的相互作用	キラルクロマトグラフィー
なし	サイズ排除クロマトグラフィー
なし	ハイドロダイナミッククロマトグラフィー

Column 11.1

クロマトグラフィー関連用語

ワープロ技術が進歩した結果，英単語の音節を気にせず英語文書を作成することができるようになったが，かつて英語文書をタイプライターによって作成していた頃には，英単語の音節を気にしなければならなかった．というのも，単語の途中で改行する際は，音節が切れるところで行わなければならなかったからである．

chromatography（クロマトグラフィー）は，学問，分離プロセス，手法などを意味するが，右のように五つの音節からなり，下線部のtogを強く発音する．chromatographyの関連用語にchromatogram（クロマトグラム），chromatograph（クロマトグラフ），chromatographic（chromatograph（y）の形容詞）がある．chromatogram（クロマトグラム）は分離プロフィルを意味し，chromatograph（クロマトグラフ）は装置を意味する．それぞれ四つの音節からなり，matを強く発音する．一方，chromatographicは，graphを強く発音する．このように単語の語尾の違いによって意味も変わり，音節の位置も変化するのは興味深い．

chro-ma-tog-ra-phy
クロマトグラフィー：学問，分離プロセス，手法

chro-mat-o-gram
クロマトグラム：分離プロフィル

chro-mat-o-graph
クロマトグラフ：装置

chro-mat-o-graph-ic
chromatograph（y）の形容詞

11.1.4 移動相および固定相の物性に基づく分類

液体クロマトグラフィーは，移動相と固定相の物性の差異に基づいて分類される．疎水性固定相と親水性移動相を合わせて用いる液体クロマトグラフィーを**逆相液体クロマトグラフィー**と呼び，高い極性の固定相と低い極性の有機溶媒の移動相を組み合わせて用いる場合を**順相液体クロマトグラフィー**と呼ぶ．また，順相モードの一種である**親水性相互作用クロマトグラフィー**（hydrophilic interaction liquid chromatography：HILIC）は，親水性固定相およびアセトニトリルなどの有機溶媒を多く含む移動相を用いて行う分離モードで，極性の高い化合物の分離に有効である．

11.2 クロマトグラフィーの原理とクロマトグラム

11.2.1 連続多段階抽出

クロマトグラフィーの原理は，連続多段階抽出によって説明することができる．図11.1に示すように，水と有機溶媒が等体積入った分液ロートを一列に並べて連続多段階抽出を行う．分液ロート（No.1）で試料成分 A を分配抽出した結果，有機相と水相に$\frac{1}{2}:\frac{1}{2}$（＝1：1）で分配したとする．次にその水相を等体積の有機溶媒を含む隣の分液ロート（No.2）に移し，また，新たに等体積の水を分液ロート（No.1）に加えて分配抽出を行うと，分液ロート No.1，No.2とも有機相と水相に$\frac{1}{4}:\frac{1}{4}$で分配される．これを繰り返すと図11.2のようになる．

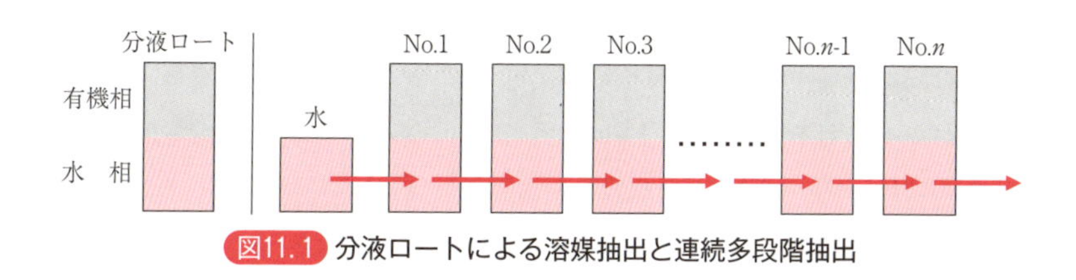

図11.1 分液ロートによる溶媒抽出と連続多段階抽出

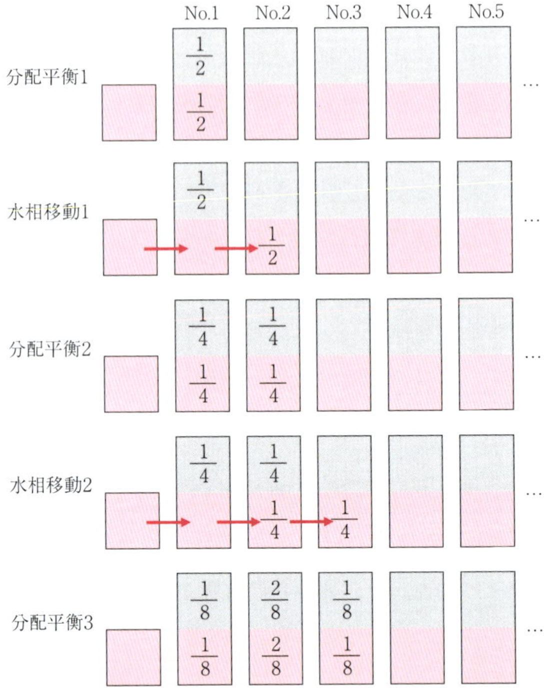

図11.2 分液ロートによる成分Aの溶媒抽出と連続多段抽出（有機相：水相＝1：1，$K_{D,A}$=1.0）[*2]

例題11.1　試料成分Bは，有機相と水相に1：3に分配する．3回の分配抽出を行うと，物質の存在比率はどのようになるか．

解答

1回目の分配抽出で分液ロートNo.1の有機相と水相に$\frac{1}{4}$：$\frac{3}{4}$の比率で分配し，2回目の分配で分液ロートNo.1では有機相と水相に$\frac{1}{16}$：$\frac{3}{16}$，No. 2では有機相と水相に$\frac{3}{16}$：$\frac{9}{16}$の比率で分配する．これを繰り返すと下図のようになる．すなわち，3回の分配抽出の結果，分液ロートNo.1～No.3に存在する成分Bの比率は$\frac{1}{16}$：$\frac{6}{16}$：$\frac{9}{16}$（＝1：6：9）となる．

＊2　K_Dは，分配定数あるいは分配係数と呼ばれる．本書では，液－液分配系には分配定数を用いた．

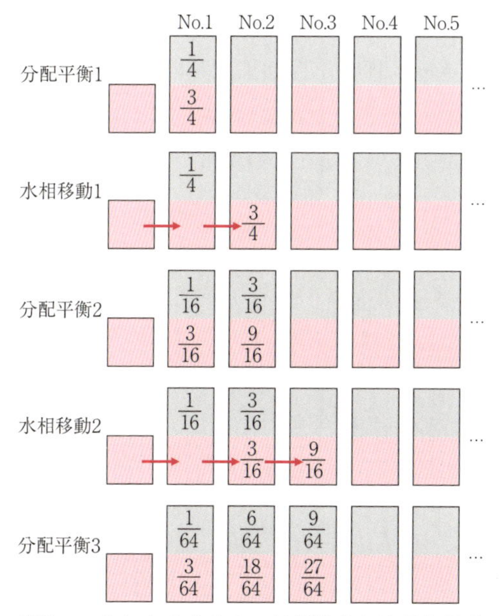

分液ロートによる成分 B の溶媒抽出と連続多段階抽出（有機相：水相＝1：3，$K_{D,B}$=0.33）

分配抽出を N 回繰り返したときの成分 A（分配定数 $K_{D,A}=1.0$）の分液ロート No.k における比率は，$\left(\frac{1}{2}+\frac{x}{2}\right)^{N-1}$ の二項展開の多項式における x^{k-1} の係数 $(N-1)!/\{(N-k)!(k-1)!\}2^{-(N-1)}$ となる．一方，分配抽出を N 回繰り返したときの成分 B（分配定数 $K_{D,B}=0.33$）の分液ロート No.k における比率は $\left(\frac{1}{4}+\frac{3x}{4}\right)^{N-1}$ の二項展開の多項式における x^{k-1} の係数 $(N-1)!/\{(N-k)!(k-1)!\}3^{k-1}4^{-(N-1)}$ となる．一般に分配抽出を N 回繰り返したときの成分（分配定数 K_D）の分液ロート No.k における比率は

$$\{K_D/(1+K_D)+x/(1+K_D)\}^{N-1}$$

の二項展開の多項式における x^{k-1} の係数

$$(N-1)!/\{(N-k)!(k-1)!\}K_D^{N-k}(1+K_D)^{-(N-1)}$$

となる．

表計算ソフトを使えば，各分液ロートに存在する成分数を計算することができき

る．試料成分 A および B をそれぞれ10,000個混合し，50回および150回連続多段抽出を繰り返したときの試料成分 A および B の分布状況を図11.3に示す．50回の連続多段階抽出では A と B の分離は不完全だが，150回の連続多段階抽出では A と B が完全に分離されていることがわかる．

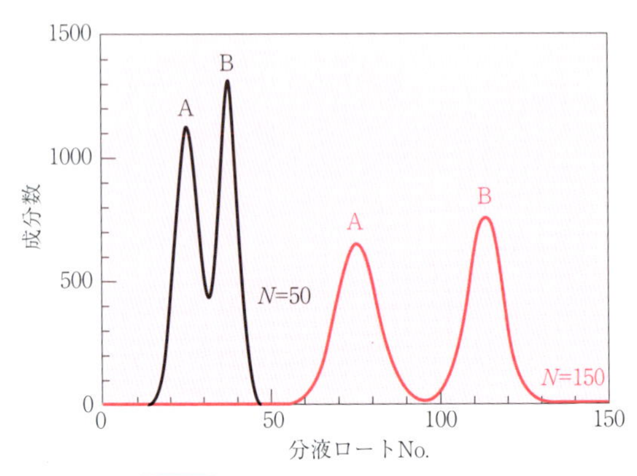

図11.3 連続多段階抽出による分離

例題11.2　有機相と水相に 1 ： 3 で分配する成分について分液ロートを用いて連続多段階抽出を 3 回行ったところ，下表のように各分液ロートに存在する成分数を計算することができた．4 回目の抽出で各分液ロートにそれぞれどれだけの成分数が存在するか表計算ソフトを用いて計算せよ．また，セル D 5 にはどのような関数が入っているか答えよ．

	A	B	C	D	E	F	G
1	抽出回数		分液ロート	分液ロート	分液ロート	分液ロート	分液ロート
2			No. 1	No. 2	No. 3	No. 4	No. 5
3	1		40000	0	0	0	0
4	2		10000	30000	0	0	0
5	3		2500	15000	22500	0	0
6	4						

解答

セル C 6 ＝ 625，D 6 ＝ 5625，E 6 ＝ 16875，F 6 ＝ 16875，G 6 ＝ 0

D 5 に入っている関数は，＝ C 4 ＊0.75＋D 4 ＊0.25

分配クロマトグラフィーでは，上述のように連続多段抽出を原理に分離が達成される．分配は，気相－液相間であってもよいし，分配に限らず吸着やイオン交換でも可能である．1個の分液ロートのもつ分離能力は1理論段に相当し，分液ロートの総数は，その分離システムのもつ**理論段数**と等しくなる．理論段数が大きいほど，分離能力は高い．

一方，クロマトグラムはガウス曲線となる．ガウス関数は，保持時間を t_{Ri}，標準偏差を σ_i とすると $\exp\{-(t - t_{Ri})^2/2\sigma_i^2\}$ で表すことができ，成分 i の理論段数（N_i）は，次式で与えられる．

$$N_i = \frac{t_{Ri}^2}{\sigma_i^2} \tag{11.1}$$

成分 i の理論段数は，クロマトグラム（図11.4）から求められる．ベースライン上のピーク幅（W_i）と保持時間から，W_i が $4\sigma_i$ となることに基づいて，次式により計算できる．

$$N_i = 16 \times \left(\frac{t_{Ri}}{W_i}\right)^2 \tag{11.2}$$

理論段数は，式(11.2)の他に次式によっても計算できる．

$$N_i = 8\ln 2 \times \left(\frac{t_{Ri}}{W_{0.5h,i}}\right)^2 \tag{11.3}$$

$W_{0.5h,i}$ は半値幅と呼ばれ，ピークの半分高さにおけるピーク幅である．これは $W_{0.5h,i}$ が $\sqrt{8\ln 2}\cdot\sigma_i$ になることに基づいている．

成分 i の理論段数は，インテグレータ[*3]で打ち出し可能な保持時間，ピーク高さ（h_i）およびピーク面積（A_i）からも計算できる．

$$N_i = 2\pi \times \left(t_{Ri} \times \frac{h_i}{A_i}\right)^2 \tag{11.4}$$

これは，ピーク面積が $\sqrt{2\pi}\cdot\sigma_i$ となることに基づいている．

11.2.2 重要なパラメータ

クロマトグラフィーで重要なパラメータを見てみよう．**保持係数**（k_i）は，次式により計算される．

＊3　入力アナログ変数を時間に関して積分した出力アナログ変数を得る演算機．

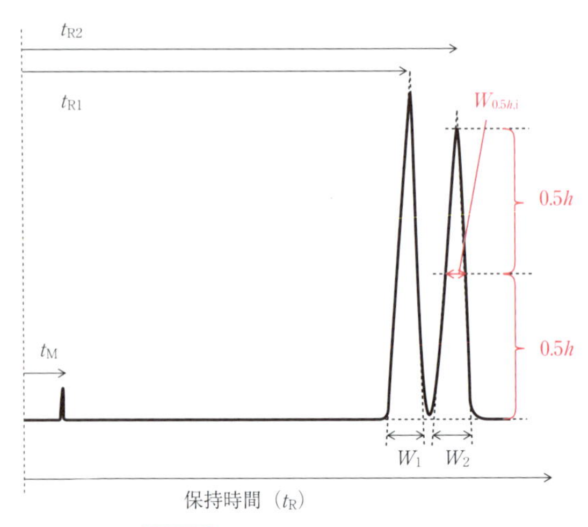

図11.4 典型的なクロマトグラム

$$k_i = \frac{(t_{Ri} - t_M)}{t_M} = \frac{t_{Ri}'}{t_M} \tag{11.5}$$

t_M は固定相に保持されない成分の溶出時間，t_{Ri} は成分 i の保持時間を示す．また，t_{Ri}' は成分 i の調整保持時間を表す（p. 179を参照）．保持係数は，試料成分の固定相および移動相に存在する時間の比，すなわち試料成分の固定相（s）および移動相（m）中の物質量の比であり，0 以上の値を取る．分配定数（$K_{D,i}$, $K_{D,i} = C_{i,s}/C_{i,m}$）[*4]と保持係数との関係は次式で与えられる．

$$k_i = K_{D,i}\left(\frac{V_s}{V_m}\right) \tag{11.6}$$

V_s および V_m は固定相および移動相の体積を表す．この式より，保持係数は移動相に溶解している成分 i と固定相の相互作用を示す尺度と解釈できる．二つの成分の保持係数の比を分離係数（α）と呼び，通常，α は 1 以上にする．

$$\alpha = \frac{k_2}{k_1} \tag{11.7}$$

二成分の分離の程度を表すパラメーターに分離度（R_s）がある．分離度は次式で定義される．

＊4　$C_{i,s}$ と $C_{i,m}$ はそれぞれ成分 i の固定相中および移動相中の濃度を表す．

$$R_s \equiv \frac{2(t_{R2} - t_{R1})}{(W_1 + W_2)} \tag{11.8}$$

ここで t_{R1} および t_{R2} は成分1および成分2の保持時間，W_1 および W_2 は成分1および成分2のピーク幅である．$R_s = 1.5$ で，二成分はほぼ完全に分離する．成分1および成分2の理論段数が等しい（$N_1 = N_2 = N$）とき，式(11.8)から式(11.9)が導ける．

$$R_s = \frac{\alpha - 1}{2(\alpha + 1)} \cdot \frac{k_{av}}{1 + k_{av}} \cdot \sqrt{N} \tag{11.9}$$

ここで k_{av} は k_1 および k_2 の平均値を示す．

また，$W_1 = W_2$ が仮定できる場合には，式(11.8)は式(11.10)および式(11.11)で表すことができる．

$$R_s = \frac{\alpha - 1}{4} \cdot \frac{k_1}{1 + k_1} \cdot \sqrt{N_1} \tag{11.10}$$

$$R_s = \frac{\alpha - 1}{4\alpha} \cdot \frac{k_2}{1 + k_2} \cdot \sqrt{N_2} \tag{11.11}$$

式(11.9)～式(11.11)は，大きな分離度を達成するには分離係数，保持係数および理論段数を大きくする必要があることを示している．

例題11.3　式(11.8)から式(11.9)を導け．

解答

式(11.2)と，$N_1 = N_2 = N$ より

$$W_1 = (t_{R1}/t_{R2})W_2 \qquad \text{(i)}$$

$$W_2 = 4t_{R2}/\sqrt{N} \qquad \text{(ii)}$$

式(11.5)と，式（i），（ii）より

$$R_s = \frac{2(t_{R2} - t_{R1})}{W_1 + W_2} = \frac{2(t_{R2} - t_{R1})}{W_2 \dfrac{t_{R1} + t_{R2}}{t_{R2}}} = \frac{2(t_{R2} - t_{R1})}{\dfrac{4t_{R2}}{\sqrt{N}} \cdot \dfrac{t_{R1} + t_{R2}}{t_{R2}}} = \frac{t_{R2} - t_{R1}}{2(t_{R1} + t_{R2})} \cdot \sqrt{N}$$

$$= \frac{t_M(k_2 - k_1)}{2t_M(k_1 + k_2 + 2)} \cdot \sqrt{N} = \frac{k_2 - k_1}{2(k_1 + k_2)} \cdot \frac{k_1 + k_2}{k_1 + k_2 + 2} \cdot \sqrt{N}$$

$$= \frac{\alpha - 1}{2(1 + \alpha)} \cdot \frac{2k_{av}}{2k_{av} + 2} \cdot \sqrt{N} = \frac{\alpha - 1}{2(\alpha + 1)} \cdot \frac{k_{av}}{k_{av} + 1} \cdot \sqrt{N}$$

11.2.3　ファンディームタープロット

カラム長（L）を理論段数（N）で除した値は，**理論段高さ**（height equivalent to a theoretical plate：HETP または H，単位は cm/段）と呼ばれる．

$$H = \frac{L}{N} \tag{11.12}$$

理論段高さは，式(11.13)に示すように多流路拡散に基づく項(A)，分子拡散に基づく項(B/u)ならびに移動相中($C_{m}u$)および固定相中の非平衡に基づく項($C_{s}u$)で表され，次のファンディームター（van Deemter）式で表される．

$$H = A + \frac{B}{u} + C_{m}u + C_{s}u \tag{11.13}$$

ここで，u は移動相の線流速（$cm\ s^{-1}$），A, B, C_{m} および C_{s} は操作条件によって決まる定数である．第1項は，充填剤の存在によって移動相の流れが曲げられて生じる試料成分の拡散を表す．したがって第1項は線流速に無関係で，充填剤の粒子が均一で小さいほど，また充填状態が均一なほど，小さいとされる．A は，充填状態に依存する経験的な定数 λ（0.8～1.0）と平均粒子径 d_{p} を用いて，$A = 2\lambda d_{p}$ と書き表される．第2項は分子拡散に基づく項で，試料成分が拡散しやすい条件ほど，その寄与が増大する．B は，阻害因子 γ（充填 GC カラムでは 0.6～0.8）と，試料成分の移動相中の拡散係数 D_{m}（単位は $cm^{2}\ s^{-1}$）を用いて，$B = 2\gamma D_{m}$ となる．第3項（$C_{m}u$）と第4項（$C_{s}u$）はそれぞれ，移動相の層流に対する物質移動抵抗および固定相中の物質移動抵抗による寄与である．第3項および第4項は，試料成分が各相中で拡散しやすい条件ほど，小さくなる．C_{m} は，$C_{1}\omega\, d_{p}^{2}/D_{m}$ と表される．ここで C_{1}は定数，ω はカラム中の移動相の全体積に関連する変数である．一方，$C_{s} = [C_{2}d_{f}^{2}/D_{s}] \times [k/(1 + k)^{2}]$ で表される．C_{2} は定数，d_{f} は固定相の厚み，k は試料成分の保持係数，D_{s} は試料成分の固定相中における拡散係数である．なお，線流速が $\{B/(C_{m} + C_{s})\}^{1/2}$のとき，最小の理論高さが達成される．式(11.13)をプロットすると図11.5のようになる（検出については第12章および第13章を参照）．

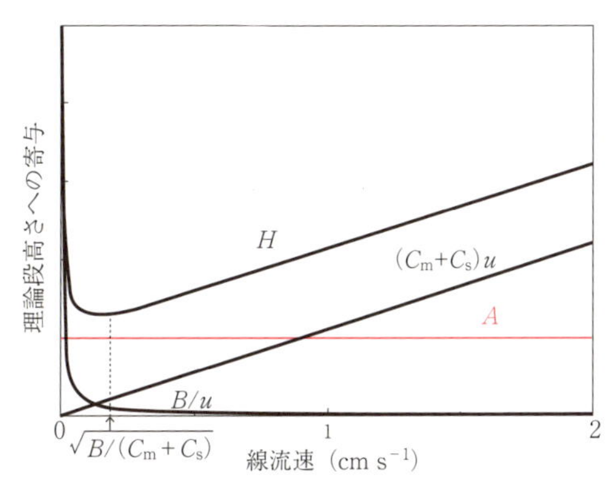

図11.5 ファンディームタープロット

章末問題

11-1 次のLCデータから，(a)〜(h)の値を計算せよ．カラム長さは15.0 cm，t_M（保持のない成分の溶出時間）を1.50分とする．

ピーク1：保持時間（11.78分），ピーク高さ（28.0 mV），ピーク面積（750 mV・s）

ピーク2：保持時間（12.98分），ピーク高さ（26.0 mV），ピーク面積（768 mV・s）

(a) ピーク1の理論段数（N_1），(b) ピーク2の理論段数（N_2），(c) ピーク1の理論段高さ（H_1），(d) ピーク2の理論段高さ（H_2），(e) ピーク1の保持係数（k_1），(f) ピーク2の保持係数（k_2），(g) ピーク1と2の分離係数（α），(h) ピーク1と2の分離度（R_s）

11-2 $W_1 = W_2$のとき，式(11.8)から式(11.10)を導け．

11-3 $W_1 = W_2$のとき，式(11.8)から式(11.11)を導け．

11-4 有機相と水相に1：4で分配する成分について分液ロートを用いて連続多段抽出を3回行ったところ，下表のように，各分液ロートに存在する成分数を計算することができた．4回目の抽出で各分液ロートにそれぞれどれだけの成分数が存在するか表計算ソフトを用いて計算せよ．また，セルD5にはどのような関数が入っているか答えよ．

	A	B	C	D	E	F	G
1	抽出回数		分液ロート	分液ロート	分液ロート	分液ロート	分液ロート
2			No. 1	No. 2	No. 3	No. 4	No. 5
3	1		40000	0	0	0	0
4	2		8000	32000	0	0	0
5	3		1600	12800	25600	0	0
6	4						

11-5 式(11.13)において最小理論段高さ（H_{min}）を求めよ．

Instrumental Methods in Analytical Chemistry

第12章 ガスクロマトグラフィー

本章では，揮発性成分の分離分析法として有能なガスクロマトグラフィーの原理，装置の特徴ならびに測定法，応用について紹介する．また，キャピラリーカラムの導入による分離性能の改善，各種検出器の感度や選択性などの特徴について学ぶ．ガスクロマトグラフィーは，環境中の微量成分や，食品工業や石油化学工業などにおける揮発性成分の定性・定量に威力を発揮する．

12.1 ガスクロマトグラフィーの原理

ガスクロマトグラフィーは，移動相に気体を用いるクロマトグラフィーである．分析対象は揮発性成分に限られ，固定相に液体を用いる場合と，固体を用いる場合がある．

固定相を充填したカラムに不活性なキャリヤーガスを流しておき，その流れのなかに分析対象成分を導入する．装置に注入された各成分は，成分の蒸気圧と固定相との相互作用，キャリヤーガスの流速に依存した速さでカラム内を移動し，十分な条件のもとでは，成分ごとに分離されて溶出する．気－固相間ではファンデルワールス力や水素結合による吸着が，気－液相間ではヘンリーの法則に基づいた分配が相互作用の主なものである．

ガスクロマトグラフィーでは，各成分が十分に分離される条件（固定相の選定，カラムの温度等）を見つけだすことが肝要である．カラムが高温なほど，試料成分の蒸気圧が増し，固定相への分配吸着が弱められて，カラムから成分が速く溶出する．

12.1.1 等温分析と温度プログラミング

カラム温度を一定にして分析すると，後に溶出する成分の保持時間が長すぎたり，早く溶出する成分の分離が悪いなどの問題が生じることがある．そこで，時間経過とともにカラム温度を上昇させる**温度プログラミング法**（図12.1）がよく用いられる．後に溶出する成分の保持時間をより短くできるため，ピークをより高くでき，検出感度の改善が期待できる．

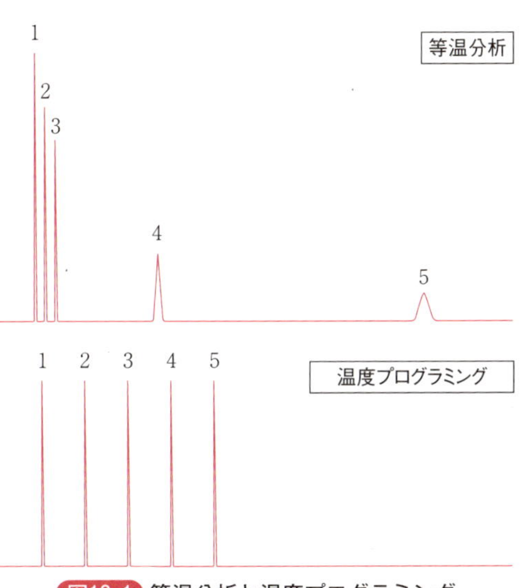

図12.1 等温分析と温度プログラミング

12.1.2 保持値

成分が注入されてから溶出するまでに必要な移動相の体積を保持容量 V_R といい，カラム出口での流量を F_o とすると，保持時間 t_R との間に次式が成り立つ．

$$V_R = F_o t_R \tag{12.1}$$

$$t_R = t_M + t_R' = t_M(1 + k) \tag{12.2}$$

ここで t_M は固定相に保持されない成分がカラムを通過するのに必要な時間，t_R' は調整保持時間，k は保持係数である．t_M はすべての成分について同一であるので，t_R' で保持容量を考えると，

$$V_R' = F_o t_R' \tag{12.3}$$

V_R' は**調整保持容量**（adjusted retention volume）と呼ばれる．

気体の移動相は圧縮されやすいので，カラム内の移動相の線流速は一定ではなく，カラム入口側より出口側の方で大きくなる．カラム入口および出口での圧力を P_i および P_o，カラム出口における線流速を u_o とすると，平均線流速 u_{av} は圧

力勾配補正因子 j により，次式で表される．

$$u_{av} = ju_o \tag{12.4}$$

$$j = 3\left\{\left(\frac{P_i}{P_o}\right)^2 - 1\right\} / 2\left\{\left(\frac{P_i}{P_o}\right)^3 - 1\right\} \tag{12.5}$$

なお，V_R および V_R' に j を乗じて圧力補正した保持容量をそれぞれ圧力補正保持容量 V_R^0 および純保持容量 V_N という．

$$V_R^0 = jV_R = V_M + KV_S \tag{12.6}$$

$$V_N = jV_R' = KV_S \tag{12.7}$$

ここで，V_M および V_S は移動相および固定相の体積，K は成分の分配係数を表す．

例題12.1　固定相液体が120 ℃のガスクロマトグラフィーで，化合物 A と B の保持時間はそれぞれ，2.51 min と6.11 min であった．また，固定相に保持されない成分は0.85 min に溶出した．キャリヤーガスの流量を 30.0 mL min^{-1}（25 ℃，760 torr），カラムの入口および出口の圧力を 1160 torr および 760 torr とするとき，次の問いに答えよ．

(1)　A および B の調整保持時間を求めよ．

(2)　A および B の調整保持容量を求めよ．

(3)　A および B の純保持容量を求めよ．

(4)　3.1 g の固定液相（密度 0.95 g mL^{-1}）を使用したとき，A および B の分配係数を求めよ．

解答

(1)　化合物 A の調整保持時間は　2.51 − 0.85 = 1.66 min

化合物 B の調整保持時間は　6.11 − 0.85 = 5.26 min

(2)　温度補正が必要であることに注意する．

$$F_o = 30 \times (273 + 120)/(273 + 25) = 39.5_6 \text{ mL min}^{-1}$$

$$\therefore V_R'{}_A = 39.5_6 \times 1.66 = 65.7 \text{ mL}$$

$$V_R'{}_B = 39.5_6 \times 5.26 = 208 \text{ mL}$$

(3)　圧力補正因子 j は

$j = 3\{(1160/760)^2 - 1\}/2\{(1160/760)^3 - 1\} = 0.780_4$

$V_{NA} = 65.67 \times 0.780_4 = 51.2$ mL.

$V_{NB} = 208.1 \times 0.780_4 = 162$ mL

(4)　使用した固定相の体積は $V_S = 3.1/0.95$ より

∴化合物 A の分配係数 K_A は

$K_A = V_{NA}/V_S = 51.2/(3.1/0.95) = 15.7 \approx 16$

同様に

$K_B = V_{NB}/V_S = 162/(3.1/0.95) = 49.6 \approx 50$

12.1.3　保持指標

保持指標は，直鎖アルカンの炭素数を基準に，対象成分の保持比を一般的に表したものであり，定性分析において非常に有効な情報の一つとなる．保持指標(I)は次の経験式で表される．

$$I = \{(\log t'_{R,x} - \log t'_{R,Z})/(\log t'_{R,Z+1} - \log t'_{R,Z}) + Z\} \times 100 \quad (12.8)$$

ここで，$\log t'_{R,x}$ は対象成分の調整保持時間の対数値，$\log t'_{R,Z}$ は炭素数 Z の n-アルカンの調整保持時間の対数値，$\log t'_{R,Z+1}$ は炭素数 $Z+1$ の n-アルカンの調整保持時間の対数値を表す．保持指標を用いることにより，対象成分の保持挙動は一律に n-アルカンの保持で決まる尺度に換算される．

例題12.2　n-ヘキサン，n-ヘプタンおよび測定成分 X の調整保持時間は，それぞれ 7.71 min，11.25 min，9.05 min であった．

(1)　成分 X の n-ヘキサンに対する保持比を求めよ．

(2)　成分 X の保持指標を求めよ．

解答

(1)　$9.05/7.71 = 1.17$

(2)　保持指標は，$100 \times \{(\log 9.05 - \log 7.71)/(\log 11.25 - \log 7.71) + 6\} = 642$

保持指標642は，当該試料成分が炭素数6（ヘキサン）および炭素数7（ヘプタン）の炭化水素間に溶出することを表している．

12.2 装置の特徴

12.2.1 装置の構成

ガスクロマトグラフの構成を図12.2に示す．装置は，キャリヤーガス送圧部，恒温槽内の試料導入部，分離カラム，検出器およびデータ処理部からなる．

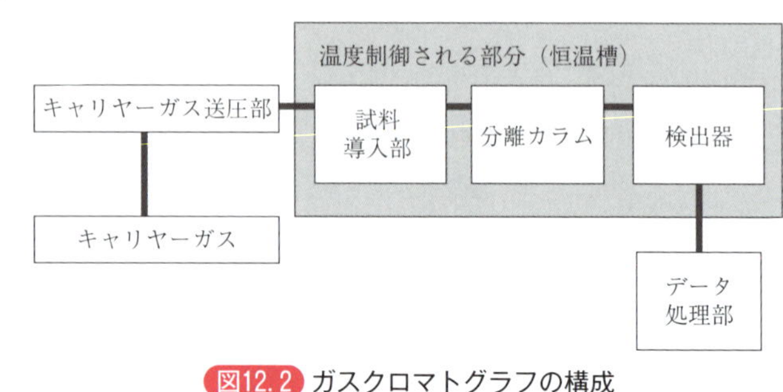

図12.2 ガスクロマトグラフの構成

12.2.2 キャリヤーガス

ガスクロマトグラフィーで使用されるキャリヤーガスには，窒素，アルゴン，ヘリウム，水素がある．窒素は安価であるが最適線流速が低く，分析時間が長くなる欠点を有する．一方，ヘリウムや水素は最適線流速が高いので，迅速分析に有利である．しかし，水素は安全性の面で問題がある．ヘリウムは高価ではあるが，安定性が高い．

12.2.3 試料導入部

試料を装置に導入するためには，気化させる必要がある．内径の大きい充填カラムを使用する場合はカラム内にシリンジの先を入れる「オンカラム注入」を行えるが，内径の小さいキャピラリーカラムの場合は，マイクロシリンジで試料を導入し，あらかじめライナー（図12.3）で試料を気化させてから，その全量あるいは一部を導入する．試料の一部を注入する方法をスプリット注入法，全量（厳密には大部分）を導入する方法をスプリットレス注入法と呼ぶ．その他に，直接注入法，コールドオンカラム注入法，温度プログラミング気化法などの注入方法がある．

1）スプリット注入法

キャピラリーカラムの性能を十分に発揮するためには，導入時における試料成分の拡散を抑え，短時間に導入する必要がある．導入量が多いとピーク形状が悪くなるため，試料の一部のみをカラムに導入し，大部分を系外に排出する「スプリット注入法（図12.3）」がよく用いられる．

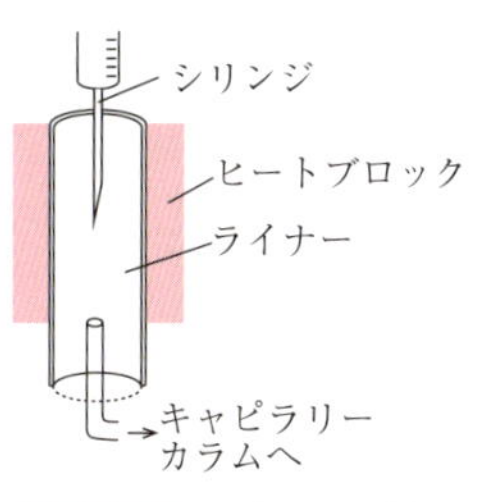

図12.3 スプリット注入法

2）スプリットレス注入法

本法は微量分析のためのもので，スプリットベントを閉じて試料のほぼ全量をカラムに導入する方法である．良い分離を達成するためには，カラムに導入された試料成分の濃縮が必要で，濃縮には，ソルベント効果，リテンションギャップ効果およびコールドトラップ効果が利用される．

3）直接注入法

直接注入法では，気化した試料成分はすべて分離カラムに導入される．内径が0.53 mm 以上のカラムに用いられる方法で，試料成分のバンド幅を広げないためにキャリヤーガスの流量を増す必要がある．

4）コールドオンカラム注入法

熱分解しやすい成分や，高沸点でディスクリミネーション（カラムに導入された試料組成が元の試料組成から変わってしまう現象）を起こしやすい成分に対して行う注入法で，低温にした注入口から，試料を直接カラムに導入する．注入口が低温のため，カラムには溶媒が液体として導入され，カラム入口が汚染される可能性がある．

5）温度プログラミング気化法

温度プログラミングが可能な注入口を使用する．注入口を低温にし，溶媒を排出したのち，温度を上昇させて試料成分をカラムに導入する．溶媒をあらかじめ排出するので，大量注入が可能となる．

12.2.4　分離カラム

分離カラムは，充填カラムと（中空）キャピラリーカラムに分類することができる（図12.4）．

充填カラムは，内径2～4 mm，長さ0.5～3 mのガラス管またはステンレス鋼(こう)管に各種液相（液体状の固定相）を担持した担体が詰められている．担体には珪藻土が用いられることが多く，他にはフッ素樹脂，水晶，ガラスビーズ，多孔質高分子，カーボン，アルミナや活性炭などの吸着剤が用いられる．担体に要求される性質として，①液相を安定して担持すること，②液相に大きな表面積を与える構造であること（気液分配を促進して分離能を高めるため），③表面が物理的・化学的に不活性であること（担体自身が試料成分を吸着しないため），④液相のコーティングおよびカラムへの充填に耐える機械的強度があり通気性が良いこと，⑤高温分析にも使用できる耐熱性があることなどがあげられる．なお，担体の大きさとしては，60～80メッシュもしくは80～100メッシュ（100メッシュは150 μmに相当）のものが多い．

用いられる液相は多種類で，用途に応じて選択される（表12.1）．液相に要求される特性としては，①融点が低く高温においても蒸気圧が低いこと（充填剤の使用温度で液体状態を保持しなければならないため），②耐熱性があり熱安定性が良いこと，③使用温度に対して化学的に安定であること，④寿命が長いこと，⑤分析データに再現性があること，⑥物質移動抵抗が少ないこと（試料成分の拡散速度を高め，分配平衡に達するまでの時間を短くし，カラム効率を上げるため），⑦分析試料成分と化学反応せず，速やかに分配平衡に達することなどがあげられる．

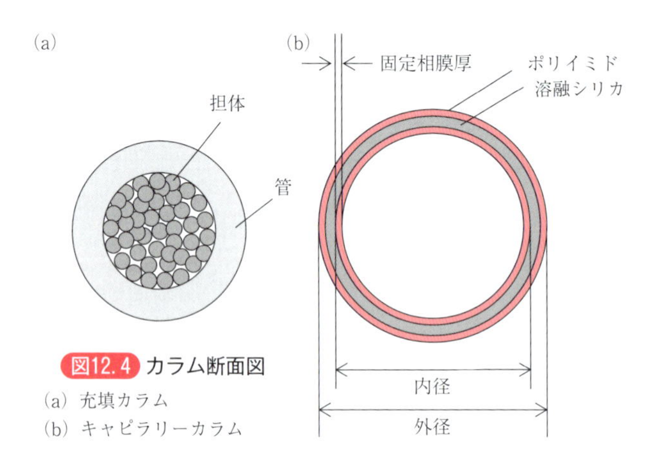

図12.4 カラム断面図
(a) 充填カラム
(b) キャピラリーカラム

表12.1 ガスクロマトグラフィーで使用される液相

無～低極性	パラフィン系炭化水素，含フッ素系オイル，メチルシリコン
中極性	モノエステル類，ポリエステル類，エーテル類，アミド類，ニトロ化合物，メチルフェニルシリコン，メチルフェニルビニルシリコン，トリフルオロプロピルシリコン，シアノアルキルメチルシリコン，シアノプロピルフェニルシリコン，イオウ化合物，リン酸エステル
高極性	アルコール類，ポリエチレングリコール類，ニトリル類

中空キャピラリーカラムは内径によって分類されており，内径が0.5～1 mmのものをワイドボアカラム（メガボアカラム），内径が0.2～0.35 mmのものをレギュラーカラム，内径0.1 mmのものをナローボアカラムと呼ぶ（表12. 2）．キャピラリーカラムは，キャピラリーの内壁に固定相が物理的あるいは化学的に固定してあり，透過性が高いため長くすることが可能で，充填カラムに比べ理論段数が高い（表12. 3）．

キャピラリーカラムを選択する際に考慮すべき点は，①液相の種類（表12. 4），②カラム内径，③カラム長さ，④液相の膜厚，⑤最高使用温度である．カラムの内径が小さいほど大きな理論段数を得ることができるが，試料負荷量が小さくなる．また，カラム長が大きいほど理論段数は大きくなる．液相の膜厚が小さいほ

表12.2 ガスクロマトグラフィーで使用される分離カラムのサイズ

タイプ		内径（mm）	長さ（m）
充填カラム		2～4	0.5～3
キャピラリーカラム	ワイド（メガ）ボア	0.5～1	10～25
	レギュラー	0.2～0.35	25～50
	ナローボア	0.1	10～15

表12.3 カラムの種類と理論段数

カラム	内径（mm）	長さ（m）	理論段数
キャピラリー	0.25	25	138, 000
	0.32	25	83, 000
	0.53	25	56, 000
充填	2.2	2	4, 000

表12.4 キャピラリーカラムの液相

極性	種　類
無	100 %ジメチルポリシロキサン
	5～50 %ジフェニル基を有するジメチルポリシロキサン
	6～14 %シアノプロピル基・フェニル基をもつジメチルポリシロキサン
中	50 %トリフルオロプロピル基を有する 50 %メチルポリシロキサン
	50 %シアノプロピル基・メチル基および 50 %フェニル基・メチル基を有するポリシロキサン
高	ポリエチレングリコール

ど理論段数は大きくなるが，試料負荷量が小さくなる．カラム性能を維持するために，最高使用温度以上での操作は避けるべきである．

12.2.5 検出部

ガスクロマトグラフィーには，さまざまな検出器が用いられる．水素炎イオン化検出器（flame ionization detector：FID），熱伝導度検出器（thermal conductivity detector：TCD），電子捕獲型検出器（electron capture detector：ECD），炎光光度検出器(flame photometric detector：FPD)，光イオン化検出器(photo ionization detector：PID)，質量分析計（mass spectrometer：MS）などである．

1）水素炎イオン化検出器（FID）

水素炎イオン化検出器はダイナミックレンジの広い検出器で，有機化合物（炭化水素）が水素炎中で燃焼時に発生するイオンをコレクターで捕集し，エレクトロメーターにより電流を検知する．炭素数の増加に伴い信号が増大する．

2）熱伝導度検出器（TCD）

試料成分を含まないキャリヤーガスと試料成分を含むキャリヤーガスの熱伝導度の差を計測する検出器である．熱伝導度の高いヘリウムをキャリヤーガスに用いる．図12.5に，検出器に用いられるホイートストンブリッジ回路を示す．二つの抵抗 R_3と R_X にキャリヤーガスが当たる場合には電流が流れないのに対し，抵抗 R_X に試料成分を含むキャリヤーガスが当たると抵抗 R_X の抵抗値が変化して電流が流れる．原理的には TCD ではキャリヤーガスと熱伝導度の異なる成分はすべて検出することができる．ただし，TCD の検出感度は FID ほど優れていない.

3) 電子捕獲型検出器 (ECD)

^{63}Ni などの β 線源を用いる検出器で，親電子性化合物の検出に利用される. 通常, キャリヤーガスに窒素を用い，検出電極間で窒素に β 線を照射して，窒素をイオン化して電子を放出させる. ここで電極間に低い電圧をかけると，電流が流れる. ここにハロゲンなどの親電子性化合物が入ってくると，親電子化合物が電子を捕獲して負イオンとなって移動速度が小さくなり，電極間の電流が減少する. この減少量を測定することで，親電子性物質を選択的に検出できる. 特に超微量のハロゲン化合物やニトロ化合物の検出に威力を発揮し，ダイオキシン類や PCB の定性・定量，ニトロ化合物を含む爆薬などの感知に用いられる. β 線源を必要とするため，放射性物質に関する特別の注意や管理が必要である.

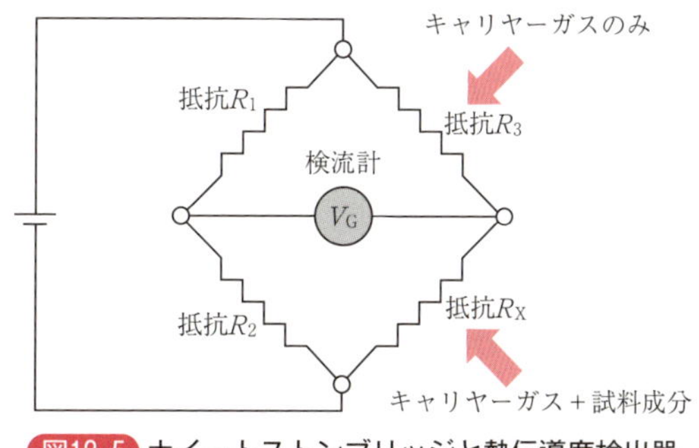

図12.5 ホイートストンブリッジと熱伝導度検出器

4) 炎光光度検出器 (FPD)

炎光光度検出器ではリンやイオウを含む試料を検出器の還元炎で燃焼し，放射される特有の炎光を光学フィルターで分光して検出する. そのため，FPD はリンやイオウ化合物の選択的検出器となる. 最近ではトリブチルスズ，トリフェニルスズといった有機スズ化合物の定量にも利用されている. 有機硫黄化合物は 394 nm，有機リン化合物は 526 nm，有機スズ化合物は 600 nm のフィルターを使用する.

5) 光イオン化検出器 (PID)

試料成分のイオン化エネルギーより高いエネルギーをもつ光を照射すると物質がイオン化する現象を利用する検出器である. 紫外光のエネルギーにより成分が陽イオンと電子に分離し，生成した陽イオンと電子が正負各電極に引き寄せられて電流が発生する. グロー放電により高エネルギーの遠紫外線 (10〜190 nm) を発生させ，成分分子をイオン化して検出する. 紫外線のエネルギーを調整することで検出感度を調節でき，例えば 10.03 eV の紫外線を出すクリプトンランプを使用すると無機ガスには反応せず，その他の有機成分だけを検出することができる．9.57 eV のキセノンランプでは芳香族成分だけが選択的に検出される．

6）**質量分析計**：第10章を参照.

12.3 測定法および応用

12.3.1 前処理法

ガスクロマトグラフィーの分析には，試料の前処理が必要なことが多い．試料成分の誘導体化による揮発性の改善，溶媒抽出や固相抽出を使った目的成分の分離濃縮などがある．

1）誘導体化反応

試料成分の誘導体化は，目的物質の熱安定性の向上に加えて，固定相への非特異的吸着の減少，ピーク分離の改善，光学異性体の分離特性の改善などが期待できる．誘導体化には，シリル化，アシル化，エステル化などがある．

シリル化には，*N,O*−ビス(トリメチルシリル)アセトアミド($CH_3C[OSi(CH_3)_3]=NSi(CH_3)_3$，BSA)，*N,O*−ビス（トリメチルシリル）トリフルオロアセトアミド（$CF_3C[OSi(CH_3)_3]=NSi(CH_3)_3$，BSTFA）などを用いる．トリメチルシリル化反応では，アルコール，フェノール，カルボン酸，アミン，アミド基をシリル化できる．反応例を以下に示す．

$$ROH + (BSA) \longrightarrow ROSi(CH_3)_3$$

$$R\text{-}NH_2 + (BSA) \longrightarrow RNHSi(CH_3)_3 + RN(Si(CH_3)_3)_2$$

$$R\text{-}COOH + (BSA) \longrightarrow RCOOSi(CH_3)_3$$

アシル化反応では，トリフルオロ無水酢酸($CF_3C(=O)O(O=)CCF_3$，TFAA)やペンタフルオロ無水プロピオン酸$CF_3CF_2C(=O)O(O=)CCF_2CF_3$，PFPA)が，アミノ基，ヒドロキシ基，チオール基と反応し，アシル誘導体を生成する．

$$RNH_2 + (TFAA) \longrightarrow RNHCOCF_3,\ RN(COCF_3)_2 + CF_3COOH$$

$$ROH + (TFAA) \longrightarrow ROCOCF_3 + CF_3COOH$$

カルボキシ基やフェノール性ヒドロキシ基のメチル化には，ジアゾメタン(CH_2N_2，DAM）やトリメチルシリルジアゾメタン〔$(CH_3)_3\text{-}SiCHN_2$，TMSDAM〕が用いられる．ジアゾメタンは常温で爆発性があるためトリメチルシリルジアゾメタンを使用する方が多い．

ROH ＋（TMSDAM）⟶ $ROCH_3$

RCOOH ＋（TMSDAM）⟶ $RCOOCH_3$

2）固相マイクロ抽出

近年，固相抽出法として，**固相マイクロ抽出**（solid phase micro-extraction: SPME）が開発され，高精度なGC分析が可能になった．これは固相抽出用の固定相をシリンジ内の針表面に付けたもので，固定相の量は少ないもののさまざまな種類を選択できる．さらにGC気化室に試料を直接導入できるため，気化しうる成分のみを導入できる．SPMEは溶媒が不要であり，固体，液体，気体いずれの試料からも抽出が可能で，抽出した成分を全量GCに導入するので低濃度の試料を測定できる．

マグネチックスターラーの回転子表面に固定相をコーティングしたスターバーで試料溶液をかき混ぜることにより，固定相に試料を濃縮するスターバー抽出法も，効率のよい固相抽出法の一つとして用いられる．スターバーはSPMEと同様，吸着した成分を熱により脱着してGC分離する．

3）ヘッドスペース法

試料を一定容積の密閉容器中に入れると，試料と気相との間には気液平衡，もしくは固気平衡が成り立ち，試料上部の気体は成分ごとに異なった分配比で平衡状態となる．この気体をヘッドスペースと呼び，これを用いる前処理・サンプリング法をヘッドスペース法という．

ヘッドスペース法は，気液平衡達成に基づく平衡ヘッドスペース法と，気液平衡にかかわらず強制的に試料中揮発成分を追い出す動的ヘッドスペース法とがある（図12.6）．平衡ヘッドスペース法では，採取できる試料量が平衡定数に依存するため，蒸気圧の小さなものは高感度検出が困難である．そこで種々の動的ヘッドスペース法が開発されている．気相部分を連続的に追い出し，外部で捕集・濃縮するダイナミックヘッドスペース法，液体試料に連続的にガスを通気し強制的に揮発性成分を追い出し，外部で捕集・濃縮するガスストリッピング法やパージアンドトラップ法などがある．ガスストリッピング法ではガスが閉鎖流路内を循環しているのに対し，パージアンドトラップ法では通気後に揮発性成分を捕集

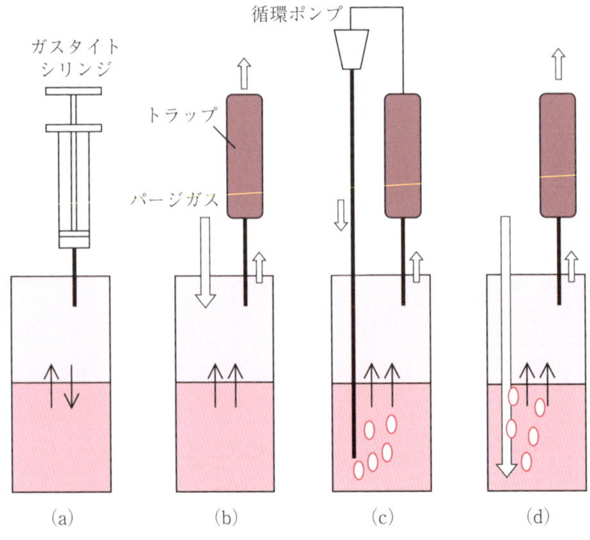

図12.6 いろいろなヘッドスペース法（液体試料）
(a) 平衡ヘッドスペース法　(b) ダイナミックヘッドスペース法
(c) ガスストリッピング法　(d) パージアンドトラップ法

し，その後系外へ排出する．揮発成分の捕集に吸着剤を使用した場合，成分の回収には有機溶媒を用いるか，吸着剤を加熱して GC に導入する．

12.3.2　熱分解ガスクロマトグラフィー

高分子化合物は分子量が大きく，明確な沸点をもたないため，ガスクロマトグラフィーで直接分析できない．この場合は，高分子主鎖を直接分析するのではなく，熱分解により生じた低分子の生成物の分析から元の高分子構造を推定する．この方法は，熱分解ガスクロマトグラフィー（pyrolysis–gas chromatography：PyGC）と呼ばれ，高分子の化学構造を解析するために，赤外分光法，核磁気共鳴法，X 線回折などの分光法とともによく用いられる．PyGC において，熱分解生成物に元の高分子の構造情報を反映させるためには，できるだけ微量の試料を 400～900℃の高温に急速にさらし，試料全体を均一に瞬間的に分解する必要がある．ただし，熱分解で生じた一次分解物が再反応して二次分解物を生成する前に，迅速に分離する必要がある．

12.3.3　応用例

石油製品の分析

図12.7に，無極性キャピラリーカラムによる灯油および軽油のクロマトグラムを示す．試料は0.1 μL 注入され，スプリット比は1：50である．カラム温度は昇温プログラミングによる．検出器としてFIDが使用されている．二つのクロマトグラムを比べると，軽油の方が灯油よりも高沸点成分を多く含んでいることがわかる．

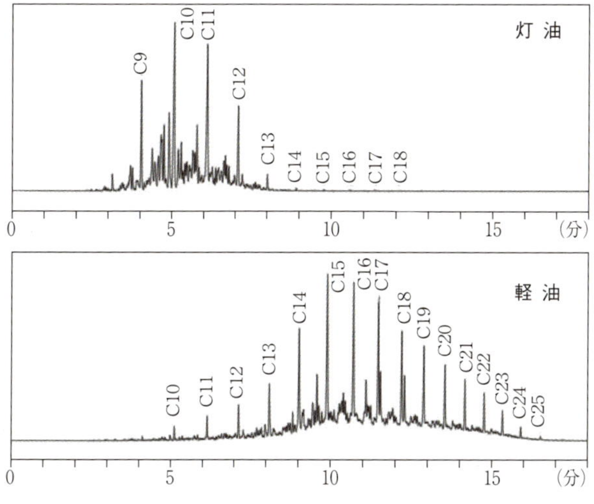

図12.7 石油製品の分析

【測定条件】
カラム：Rtx
内径0.25 mm, 長さ25 m,
液相膜厚　0.25 μm
キャリヤーガス：ヘリウム
カラム温度：50 ℃→280 ℃(9.67 min),
15℃ min^{-1}
検出器：FID
試料：0.1 μL
スプリット比：1：50
(島津製作所ガスクロマトグラフィーデータ集より)

ウイスキーの分析

図12.8に，極性のカラムを用いたウイスキーのクロマトグラムを示す．ウイスキーに含まれるアルコールをはじめとする有機化合物の分離が達成されている．

食品保存剤の分析

図12.9に，食品保存剤として用いられるソルビン酸，デヒドロ酢酸，安息香酸を充填カラムで分析したクロマトグラムの例を示す．各成分は，100 ng mL^{-1}の濃度の標準溶液を1 μL 注入している．

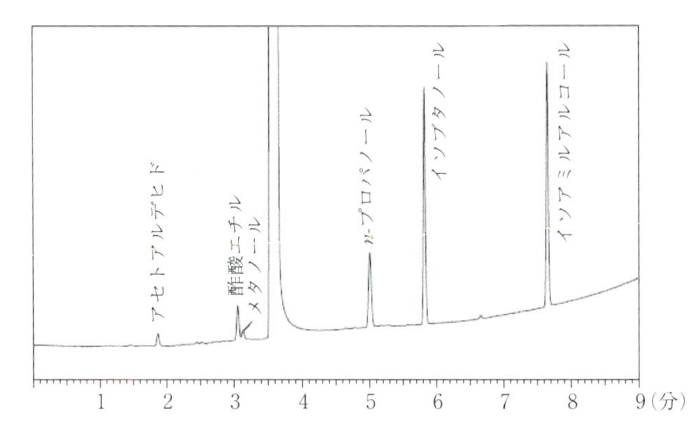

図12.8 ウイスキーの分析

【測定条件】
カラム：Stabilwax,
内径0.32 mm, 長さ30 m,
液相膜厚　0.50 μm
キャリヤーガス：ヘリウム
カラム温度：50℃→200℃ (2min),
10℃ min^{-1}
検出器：FID
試料：2 μL
スプリット比：1：20
(島津製作所ガスクロマトグラフィーデータ集より)

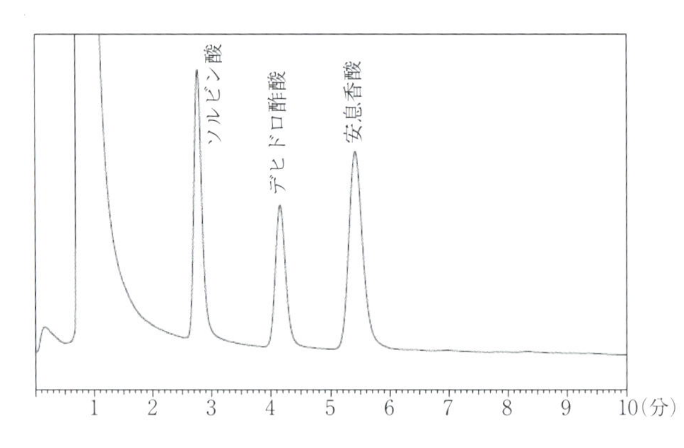

図12.9 食品保存剤の分析

【測定条件】
カラム：DEGS + H_3PO_4 5 + 1 %,
内径 3 mm, 長さ 3 m
キャリヤーガス：ヘリウム
カラム温度：200℃
検出器：FID
試料：1 μL
(島津製作所ガスクロマトグラフィーデータ集より)

章末問題

12-1 化合物 A と B の保持時間は，5.02 min と 7.12 min であった．また，カラムに保持されない成分の溶出時間は 0.81 min であった．化合物 A および B の保持係数および B の A に対する相対保持値を求めよ．

12-2 *n*-ヘキサン，化合物 A および *n*-ヘプタンの調整保持時間は，3.12 min，4.67 min および 5.27 min であった．化合物 A の保持指標を求めよ．

12-3 等温分析に対する温度プログラミング法の利点を述べよ．

12-4 クロマトグラフィーにおいて，あるピークが標準物質 S と一致することによって同定する方法について説明せよ．

12-5 GC における誘導体化の目的について述べよ．

12-6 キャピラリーカラムの寿命を延ばすためにはどのような点に注意を払えば良いか．

Column 12.1

元素分析とガスクロマトグラフィー

試料を燃焼させると，水素からは水，炭素からは二酸化炭素，窒素からは窒素酸化物が生成し，還元管を通すことによって窒素酸化物は窒素に還元される．余分な酸素は還元銅により酸化銅として，また硫黄やハロゲンは銀粒カラムによって硫化銀およびハロゲン化銀としてトラップされる．こうして生成した水，二酸化炭素および窒素は，ヘリウムとともに吸着管を通ることによって分離され，それぞれが熱伝導度検出器により定量される．水の吸収管を混合気体が通ると，水が取り除かれる．その前後に測定セルがあり，抵抗値の差が計数に変換される．次に，二酸化炭素の吸収管を混合気体が通ると，二酸化炭素が取り除かれる．その前後の抵抗値の差が計数に変換される．素通りした窒素は，キャリヤーガスのヘリウムの抵抗値の差から求められる．計数値は，セル中の水，二酸化炭素，窒素ガスの量に対して想定範囲内で直線性をもつため，組成比の明らかな標準化合物によってそれぞれの元素の検量線を得れば，簡単に試料の元素組成比が求められる．

その他に元素分析法として一般的に採用されている方法には，ガスクロマトグラフィーがある．ガスクロマトグラフィーは差動熱伝導度計に比べて試料量，測定時間とも半分程度で済むが，差動熱伝導度計に比べて測定系の安定化と制御が難しい．燃焼ガスはミキシングボリュームに集められ，一定圧力・一定温度下で均一化され，フロンタルクロマトグラフィーにより分離定量される．フロンタルクロマトグラフィーとは，ガス制御部で混合された試料が分離カラムに導入され，常に分離成分がキャリヤーガス中に存在するために，試料成分は保持時間に応じて階段状に溶出する．熱伝導度検出器で検出され，階段の上昇分が各試料成分の濃度に対応する．窒素，二酸化炭素，水の順に溶出する．

Instrumental Methods in Analytical Chemistry

第13章 高速液体クロマトグラフィー

液体クロマトグラフィーは，環境中の微量成分，食品工業や医薬品工業などにおける難揮発性成分の定性・定量に，特に威力を発揮する．また，高速液体クロマトグラフィー（HPLC）や超高速液体クロマトグラフィー（UHPLC）の登場によって分析時間は大幅に短縮された．本章では，混合成分の分離分析法として有能な液体クロマトグラフィーの原理，装置の特徴ならびに測定法，応用例について学ぼう．

13.1 液体クロマトグラフィーの原理

液体クロマトグラフィーは，移動相に液体を用いるクロマトグラフィーで，対象成分は固定相と移動相の間の相互作用の差異によって分離される．相互作用の種類によって吸着，分配，親水性相互作用，イオン交換，イオン排除，イオンペア（イオン対），サイズ排除，アフィニティー，キラル分離モードなどがある．

1）吸着モード

充填剤としてシリカゲルやアルミナを用い，充填剤の表面に直接物質が吸着することで分離が行われる．図13.1に示すように，試料成分はシリカゲル表面上のシラノール基（Si-OH）との水素結合などにより保持される．シリカゲルカラムは選択性が高いので，現在でも異性体の分離などに用いられている．しかしながら吸着したまま溶出しない成分も多く，そのため吸着サイトが少なくなって徐々に溶出が早まる傾向がある．

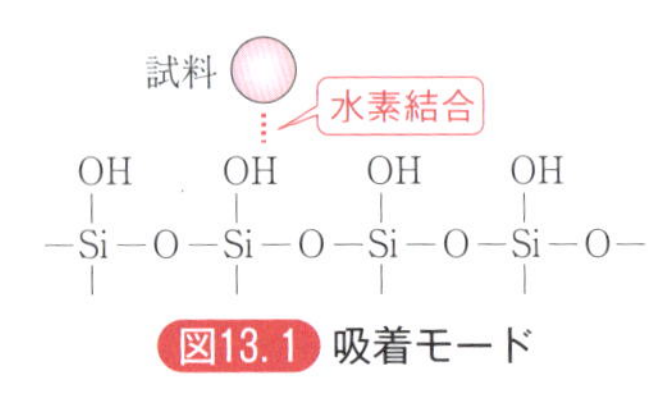

図13.1 吸着モード

2）分配モード

シリカゲル表面にC18（オクタデシル基）やODS（オクタデシルシラン）を化学的に修飾した充填剤が開発され，分配モードでよく用いられるようになった．図13.2に示すように，試料成分は溶媒和したC18に，疎水性相互作用などにより保持される．C18の結合方法・結合量の違い，表面処理の有無などがODSカラムの特性を左右する．C18のほかに，C30（トリアコンチル基），C8（オクチル基），C1（メチル基），フェニル基，シアノ基，ジオール基などを化学結合した固定相が開発されており，それぞれ分離特性が異なる．

図13.2 分配モード

3）親水性相互作用クロマトグラフィーモード

極性の高い固定相と極性の低い移動相の組合せは「順相モード」，逆に，極性の低い固定相と極性の高い移動相の組合せは「逆相モード」と呼ばれる（第11章11.1.4参照）．最近では，極性の高い固定相と，アセトニトリルなど有機溶媒を多く含む移動相を用いて高極性化合物の分離を達成する親水性相互作用クロマトグラフィー（hydrophilic interaction liquid chromatography：HILIC）モードが，通常の逆相モードでは保持しづらい成分の分析に有用であると注目されている．HILICモードでは，極性の固定相官能基に濃縮されて形成された水層と移動相間に働く分配が重要と考えられている．

4）イオン交換モード

スルホ基やカルボキシ基を交換基とする陽イオン交換樹脂，第4級アンモニウム基，および第1級～第3級アミノ基を交換基とする陰イオン交換樹脂を交換体として利用できる．試料イオンとこれらの交換基との間には静電的引力が作用する．ポリスチレンやポリメタクリレートなどのポリマー系交換樹脂およびシリカ系交換樹脂が利用でき，図13.3に示すように，移動相イオンと試料イオンは競争的にイオン交換基に作用する．

5）イオン排除モード

有機酸の分離によく用いられるモードで，図13.4に示すドナン排除の程度の違いによって溶出時間が変わることを利用している．強酸の共役塩基（陰イオン）

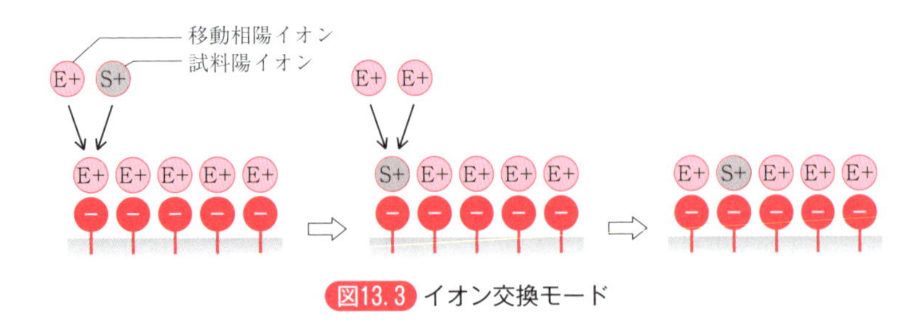

図13.3 イオン交換モード

は陽イオン交換基に強く反発して細孔の中に入ることができないのに対し，弱酸は反発力が弱いため細孔の中に入ることができ，溶出体積の増加につながる（強酸に比べてより強く保持される）．さらに細孔中で疎水性相互作用が働くことにより，疎水性試料成分の保持が増大する．このように陰イオン排除モードでは，主に「固定相の負電荷による静電的排除」，「固定相マトリックスとの疎水性相互作用」，「固定相ポアへの浸透」の三つの要素が複合的に作用する．

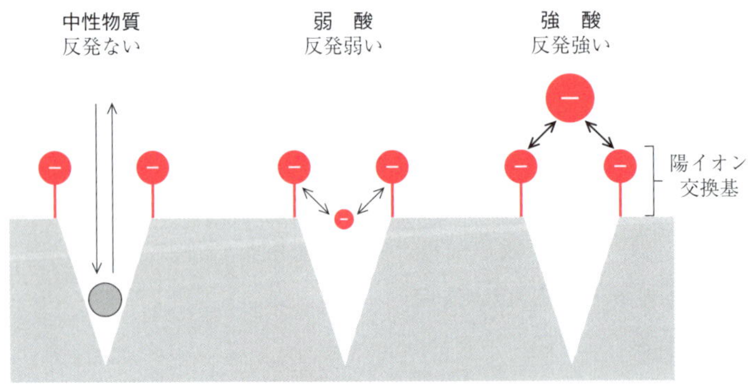

図13.4 イオン排除モード

6）イオン対

一般に逆相イオンペアクロマトグラフィーは，対象成分が対イオンとイオン対を形成して固定相に取り込まれるという「イオン対分配過程」と，固定相に疎水吸着した対イオンに対象成分がイオン相互作用で保持されるという「イオン交換過程」の二つの過

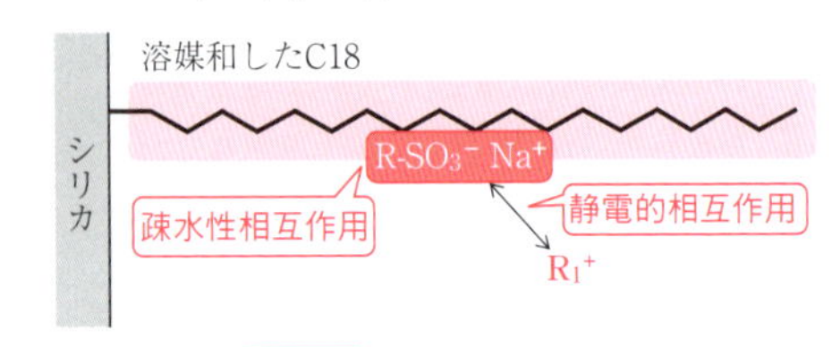

図13.5 イオン対モード

程によって説明される．アルキルスルホン酸は負電荷をもつ代表的な対イオンで，通常，炭素数5～12のナトリウム塩が使用される．アルキルスルホン酸はイオン交換過程で働く（図13.5）．

7）サイズ排除

充填剤には細孔があり，小さな分子は細孔の奥まで浸透するためカラムをゆっくりと移動するのに対し，大きな分子は細孔に浸透できないためカラムを速く移動する（図13.6）．その結果，カラムからの溶出時間に差が生じる．これがサイズ排除クロマトグラフィーの分離原理である．合成高分子のように，有機溶媒系の移動相と疎水性充填剤を用いる場合をゲル浸透クロマトグラフィー（gel permeation chromatography：GPC），親水性充填剤と水系移動相を用いて多糖類やたんぱく質などの水溶性高分子の分離分取，あるいは分子量分布測定を行う場合をゲル濾過クロマトグラフィー（gel filtration chromatography：GFC）と呼んで，GPCと区別している．

図13.6 サイズ排除モード

8）アフィニティー

酵素や抗原などのタンパク質は，特定の基質や抗体のみと結合する．アフィニティークロマトグラフィーは，このような生体物質の特異的な相互作用を利用して特定のタンパク質を精製する．特定のタンパク質に結合するリガンドを導入した吸着体を詰めたカラムに試料溶液を通して，特定のタンパク質のみをリガンドに結合させ，目的以外のタンパク質を洗浄した後，リガンドを含む溶液を流して目的のタンパク質を抽出精製する（図13.7）．

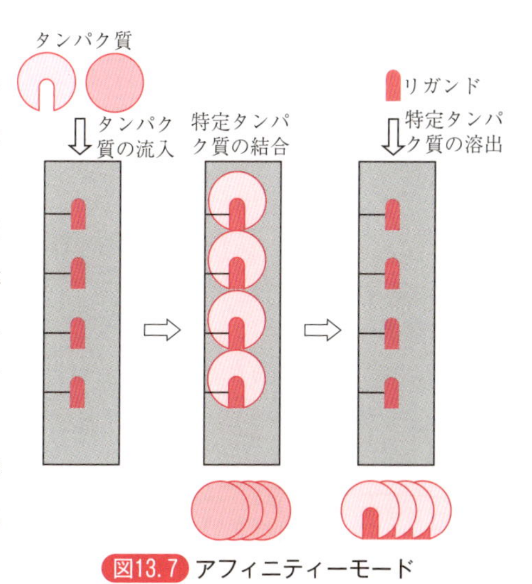

図13.7 アフィニティーモード

9）キラル分離モード

エナンチオマー（鏡像異性体）の分離を可能とする分離モードで，各種の固定相が市販されている．水素結合・電荷移動型固定相では，ジアステレオマーを生じさせる水素結合や電荷移動による相互作用が不斉識別に寄与すると考えられている．一方，配位子交換型固定相では，キラル配位子とキレート形成化合物との配位子交換相互作用が寄与する．シクロデキストリン固定相では，疎水性のキラルな空洞内にゲスト成分を取り込み，不斉識別を行う．アミロース誘導体もしくはセルロース誘導体をシリカゲルに固定（もしくはコーティング）した充填カラムも市販されている．

13.2　装置の特徴

液体クロマトグラフの構成を図13.8に示す．装置は，溶離液，送液部，試料注入部，分離カラム，カラムオーブン，検出器およびデータ処理装置からなる．

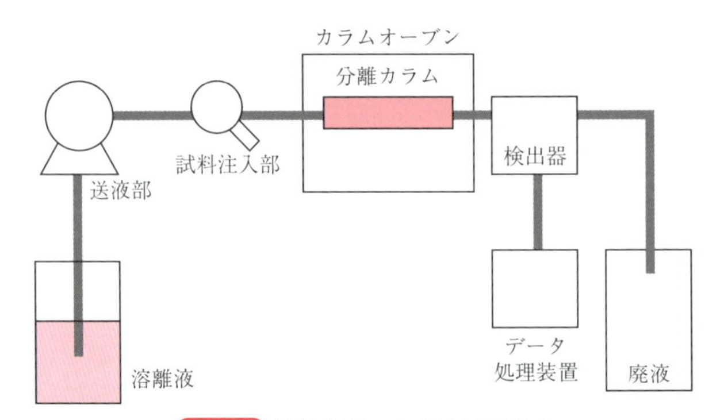

図13.8 液体クロマトグラフの構成

1）溶離液

分離に用いる溶離液には，できるだけHPLC用の高純度溶媒を用い，使用直前にメンブランフィルターで濾過，脱気する．

2）送液部

溶離液を圧力変動なく一定流量で送ることのできる高圧ポンプが必要である．プランジャー型のポンプが最も多く使用されているが，接液部が樹脂製のイナート型のポンプも使用できる．多成分を含む試料の分析には，一定組成の溶離液では分析が困難なことが多い．そのようなときには，溶離液組成を時間変化させるグラジエント溶離法が有利である．グラジエント溶離法には，組成を階段状に変化させるステップワイズグラジエント法と，直線的に変化させるリニアグラジエント法がある．グラジエント溶離を用いることにより，先に溶出する成分の分離度の改善，後に溶出する成分の検出感度の改善，分析時間の短縮などが期待できる．グラジエントの混合様式には，低圧グラジエント法と高圧グラジエント法がある．低圧グラジエント法では，1台のポンプを使用し，電磁弁により吸引する溶液を切り換えて混合する方式で，4種の溶液まで選択できる．一方，高圧グラジエント法では，2台のポンプを使用して，それぞれの流量を制御して混合する方式で，混合部からカラムまでの容量が少ないので，グラジエントの時間的応答性が良い．

例題13.1　グラジエント溶離法の利点を述べよ．

解答　単一組成の移動相を用いたときと比べて，物性が広範囲にわたる成分を一斉に溶出させることができ，早く溶出する成分の分離度を改善し，遅く溶出する成分の溶出時間を短縮し，かつ検出感度を改善する．

3）試料注入部

典型的なバルブインジェクターの原理を図13.9に示す．INJECT ポジションで，試料を量り取ったシリンジをニードルポートに挿入し，LOAD ポジションに切り換えて試料溶液をサンプルループに導入する．次は，INJECT ポジションに切り換えることにより試料溶液をカラムに注入する．試料を注入する方法にはループの全量を注入する方法と部分注入

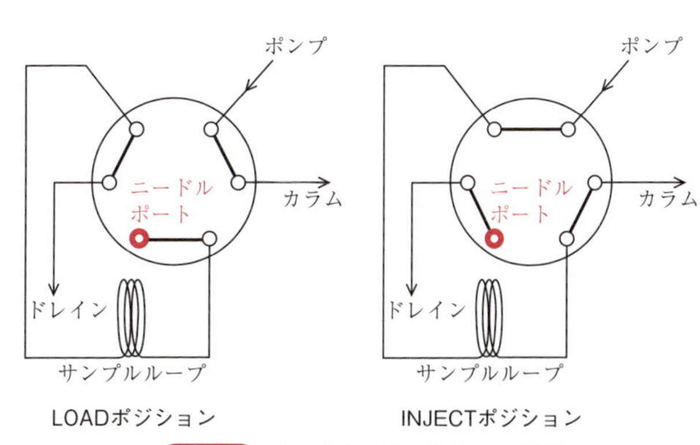

図13.9 バルブインジェクターの原理

する方法がある．前者はLOADポジションでサンプルループに試料溶液を満たしておくので，再現性のよい注入方法であるが，後者はループ容量を最大とした範囲で注入量を任意に変えられる．

例題13.2　HPLCにおける試料注入体積について述べよ．

解答　カラム体積の1％程度であれば，試料注入による成分の拡散の影響は防ぐことができる．内径4.6 mm，長さ10 cmの分離カラムであれば，10 μL程度となる．

試料を，移動相よりも溶出力の弱い溶液に溶解すれば，カラムヘッドでの濃縮効果によってより大きな体積の試料溶液を注入できることも覚えておこう．

4）分離カラム

クロマトグラフィーの用途は，分析と分取である．分取ではカラムサイズが大きくなる．表13.1は，HPLCをカラムサイズによって分類したもので，分析用カラムは，カラムサイズによってコンベンショナル-LC用，セミ-マイクロ-LC用，マイクロ-LC用，ナノ-LC用に分類される．コンベンショナル-LCで最もよく用いられるのは内径4.6 mmのカラムで，表13.1には内径4.6 mmのカラムで流量1 mL min^{-1}としたときと同じ線流速を与える流量を示して，カラムサイズによる違いを比較できるようにした．分取-LCでは，流量が4.7 mL min^{-1}以上となるのに対し，ナノ-LCでは270 nL min^{-1}以下となる．表13.1は，理論段高さを10％増加させる試料負荷量の大きさも比較している．試料負荷量の値は，カラムの断面積に比例する．

カラムの内径を小さくすると，移動相の流量が小さくなるので，溶媒の使用量

表13.1 カラムサイズによる分類

用途	分類	内径 (mm)	試料負荷量[a]	流量[b] (mL/min)
分析用	ナノ-LC	0.075以下	1 ng 以下	0.00027以下
	マイクロ-LC	0.2～0.8	数10 ng	0.002～0.030
	セミ-マイクロ-LC	1.0～2.1	数100 ng	0.047～0.21
	コンベンショナル-LC	4.0～6.0	数 μg	0.76～1.7
分取用	分取-LC	10～	数10 μg	4.7～

a）理論段高さを10％程度増加させる試料負荷量の目安の値．
b）同じ線流速を与える流量（内径4.6 mmのカラムの流量を1 mL min^{-1}とする）．

表13.2 分離モードと分離カラム

分離モード	固定相	移動相	相互作用	特徴
順相	シリカゲル	有機溶媒	吸着	脂溶性成分の分離
逆相分配	C18	水－有機溶媒	疎水性相互作用	最もよく用いられる
GPC	ポリマー	有機溶媒	ゲル浸透	分子量分布の測定
GFC	親水性ポリマー	緩衝溶液	ゲル浸透	親水性高分子の分離
イオン交換	イオン交換体	電解質水溶液	静電的相互作用	イオン性成分の分離
イオン排除	イオン交換体	電解質水溶液	静電的相互作用	イオン性成分の分離
イオン対	C18	対イオンを含む水－有機溶媒	静電的相互作用・疎水性相互作用	イオン性成分の分離
アフィニティー	基質や抗原を固定した担体	分離目的成分を含む水溶液	特異的相互作用	酵素・抗体の分離
キラル	キラル化合物	水－有機溶媒	電荷移動・水素結合・配位子交換	光学異性体の分離
親水性相互作用	極性基	アセトニトリル－緩衝溶液	親水性相互作用	高極性成分の分離

が低減でき，質量分析計との直結に有利である．使用する固定相の量も少なくなるので高価な固定相も利用できる．また，少量のサンプルでも解析できるようになる．

例題13.3 内径 4.6 mm のカラムを用いて，移動相流量を 1.0 mL min^{-1}に設定した．内径 2.1 mm のカラムを用いた場合に同じ線流速を与える移動相流量を求めよ．

解答 移動相流量はカラムの断面積に比例するので，

$(2.1/4.6)^2 \times 1.0 = 0.21$ mL min^{-1}

分離モードに沿った固定相が開発され，分離カラムとして市販されている（表13.2）．分離カラムは，分離モードや用途にもよるが，一般的には粒子径 2～15 μm の真球状の多孔質シリカゲル系充填剤をステンレス鋼製の管に充填したものである．樹脂製の管に充填した分離カラムも市販されている．

例題13.4 次の化合物を分離するのに適した分離モードを述べよ．

（1）芳香族炭化水素　（2）無機陰イオン　（3）タンパク質混合物　（4）対掌体

解答　（1）逆相分配モード　（2）イオン交換モード　（3）サイズ排除モード　（4）キラル分離モード

分離カラムの粒子径は，5 μm 程度のものがよく利用されるが，最近では，粒子径 2 μm 前後のカラムを用いる超高速液体クロマトグラフィー（ultra high-performance liquid chromatography：UHPLC）も利用されている．図13.10 に各粒子径のカラムにおけるファンディームター（van Deemter）プロットを示す．図からわかるように，粒子径が小さくなると理論段高さの線流速依存性が小さくなり，高流速側での操作が有利である．しかし，そのためには非常に高い圧力が必要となり，UHPLC では 100 MPa 以上で操作されることもある．

分離カラムは，保持時間の再現性を高めるため，また物質移動速度を大きくして分離効率を高めるため，カラムオーブン内に入れ，温度一定の条件で使用する．

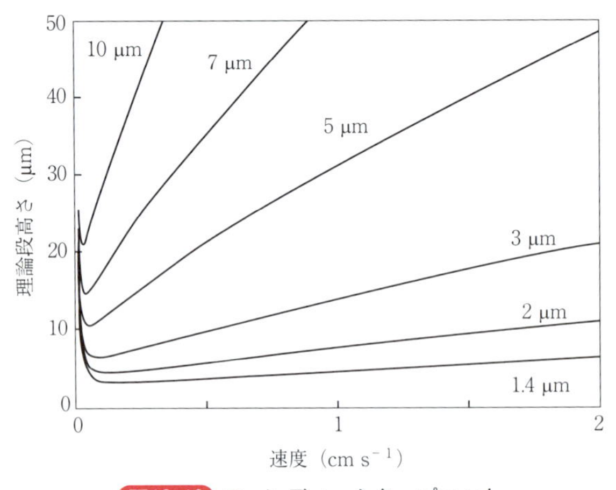

図13.10 ファンディームタープロット

図中の数値は，充填剤の粒子径を示す．

5）検出器

HPLC で用いられる検出器を表13.3 に示す．HPLC で最もよく利用されるのが紫外可視吸光検出器である．温度の影響も小さく，グラジエント溶離にも対応できる．フォトダイオードアレイ検出器は，紫外・可視吸収スペクトルの測定が可能であるので，定性能力が高い．蛍光検出器は，励起波長と蛍光波長を指定して測定するため，選択性が高く，また検出感度が高い．蛍光検出器も温度の影響は小さく，グラジエント溶離に対応できる．示差屈折率検出器は，移動相との屈折率の差を測定するもので，汎用性が高いが，検出感度は低い．温度の影響も大きく，グラジエント溶離には対応できない．電気伝導度検出器はイオンクロマトグラフィーで汎用的な検出器として使用される．サプレッサーを併用すると，検

Column 13.1

オンカラム検出

　カラムクロマトグラフィーでは通常，分離カラムからの溶出液をフローセルなどに通して試料成分が検出される．すなわち，試料成分の保持係数を k とすると，$1/(1+k)$ の割合で移動相ゾーンに分配した成分を検出する．したがって，保持が大きくなるとピーク高さは指数関数的に減少する．これに対し，固定相存在下で検出するオンカラム検出では，$k/(1+k)$ の割合で固定相に分配している成分も検出の対象となるので，両ゾーンに存在する試料成分を検出することになり，検出試料量が保持係数に無関係になる．すなわち，観察されるピーク高さが保持係数に関係なく一定となることが期待できる．さらに，試料成分の蛍光強度が固定相の環境効果によって増強することがあり，固定相存在下で蛍光検出すると保持が大きい成分ほど大きなシグナルを与えることもある．

　実際に充填カラムと同じ固定相を充填したフローセルを用いてダンシルアミノ酸を蛍光検出すると，図に示すように，保持が大きくなるにつれてピーク高さが上昇し，通常のポストカラム検出と比較して，検出感度の大きな改善が見られる．

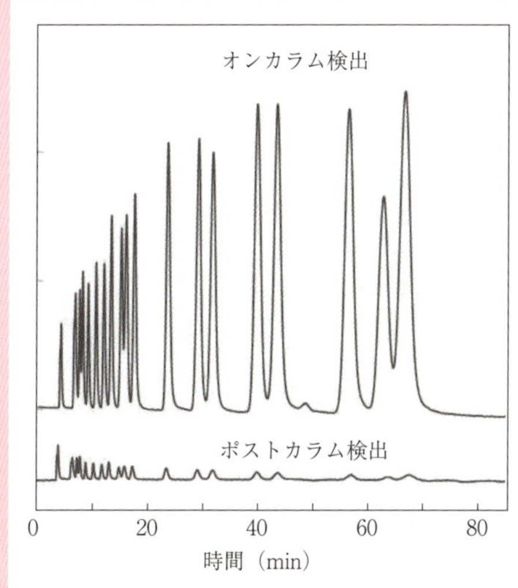

図 1　ダンシルアミノ酸の蛍光検出

カラム：L-column ODS, 150 × 0.35 mm
移動相：40 mM 酢酸アンモニウムを含む 23 %アセトニトリル（pH 7.17）
流量：4.2 μL min^{-1}
検出：Ex = 335 nm, Em = 528 nm（ポストカラム検出）or 522 nm（オンカラム検出）
サンプル：0.11 μL の 40 μmol L^{-1} ダンシルアミノ酸溶液

出感度が改善できる．温度の影響は大きいので検出部の温度を一定に保つ必要がある．電気化学検出器は，一定の電位をかけて，酸化還元電流を測定する方式（アンペロメトリー）で，選択性に富む．質量分析計については第10章を参照のこと．

表13.3 HPLCで使用される検出器

検出器	選択性	検出感度（g）
紫外可視吸光検出器	有	$\sim 10^{-9}$
フォトダイオードアレイ検出器	有	$\sim 10^{-9}$
蛍光検出器	高	$\sim 10^{-12}$
示差屈折率検出器	無	$\sim 10^{-6}$
電気伝導度検出器	無	$\sim 10^{-10}$
電気化学検出器	有	$\sim 10^{-11}$
質量分析計	有	$\sim 10^{-12}$
蒸発光散乱検出器	無	$\sim 10^{-8}$
荷電化粒子検出器	無	$\sim 10^{-9}$

蒸発光散乱検出（evaporative light scattering detector：ELSD）は，カラムから溶出した溶離液を蒸発させることにより目的化合物を微粒子化し，その散乱光を測定する方法である．低沸点化合物を除き原理的にほとんどすべての化合物を検出することができ，紫外吸光検出器で検出できない化合物（炭水化物，脂質，脂肪酸，界面活性剤など）のグラジエント分析で威力を発揮する．

荷電化粒子検出器では，揮発性の溶離液に窒素などを吹きつけて霧状にする．溶離液や塩は乾燥管を通る間に除去され，その結果，脱溶媒した中性微粒子は，コロナ電極で生成したN^+イオンと，ミキシングチャンバーにおいて衝突し，帯電する．帯電した微粒子は，イオントラップをすり抜けてコレクターに到達し，電流値が計測される．荷電化粒子検出器は糖質，脂質，アミノ酸，ペプチド，タンパク質，医薬品，界面活性剤，無機イオンなどの半揮発性・不揮発性分析種を広く検出できる．

13.3 測定法および応用

13.3.1 前処理法

液体クロマトグラフィーでは，夾雑成分の除去，目的成分の濃縮や検出感度の改善のために前処理を行うことが多い．前処理には，濾過，除タンパク，限外濾過，溶媒抽出，イオン交換，固相抽出などがある．

濾過には，シリンジフィルター，遠心式フィルター，吸引式がある．シリンジフィルターには水系，非水系，水－非水兼用，イオンクロマトグラフィー用のものがあり，用途によって使い分ける．また，孔径の異なるもの，サイズ（直径）の異なるものが利用できる．遠心式フィルターでは，遠心分離機を用い，サンプルリザーバーに試料溶液を入れてキャップをして遠心分離する．これによりサンプル中の微粒子を除去することができる．目的成分の濃縮には，溶媒抽出や固相抽出が利用される．

除タンパクは，タンパク質の変性による不溶化や物理的な方法によって行う．前者では，トリクロロ酢酸や過塩素酸などの酸の添加もしくはアセトン，アセトニトリル，エタノール，メタノールなどの有機溶媒の添加によりタンパク質を不溶化し，遠心分離後の上澄み液を分析の対象とする．後者の物理的方法としては限外濾過または透析により，分子サイズの違いを利用してタンパク質と低分子成分を分離する．限外濾過膜は，対象物質の非特異的吸着や，膜の流体透過能力に留意し，目的に合った分画分子量のものを選択する（溶媒抽出と固相抽出は，前書『基礎から学ぶ分析化学』の第9章と第10章を参照のこと）．

13.3.2 誘導体化

誘導体化には，試料注入前に誘導体化するプレカラム誘導体化と，分離カラムからの溶出液に反応溶液を作用させるポストカラム誘導体化がある．前者で重要な点は，反応が完全であること，誘導体が安定であること，簡単な操作であることなどがあげられる．後者は第二の送液系を必要とし，通常はポンプ，配管材，反応コイルなどからなる．ポストカラム誘導体化で重要な点は，試薬溶液と溶出液との混合が迅速であること，試薬溶液と溶出液との流量を調整してバックグラウンドを最小にすること，分離能損失を最小にするよう迅速な反応を用いることなどがある．

図13.11に示すように，カルボキシ基の誘導体化試薬として4–ブロモフェナシルブロミド(**1**)，ヒドロキシ基およびアミノ基の誘導体化試薬として3,5–ジニトロベンゾイルクロリド(**2**)，アミノ基の誘導体化試薬として2,4–ジニトロフルオロベンゼン(**3**)，フェニルイソチオシアネート(**4**)，カルボニル基の誘導体化試薬として2,4–ジニトロフェニルヒドラジンヒドロクロリド(**5**)，カルボキシ基の

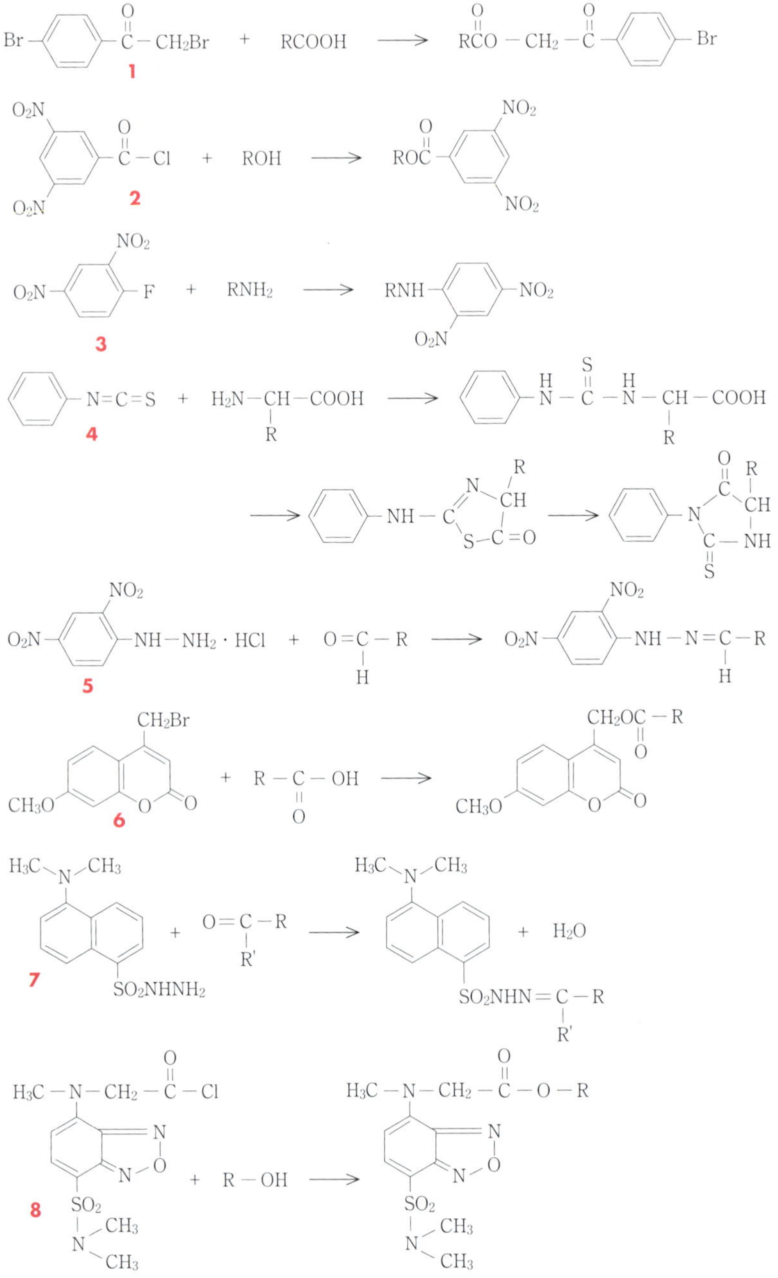

Br–C₆H₄–C(=O)–CH₂Br (**1**) + RCOOH ⟶ RCOO–CH₂–C(=O)–C₆H₄–Br

$(O_2N)_2C_6H_3$–C(=O)–Cl (**2**) + ROH ⟶ ROC(=O)–$C_6H_3(NO_2)_2$

O_2N–$C_6H_3(NO_2)$–F (**3**) + RNH_2 ⟶ RNH–$C_6H_3(NO_2)_2$

C_6H_5–N=C=S (**4**) + H_2N–CH(R)–COOH ⟶ C_6H_5–NH–C(=S)–NH–CH(R)–COOH ⟶ (thiazolinone) ⟶ (phenylthiohydantoin)

O_2N–$C_6H_3(NO_2)$–NH–NH_2 · HCl (**5**) + O=C(H)–R ⟶ O_2N–$C_6H_3(NO_2)$–NH–N=C(H)–R

4-CH_2Br-7-CH_3O-coumarin (**6**) + R–C(=O)–OH ⟶ 4-$CH_2OC(=O)$–R-7-CH_3O-coumarin

5-$(CH_3)_2N$-naphthalene-1-SO_2NHNH_2 (**7**) + O=C(R')–R ⟶ 5-$(CH_3)_2N$-naphthalene-1-SO_2NHN=C(R')–R + H_2O

H_3C–N(benzoxadiazole-$SO_2N(CH_3)_2$)–CH_2–C(=O)–Cl (**8**) + R–OH ⟶ H_3C–N(benzoxadiazole-$SO_2N(CH_3)_2$)–CH_2–C(=O)–O–R

図13.11 誘導体化試薬の反応

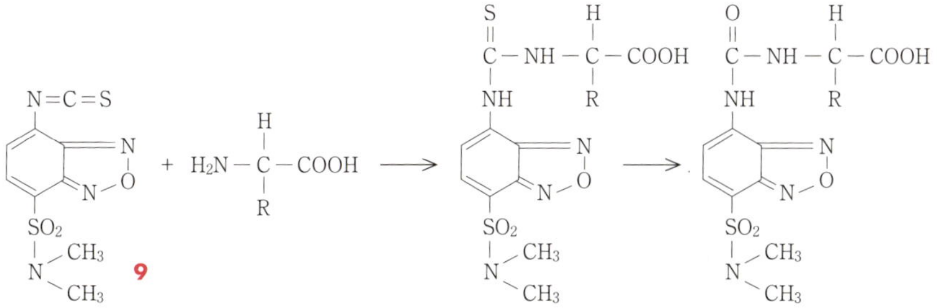

9

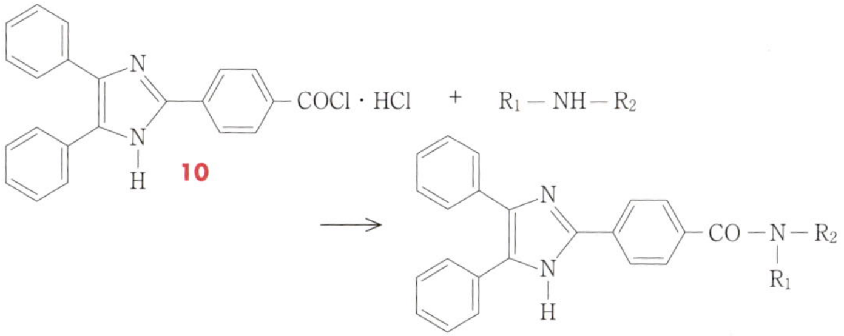

10

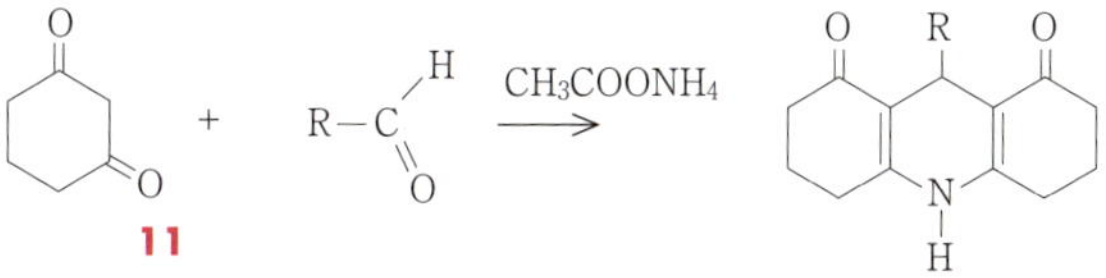

11

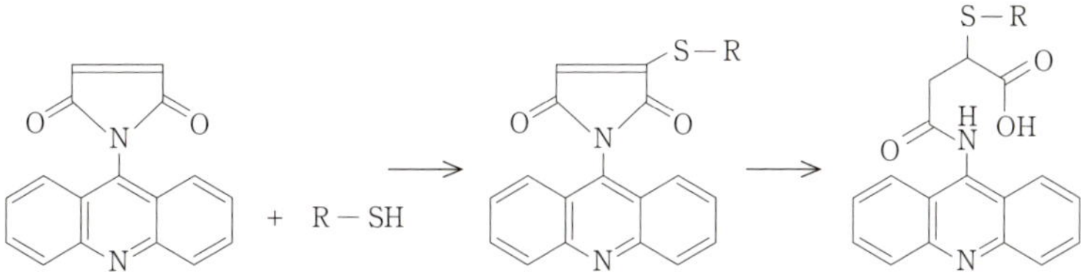

12

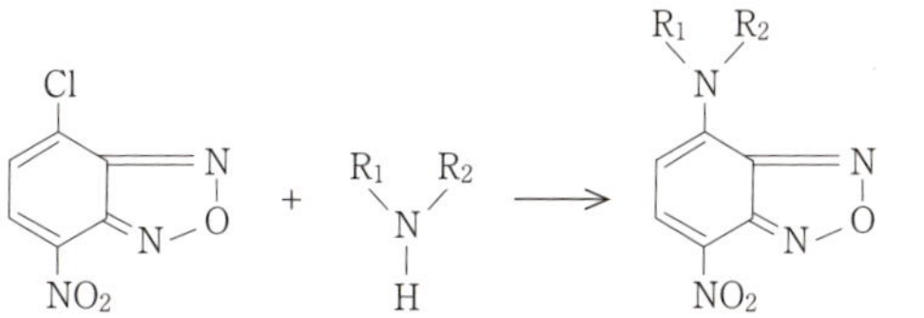

13

図13.11（続き）誘導体化試薬の反応

蛍光誘導体化試薬として4-ブロモメチル-7-メトキシクマリン（**6**, Ex = 328 nm, Em = 380 nm），カルボニル基の蛍光誘導体化試薬としてダンシルヒドラジン（**7**, Ex = 340 nm, Em = 525 nm），アルコール，α－オキシ酸，フェノール，アミン，チオールの蛍光誘導体化試薬として4-(*N*, *N*-ジメチルアミノスルホニル)-7-(*N*-クロロホルミルメチル-*N*-メチルアミノ)-2, 1, 3-ベンゾキサジアゾール（**8**, Ex = 450 nm, Em = 560 nm），アミン化合物の蛍光誘導体化試薬として4-(*N*, *N*-ジメチルアミノスルホニル)-7-イソチオシアネート-2, 1, 3-ベンゾキサジオール（**9**, Ex = 384 nm, Em = 520 nm），アミンおよびアルコール化合物の蛍光誘導体化試薬として4-(4, 5－ジフェニル-1 *H*-イミダゾール-2-イル)ベンゾイル クロリド ヒドロクロリド（**10**, Ex = 330 nm, Em = 440 nm），カルボニル化合物の蛍光誘導体化試薬として1, 3-シクロヘキサンジオン（**11**, Ex = 366 nm, Em = 440 nm），チオール化合物の蛍光誘導体化試薬として *N*-(9-アクリジニル)マレイミド（**12**, Ex = 355 nm, Em = 465 nm），アミンあるいはチオール化合物の蛍光誘導体化試薬として4-クロロ-7-ニトロ-2, 1, 3-ベンゾキサジアゾール（**13**, Ex = 460 nm, Em = 535 nm）などが利用できる．

13. 3. 3　分離モードと応用例

1）順相・逆相モード

順相モードおよび逆相モードによるステロイドホルモンの分離を図13. 12 に示す．順相モードでは，極性の高いシリカゲルを固定相に用い，極性の低いヘキサンを主成分とする混合溶媒を溶離液に使用しているのに対し，逆相モードでは極性の低い ODS を固定相に用い，極性の高い 40 %アセトニトリル水溶液を溶離液に用いている．順相モードでは極性の低い成分ほど速く溶出するのに対し，逆相モードでは極性の低い成分ほど溶出が遅くなる．ステロイドホルモンの溶出順が，各モードで逆転していることがわかる．

2）イオン交換モード

イオン性物質は，イオン交換モードによって分離される．イオンクロマトグラフィーでは電気伝導度検出器が主に使用され，分離カラムの下流側で溶離液の電気伝導度を下げるためにサプレッサーが用いられる．サプレッサー方式の原理および装置の構成を図13. 13 に示す．陰イオンの分離検出のためのサプレッサーで

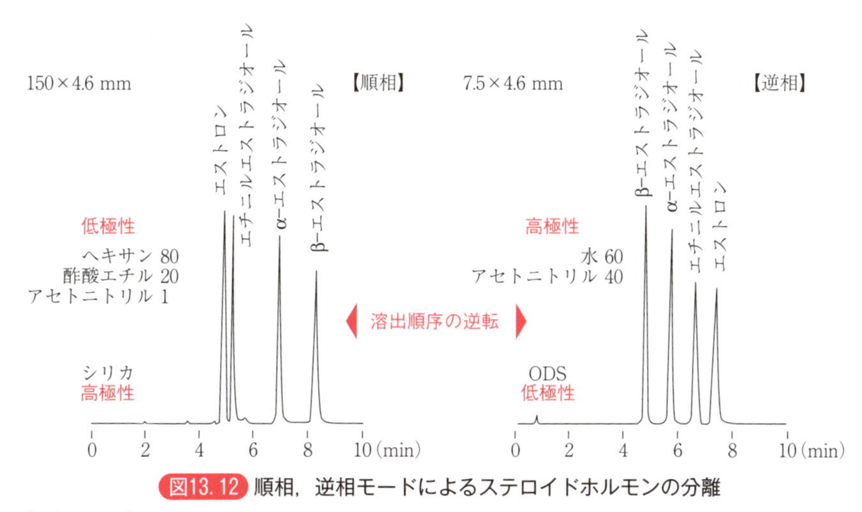

図13.12 順相，逆相モードによるステロイドホルモンの分離

【順相モード】
カラム：Unison UK-Silica (4.6 mm I.D.×15 cm)
移動相：ヘキサン/酢酸エチル/アセトニトリル (80：20：1)
【逆相モード】
カラム：Cadenza CD-C18 (4.6 mm I.D.×7.5 cm)
移動相：水/アセトニトリル (60：40)

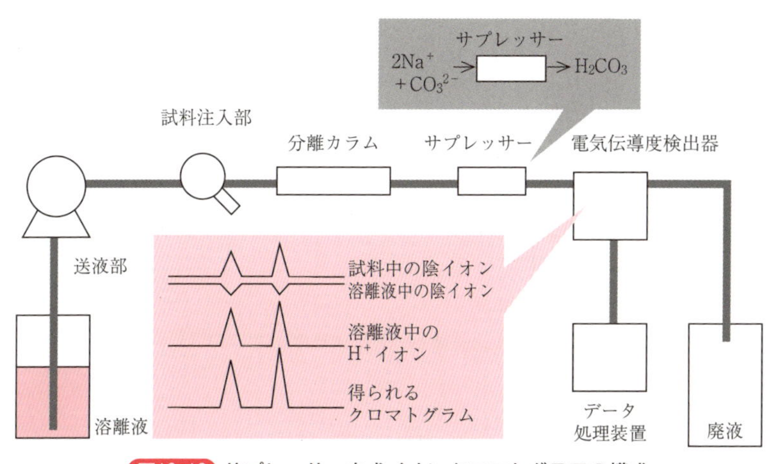

図13.13 サプレッサー方式イオンクロマトグラフの構成

は，H^+型陽イオン交換体などによって水素イオンが供給され，溶離液および試料の陽イオンが水素イオンに交換される．その結果，たとえば炭酸ナトリウム水

溶液を溶離液として使用すると，サプレッサーにおいて炭酸ナトリウムは弱酸である炭酸に変換され，電気伝導度が低くなる．一方，試料中のイオンは当量電気伝導度の大きな水素イオンとともに溶出されるのでシグナルが大きくなって高感度検出が可能となる．サプレッサー方式による陰イオンの分離検出例を図13.14に示す．13種の無機および有機陰イオンが25分以内に分離検出されている．溶離液に水酸化カリウムを用いれば，水酸化カリウムはサプレッサーにより水に変換され，電気伝導度は大きく下がる．一方，陽イオンの分離検出のためのサプレッサーでは，水酸化物イオンが供給され，溶離液および試料の陰イオンが水酸化物イオンに交換される．また，硝酸を移動相とすれば，硝酸はサプレッサーにおいて水に変換され，電気伝導度が大きく下がる．一方，試料中のイオンは水酸化物となる．

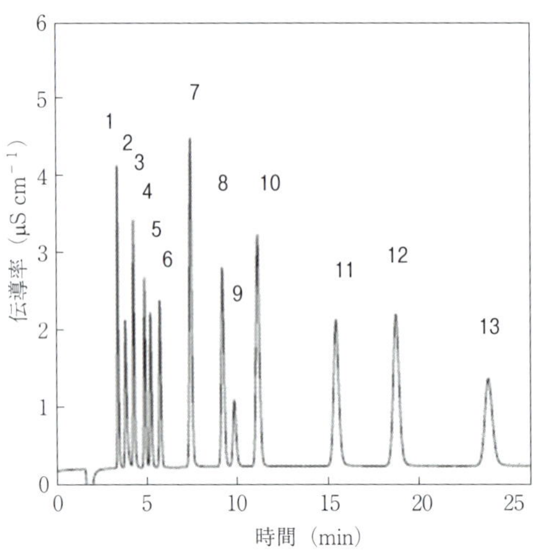

カラム：TSKgel SuperIC-Anion HR (4.6 mm I.D. × 15 cm)
ガードカラム：TSKgel guardcolumn SuperIC-A HS (4.6mm I.D. × 1 cm)
移動相：2.2 mmol L^{-1} $NaHCO_3$ + 2.7 mmol L^{-1} Na_2CO_3
流量：1.0 mL min^{-1}
サプレッサーゲル：TSKgel suppress IC-A
検出：サプレスト伝導度
温度：40 ℃
注入体積：30 μL
サンプル：標準イオン溶液
装置：TOSOH IC-2010
サンプル：1 = F^- (1 mg L^{-1}；以下は単位を略す)，2 = $CH_3CO_2^-$ (10)，3 = HCO_2^- (3)，4 = ClO_2^- (3)，5 = BrO_3^- (4)，6 = Cl^- (1)，7 = NO_2^- (5)，8 = Br^- (5)，9 = ClO_3^- (2)，10 = NO_3^- (5)，11 = HPO_4^{2-} (10)，12 = SO_4^{2-} (5)，13 = $(CO_2)_2^{2-}$ (5)

図13.14 イオン交換モードによる陰イオンの分離例

3）イオン排除モード

イオン排除モードは有機酸の分離に利用される（図13.15）．酸解離指数（pK_a）の小さい方が早く溶出する傾向にある．pK_a の他にも側鎖型異性体の方が直鎖型異性体よりも速く溶出する傾向がある，二重結合を有する方が遅く溶出する傾向があるなど有機酸の構造によっても溶出時間が影響を受ける．

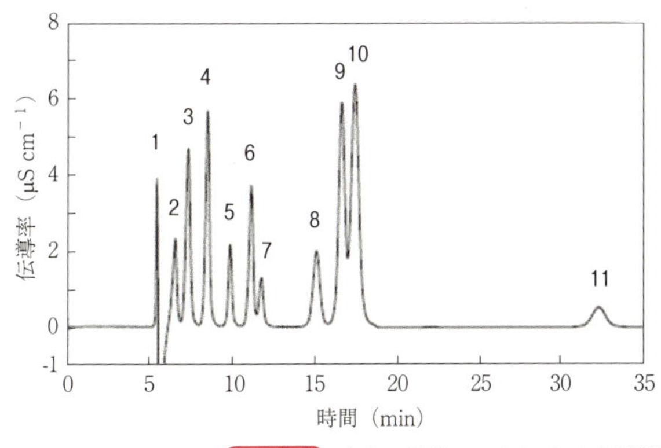

カラム：IonPAC ICE-AS 6
移動相：0.4 mM ヘプタフルオロ酪酸
流量：1.0 mL min^{-1}
サプレッサー：AMMS-ICEII
検出：サプレスト伝導度
注入体積：50 μL
サンプル：1＝シュウ酸，2＝酒石酸，3＝クエン酸，4＝リンゴ酸，5＝グリコール酸，6＝ギ酸，7＝乳酸，8＝ヒドロキシイソ酪酸，9＝酢酸，10＝コハク酸，11＝プロピオン酸

図13.15　イオン排除モードによる有機酸の分離例

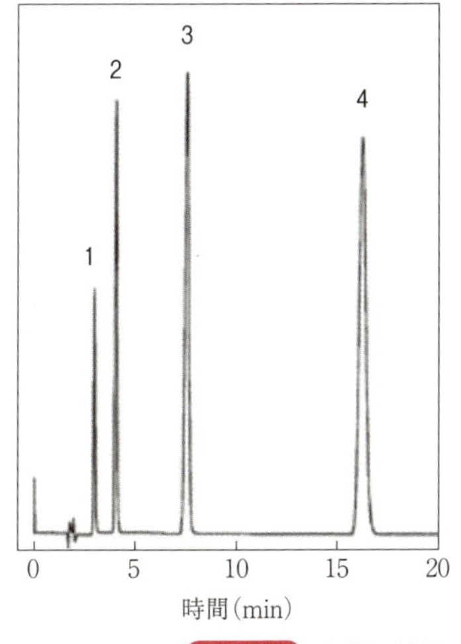

カラム：COSMOSIL 5 C18-MS-II, 4.6 mm I.D.×150 mm
移動相：アセトニトリル：5 mmol L^{-1}リン酸テトラ-n-ブチルアンモニウム20 mmol/L^{-1}リン酸バッファー（pH 7）＝10：90
流量：1.0 mL min^{-1}
温度：30 ℃
検出：UV 230 nm
サンプル：1＝アクリル酸 2.2 μg，2＝クロトン酸 2.2 μg，3＝チグリン酸 2.1 μg，4＝ソルビン酸 1.0 μg

図13.16　イオン対モードによる低分子不飽和カルボン酸の分離

4）イオン対モード

図13.16に，イオン対モードによる低分子不飽和カルボン酸の分離例を示す．イオン対試薬としてリン酸テトラ-n-ブチルアンモニウムを用いており，この添加により試料成分の保持が大きくなり，分離が達成されている．試料成分は，固定相のODSに分配し保持されているテトラ-n-ブチルアンモニウムイオンの正電荷に対する静電的相互作用により保持される．疎水性の小さい成分ほど速く溶出している．

5）サイズ排除モード

サイズ排除モードは，試料中の成分の分子サイズに基づいた分離のほか，分子量分布および平均分子量の測定に用いられる．縦軸に分子量の対数値，横軸に溶出容量（あるいは溶出時間）をプロットした較正曲線（図13. 17）をあらかじめ作成し，溶出容量から分子量を推定する．平均分子量には，各分子量の数を平均して求める数平均分子量（M_n），数だけでなくその質量を加味して求める重量平均分子量（M_w）がある．M_n および M_w は下式によって求めることができる．

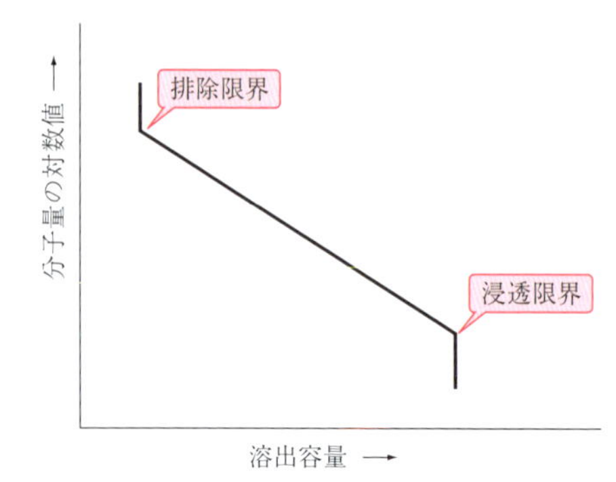

図13. 17　サイズ排除モードにおける較正曲線

$$M_n = W/\Sigma N_i = \Sigma(M_iN_i)/\Sigma N_i = \Sigma(H_i)/\Sigma(H_i/M_i) \quad (13.1)$$

$$M_w = \Sigma(W_iM_i)/W = \Sigma(H_iM_i)/\Sigma H_i \quad (13.2)$$

ここで W は高分子の総質量，N_i は分子量 M_i の個数，W_i は i 番目の高分子の質量，M_i は i 番目の溶出時間における分子量，H_i は i 番目の溶出時間におけるピーク高さである．

分子量分布が広いか狭いかを判定するパラメータとして分散度（M_w/M_n）がある．その値が 1.0 に近い値であれば分布が狭く，大きくなると分布が広くなることを意味している．

図13. 18にサイズ排除モードによるタンパク質の分離例を示す．分子量の大きい成分から順に溶出していることがわかる．

6）アフィニティーモード

アフィニティークロマトグラフィーでは，平衡化されたカラムに試料を注入すると，固定相のリガンドに親和性のある成分のみがカラムに吸着し，リガンドに親和性のない成分はカラムから溶出される．溶離液の塩濃度，pH あるいは有機溶媒の量を変えることにより吸着した成分を溶出させる．これにより，生体成分を高い特異性で分離精製できる．

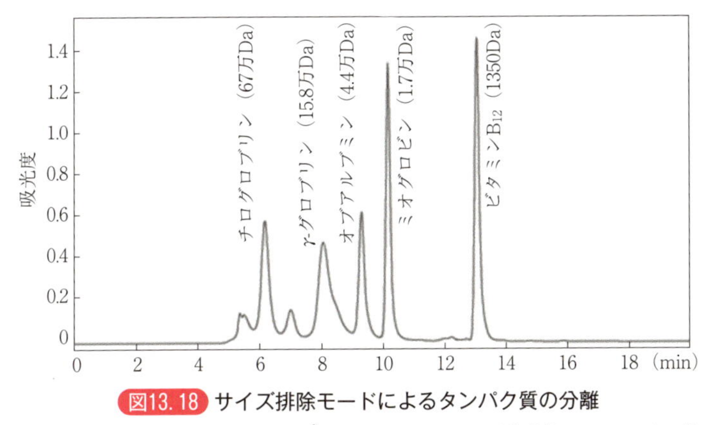

図13.18 サイズ排除モードによるタンパク質の分離

カラム：：Agilent Bio SEC-3, 300 Å, 7.8×300 mm, 3 μm／移動相：50 mM リン酸緩衝液（pH 6.8）+ 150 mM NaCl／流量：1.0 mL min^{-1}／検出器：フォトダイオードアレイ検出器（280 nm）／注入体積：30 μL

たとえば，デキストラン硫酸やヘパリンをリガンドとして用いることによって，リポタンパク質や血液凝固因子を分析対象とすることができる．

7）キラル分離モード

低分子系キラル固定相は，低分子のキラル識別子をシリカゲルなどの担体に結合または担持したもので，識別子としてアミノ酸誘導体が使用される．*N*-アセチル-L-バリン（図13.19，CSP-1）や *N*-3, 5-ジニトロベンゾイル-D-フェニルグリシン（CSP-2a）は，ジアステレオマーを生じさせるような水素結合・電荷移動による相互作用が不斉識別に寄与している．図13.20に示すようにCSP-2aの化学結合型固定相CSP-2bは現在でもピレスロイド系殺虫剤の光学異性体の分離に利用されている．

シクロデキストリンやアミロース，セルロースなどの多糖類の誘導体をシリカゲルに固定またはコーティングすることによって光学異性体を分離できる．

また，配位子交換型キレート固定相によっても光学異性体の分離が達成できる．たとえば，*N*, *S*-ジアルキル-D-ペニシラミンをODSにコーティングしたカラムに，移動相として2-プロパノールを含む硫酸銅水溶液を流すことによってアミノ酸の対掌体を分離することができる．

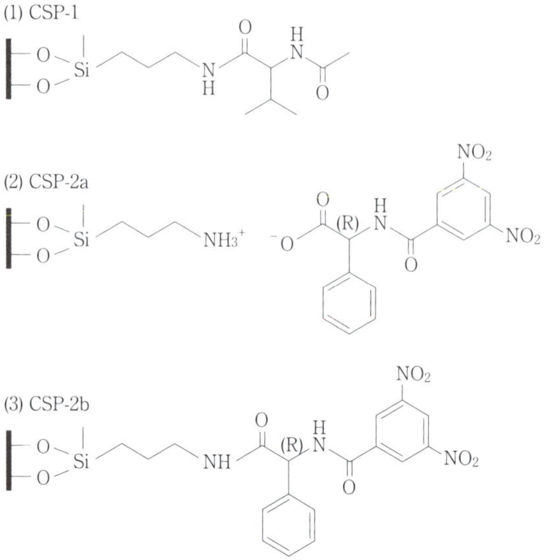

(1) CSP-1

(2) CSP-2a

(3) CSP-2b

図13.19 低分子キラル固定相（低分子 CSP）の構造

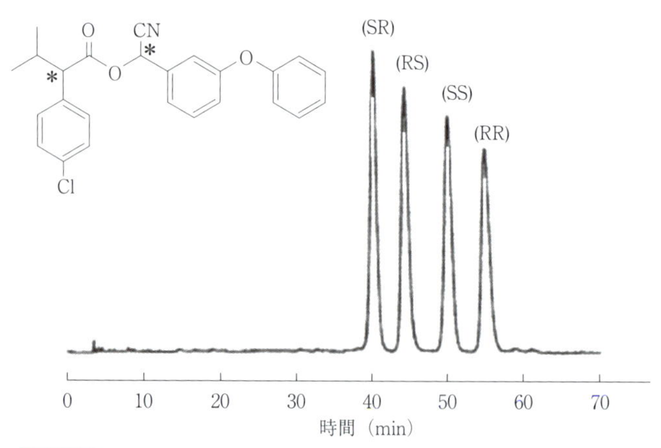

図13.20 低分子キラル固定相によるピレスロイド系殺虫剤の光学異性体の分離

カラム：：CSP-2b(SUMICHIRAL® 2000), 25 cm×4.6 mm I.D.／移動相：*n*-ヘキサン/1,2-ジクロロエタン/エタノール(500：30：0.15)／流量：1.0 mL min^{-1}／検出：UV230 nm.

13.3.4 HPLC の高性能化

充填剤の粒子径を小さくすることによって，分離カラムの性能を高くすることができる．

図13.21 には解熱剤成分の分離を例に，HPLC および UHPLC の比較を示している．HPLC では，5 μm 粒子を詰めた内径 4.6 mm，長さ 10 cm のカラムを用いているのに対し，UHPLC では 2 μm 粒子を詰めた内径 2.1 mm，長さ 5 cm のカラムを用いている．UHPLC では HPLC に対し，分析時間が 1 / 6 に，使用溶媒量が 1 /10に削減されることがわかる．

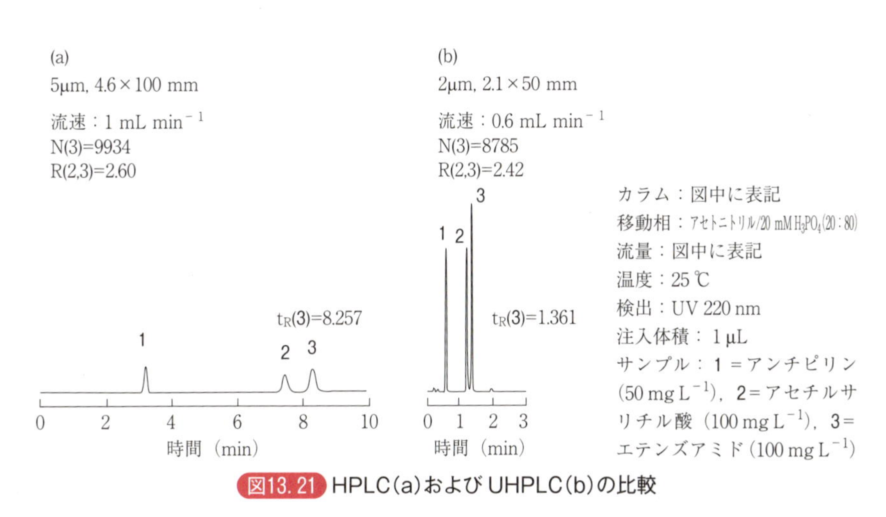

図13.21 HPLC(a)および UHPLC(b)の比較

図13.21 の分析例で用いた 2 μm の充填剤は全多孔性であるが，コアシェル型充填剤と呼ばれる，表面だけに多孔性素材が用いられている充填剤は，比較的低い圧力損失で高い性能が発現できるとして注目されている（図13.22）．これらは，1.7 μm の溶融シリカコアに 0.5 μm の厚みでシリカゲル多孔層が覆うような構造をもち，拡散層が薄いため物質移動が良好であり，高性能な結果を与える．コアシェ

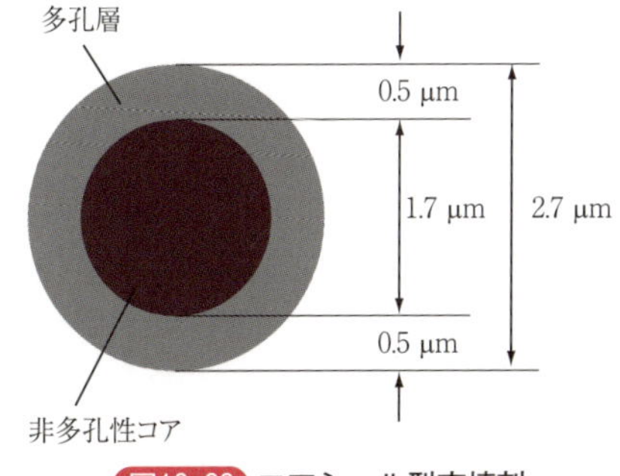

図13.22 コアシェル型充填剤

ル型充填カラムのファンディームタープロットは，全多孔性 1.8 μm の充填カラムよりも小さい理論段高さを与え，より低い圧力損失で高いカラム性能が達成できる．このように HPLC は，現在においてもますます高性能化が進められている．

章末問題

13-1　逆相分配モードにおいて，ある二成分の分離度を改善するにはどうすればよいか．

13-2　カラム長さを2倍にすると分離度は何倍になるか．

13-3　充填剤の粒子径を半分にし，カラム長さを半分にした場合，流量および移動相の条件が同じであるとすると圧力損失はどのように変化するか答えよ．

13-4　イオン性物質を分離するにはどのような分離モードを選べばよいか．

13-5　サイズ排除クロマトグラフィーについて述べよ．また排除限界とは何か．

13-6　逆相 HPLC で最もよく使用される固定相は何か．

13-7　化学結合型シリカゲル充填剤において，エンドキャッピングはなぜ行われるか．

13-8　イオンクロマトグラフィーにおけるサプレッサーの役目について述べよ．

13-9　HPLC においてマイクロカラムはどんな利点を有するか．

Instrumental Methods in Analytical Chemistry

第14章

電気泳動分析

本章では電気泳動分析法，特にキャピラリー電気泳動（CE）を中心に，その主な方式やそれらの原理，装置などについて解説する．CE は比較的新しい分離分析法であり，既存の方法と比較して分離効率が高いこと，測定対象成分の絶対量が極めて少ないという特徴から，その黎明期より，広範な分野への利用が期待されている．さらに近年，ポストゲノムの生命科学分野における強力な研究手段として，質量分析計と結合したCE/MS が大きな注目を浴びている．

14.1　電気泳動分析

電気泳動とは，イオンなどの荷電粒子が，両端に電圧を印加した電解質溶液中，あるいは電解質を含む支持媒体中で，粒子の電荷と電場の強さに応じて運動する現象（図14.1）であり，1800年代にロシアの物理学者ロイス（A. Reuss）によって見いだされた．その後，1930年代にスウェーデンのチセリウス（W. Tiselius）

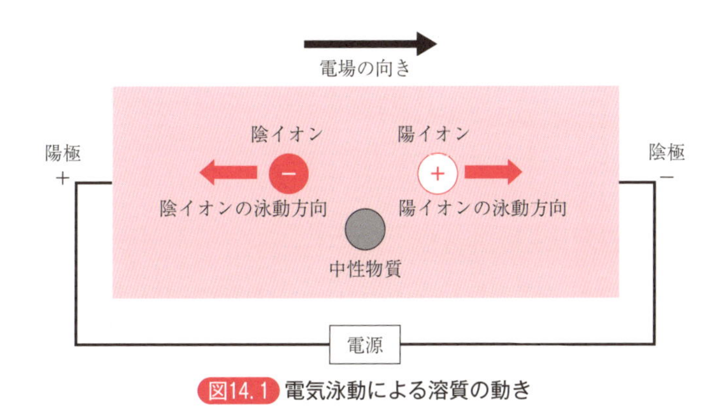

図14.1　電気泳動による溶質の動き

によって，ようやく実用的な電気泳動装置が開発された．チセリウスの開発した手法は，支持媒体を用いずに，U 字管内の自由溶液中で電気泳動を行う**無担体電気泳動法**であった．その後，1950～1970年代にかけて，濾紙，デンプン，ポリアクリルアミド，アガロースなどのゲルを電気泳動の支持媒体として用いる「ゾーン電気泳動法」が相次いで提案され，タンパク質や核酸などの生体高分子の有用な分離分析手段として急速に発展，定着し，現在に至っている．なかでも，分離媒体としてアガロースやポリアクリルアミドといった高分子からなる平板状ハイドロゲルを用いるスラブゲル電気泳動法（コラム14.1）は，生化学関連の分野で現在も日常的に用いられる実験手法である．

一方，チセリウスの電気泳動装置のような無担体電気泳動法には，電気泳動で発生するジュール熱による溶液の対流が起こりやすく，安定した分離を達成しづらい課題があったが，十分に細い毛細管（キャピラリー）内で電気泳動を行えば，対流を抑制することができ，高い分離能を達成できることが見いだされた．初期の直径数 mm のガラス管を用いた報告に端を発し，その後，直径数百 μm のテフロン管を用いた報告を経て，1980年代にヨルゲンソン（J. W. Jørgenson）らにより，直径 100 μm 以下の溶融シリカキャピラリーを用いる**キャピラリー電気泳動法**（capillary electrophoresis：CE）が確立された．その後，さまざまな分離モード，装置の開発が行われ，現在に至っている．

CE は，タンパク質や核酸を含む高分子電解質，コロイド粒子といった大きな分子量をもつ物質だけでなく，低分子の有機物，金属イオン，無機イオンの分離分析法としても広く用いられている．また，適切な分離モードを選択すれば，通常の電気泳動では分離できない電気的に中性な物質の分離分析も可能である．2003年に終了したヒトゲノム計画で塩基配列の解析に用いられた DNA シーケンサーも，CE を応用したものである．

14.2 キャピラリー電気泳動

内径が 100 μm 以下の毛細管（キャピラリー）内で電気泳動分離を行う手法を，キャピラリー電気泳動法（CE）と呼ぶ．CE 装置は基本的に，泳動緩衝溶液で満たされたキャピラリーと，泳動緩衝溶液を入れたバイアル，白金電極，直流高圧

Column 14.1

スラブゲル電気泳動

スラブゲル電気泳動はタンパク質や核酸の有用な分離分析法の一つであり，これらを扱う分野では日常的に用いられている．スラブゲル電気泳動は，図に示すような簡単な装置を用いて行われる．あらかじめ調製しておいた，アガロースやポリアクリルアミドなど高分子鎖からなる平板状のハイドロゲルを，泳動緩衝溶液と共に泳動槽に入れ，サンプル注入用ウェル（小さな溝）に試料を注入したのち，泳動槽の両端に浸された電極間に数100 V程度の直流電圧を印加して電気泳動分離を行う．ハイドロゲル中で電気泳動を行う場合，溶質の電気的性質（荷電状態）に加えて，溶質の分子量（大きさ）に応じて分離を達成することができる．分子は支持媒体であるゲルの網目の中を泳動する．したがって，分子はゲルのもつ網目構造の抵抗を受けることになり，大きな分子ほどその影響が大きくなる．いわば，ゲルは分子の「ふるい」として作用する．この効果は，「分子ふるい効果」と呼ばれ，ゲル中で行われる電気泳動の重要な動作原理である．電荷が同じであれば，より分子量の大きい分子ほど大きな抵抗を受けるため，電気泳動移動度が小さくなる．「分子ふるい効果」を用いた例として，DNAの電気泳動分離があげられる．DNAは，塩基対の配列や長さが変わっても，生理的条件下では電荷と分子量の比がほぼ一定であるため，支持媒体を用いない自由溶液中で行う電気泳動ではほとんど分離できないが，ハイドロゲル中ではその大きさ（＝塩基配列の長さ）に応じて分離することができる．また，ハイドロゲルを電気泳動の支持媒体として用いる利点は，ゲルは半固体であり流動性が乏しいため，電気泳動に伴って発生する熱による溶質の対流や拡散を抑制することができ，分離効率が向上することにある．

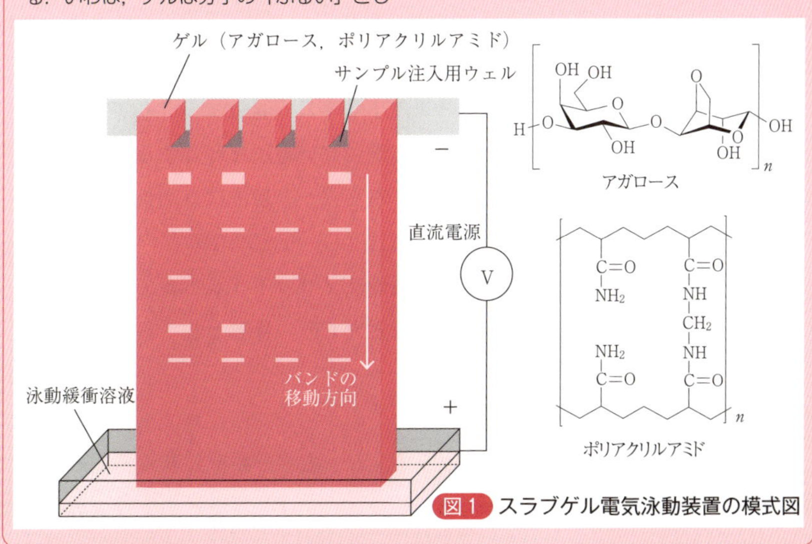

図1 スラブゲル電気泳動装置の模式図

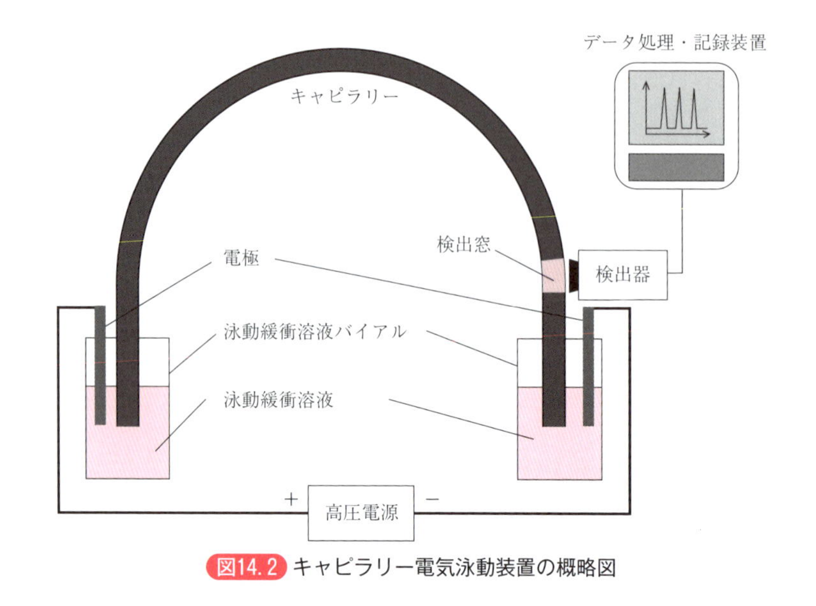

図14.2 キャピラリー電気泳動装置の概略図

電源部分，検出器およびデータ処理・記録部で構成される（図14.2）．検出器の反対側にあたるキャピラリーの一端から，ごく少量の試料溶液を注入する．その後，キャピラリーの両端に電圧を印加し，電気泳動分離を行う．一般的に電気泳動時における分離間は，印加電圧が大きくなるにつれ短くなる．CEでは，比表面積の大きなキャピラリー内で泳動を行うため，古典的なスラブゲル電気泳動に比べて，電流によって発生するジュール熱を効率よく発散することができる．したがって，スラブゲル電気泳動よりもはるかに高い電圧を印加することができるので，より短い時間で分離を達成できる．さらに，一般的には高性能分離法として知られる高速液体クロマトグラフィー（HPLC）など既存のどの分離法よりも高い分離効率が得られること，試料注入量がナノリットルレベルであることから極めて微量の成分量の測定ができることなどがCEの特徴としてあげられる．

14.2.1　キャピラリー電気泳動の分類

CEは，いくつかの分離モードに分類できる．まず，キャピラリー内に電解質溶液だけを満たす方法（自由溶液CE）と，ハイドロゲルなどの支持媒体を充填する方法とに大別される．

自由溶液CEの一つとして，pH調整した泳動緩衝溶液でキャピラリー内を満たす方法があり，**キャピラリーゾーン電気泳動**（capillary zone electrophoresis：CZE）と呼ぶ．CZEは，CEの最も基本的な分離モードであり，最も広く使われる方法である．CZEはイオンなどの荷電粒子の分離にしか適用できないが，泳動緩衝溶液としてイオン性界面活性剤のミセル溶液を用いることによって，電荷をもたない中性分子も分離できる．この方法を**ミセル導電クロマトグラフィー**（micellar electrokinetic chromatography：MEKC）と呼び，種々の化合物の分離に利用されている．また，イオン性ミセル溶液以外に，シクロデキストリンや高分子電解質など，疑似固定相となり得る物質を泳動緩衝溶液に添加してCE分離を行う方法を総称して，**導電クロマトグラフィー**（electrokinetic chromatography：EKC）と呼ぶ．その他の自由溶液CEの分離モードとして，キャピラリー等速電気泳動，キャピラリー等電点電気泳動などがある．

一方，支持媒体を用いるCE分離法として，電解質を含む高分子ハイドロゲルをキャピラリーに充填する**キャピラリーゲル電気泳動**（capillary gel electrophoresis：CGE）がある．クロマトグラフィーに用いられるものと同等の充填剤をキャピラリー内に充填し，これを固定相としてクロマトグラフィーと電気泳動を同時に行うキャピラリー電気クロマトグラフィーもある．

14.2.2　荷電粒子の電気泳動と電気浸透流

1）荷電粒子の電気泳動

CEを含む電気泳動分析法は，基本的にイオンなどの荷電粒子を対象とした分離法であり，荷電粒子の物性（電荷，サイズ）の違いによって，その移動度（移動方向と速度）に違いが生じることを利用して分離を達成する．電場中での荷電粒子の移動速度 v_{ep}（m s^{-1}）は次式で表される．

$$v_{ep} = \mu_{ep} E \tag{14.1}$$

ここで，μ_{ep}（m^2 V^{-1} s^{-1}）は電場中での荷電粒子の電気泳動移動度，E（V m^{-1}）は電位勾配（印加電圧をキャピラリーの全長で除したもの）である．このように，v_{ep} は μ_{ep} と E とで決まるが，μ_{ep} はそれぞれの荷電粒子に固有の値である．粘性率 η（Pa s）の溶液内を，半径 r（m），電荷 q（C）の荷電粒子が電場による電気的駆動力によって移動するとき，荷電粒子は溶液による粘性抵抗（溶液から受ける力 F）を受けながら等速運動するので，μ_{ep} はストークス（G. G. Stokes）の法則 $F = 6\pi\eta r v_{ep}$ より，次式で与えられる．

$$\mu_{ep} = \frac{q}{6\pi\eta r} \tag{14.2}$$

q には電荷の価数だけではなく符号も含まれており，当然，その符号によって荷電粒子の泳動方向が決まる．すなわち，負電荷を帯びた粒子は陽極方向へ泳動し，正電荷を帯びた粒子は陰極方向へ泳動する．一方，q はその荷電粒子が置かれた溶液環境によって変化することがある．泳動緩衝溶液の pH を変化させることによって官能基の酸解離平衡に基づくプロトン化や脱プロトン化を利用して，対象分子の電荷数ひいては μ_{ep} を制御することができる．泳動緩衝溶液の pH は，CE における分離挙動を決める重要な因子の一つである．

2）電気浸透流

電気浸透は広く知られる界面電気現象であり，これによって生じる**電気浸透流**（electroosmotic flow：EOF）は，スラブゲル電気泳動や CGE では邪魔者であるが，CE の基本分離モードである CZE や EKC などの自由溶液 CE では，EOF を積極的に利用することで高い分離効率を達成する．以下，CE で広く用いられている溶融シリカキャピラリーを例に，EOF の発生する原理と，EOF によってキャピラリー内に生じる流れの特性ついて述べよう（図14.3）．

泳動緩衝溶液の pH が 3 以上のとき，溶液と接触しているキャピラリー内壁表面のシラノール基の酸解離（$-Si-OH \longrightarrow -Si-O^- + H^+$）によって，キャピラリー内壁は負に帯電する．さらに，これと泳動緩衝溶液中に含まれる陽イオンとにより，キャピラリー内壁表面に電気二重層が形成される．この状態でキャピラリー両端に電圧を印加すると，電気二重層（拡散層）内の陽イオンだけが陰極方向に移動する．このとき，陽イオンだけでなくそれに水和した水和水，および，それと水素結合しているバルクの溶媒としての水分子も同時に陰極方向に引っ張られるため，結果としてキャピラリー内全体に陰極方向への泳動緩衝溶液の流れ，すなわち，EOF が発生する．キャピラリー内径が十分に小さいとき，キャピラリー内の EOF は，キャピラリー内断面においてどの部分でもその速さがほ

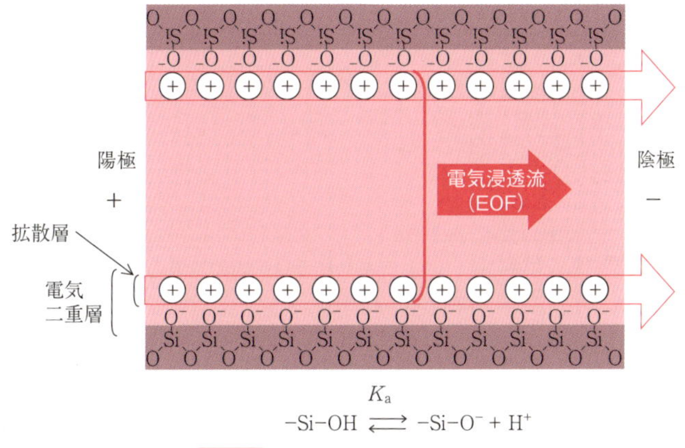

図14.3 電気浸透流の発生原理

とんど変わらない“栓流”に近い状態となる(図14.4a).一方,クロマトグラフィーで用いるような外部圧力を利用した送液ポンプでキャピラリー内にキャリアー溶液を送液した場合は,流れの速さが管壁表面と中央部分とで大きく異なる(図14.4b)ため,試料バンドが拡散して分離効率が低下する.これに対して,EOFを利用するCEでは,流速分布に起因する試料バンドの拡散がほとんどないため,HPLCに比べて高い分離効率が得られる.

EOFの速度,v_{eof}($m\ s^{-1}$)は次式で表される.

$$v_{eof} = \frac{\varepsilon_0 \varepsilon_r \zeta}{\eta} E \tag{14.3}$$

ここで,ε_0は絶対誘電率($C\ V^{-1}\ m^{-1}$)で,ε_rは比誘電率,ζはキャピラリー内壁のゼータ電位(V,電気二重層のすべり面とバルク溶液の部分との電位差)である.v_{eof}は,ζとEとに比例するので,これらを変えることによって電気浸透流の速度や向きを制御することが可能である.たとえば,印加電圧を大きくしてEを大きくすれば,泳動時間を短縮できる.一方,ζの制御,つまり,キャピラリー内壁表面の荷電状態を変化させてEOFを制御する方法もある.泳動緩衝溶液中に適当な濃度の陽イオン界面活性剤を添加することによってキャピラリー内壁表面を正に荷電させ,EOFの向きを,通常とは逆の陰極から陽極方向へ逆転させることが可能である.また,CGEのようにEOFの存在が分離を妨げる場合,シランカップリング剤やポリマー等でキャピラリー内壁をコーティングしてシラ

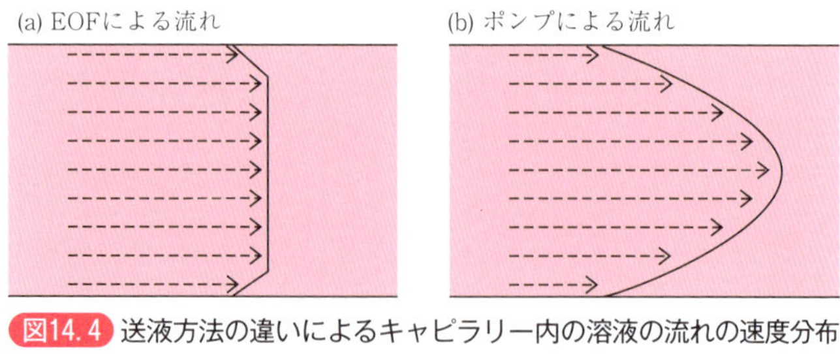

図14.4 送液方法の違いによるキャピラリー内の溶液の流れの速度分布

図中矢印の長さは速度の大きさを表す.

ノール基を解離できないように封鎖することによって，EOF を抑制することもできる.

14.2.3　分離の原理

1）キャピラリーゾーン電気泳動（CZE）

CZE は，CE の最も基本的，かつ，最も多用される分離モードである．キャピラリー内に泳動緩衝溶液を満たし，試料溶液を管の一端から細い“プラグ（栓）”として注入した後，キャピラリー両端に電圧を印加すると，試料中の荷電粒子はそれぞれ固有の電気泳動移動度に従ってキャピラリー内を泳動する．しかし先に述べたように，pH 3 以上，特に中性以上の pH では陽極から陰極方向への EOF による流れが発生するため，溶質は EOF の流れに乗りながら，あるいは逆らいながらキャピラリー内を移動することになる．そのため，CZE における溶質の見かけの電気泳動速度（v_{obs}）は，溶質の電気泳動速度（v_{ep}）と EOF の速度（v_{eof}）との和として表される.

$$v_{obs} = v_{ep} + v_{eof} \tag{14.4}$$

中性以上の pH 条件では，v_{eof} の絶対値は，イオンを含むほとんどすべての荷電粒子の v_{ep} の絶対値よりも大きいので，陰極側に泳動する正電荷をもつ荷電粒子はもちろんのこと，陽極側に泳動する負電荷をもつ荷電粒子を含め，試料中のほぼすべての成分が EOF によって陰極側に流される．したがって，図14.5に示すように，中性物質は EOF と同じ速度でキャピラリー内を移動するが，EOF と同じく陰極側に泳動する陽イオンはEOFよりも速く，また，EOFとは反対の陽極側に泳動する陰イオンはEOFよりも遅く，陽極側から陰極側に移動し，それぞれ独立したピークとなって陰極側に設けた検出窓で検出される．最も単純な場合，電気泳動図（エレクトロフェログラム）上には，陽イオン，中性物質，陰イオンの順にピークが現れる．

図14.6は，CZEによる水溶性ビタミン類の分離例である．ビタミンB_1，ビタミンB_2，ビタミンB_6およびニコチンアミドの相互分離が達成されている．CEでは，ピーク高さまたは面積を用いて定量する．ここでは内標準物質としてアセトアミノフェンが添加されており，それぞれの溶質のピーク高さ（または面積）を内標準物質の値と比較して相対ピーク高さ（または面積）を求めて検量線を作成し定量すること（内標準法）により，試料注入量のばらつきが結果に及ぼす影響を補正する．

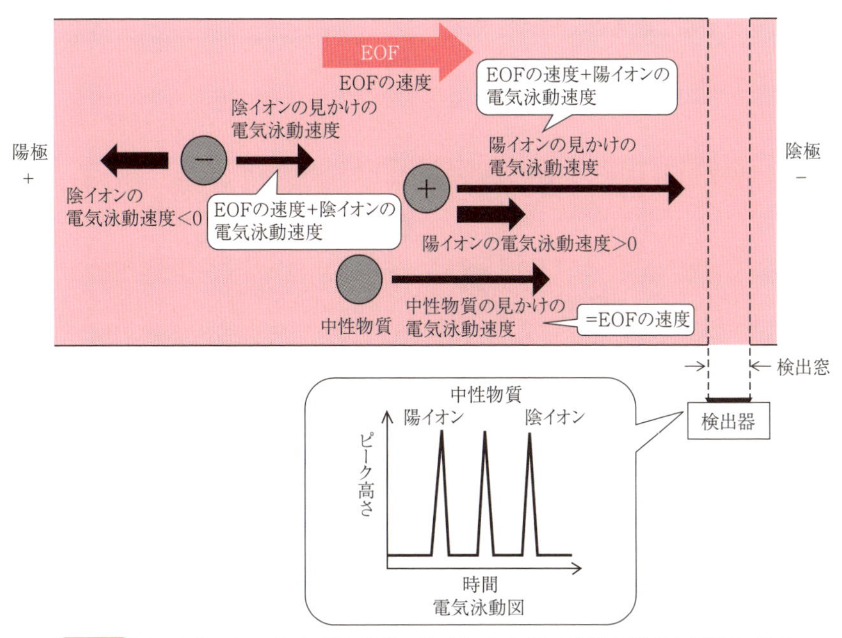

図14.5 キャピラリーゾーン電気泳動（CZE）における溶質の動きと電気泳動図

2）ミセル導電クロマトグラフィー（MEKC）および導電クロマトグラフィー（EKC）

MEKCでは，泳動緩衝溶液に界面活性剤のミセル溶液を用いる．界面活性剤には，イオン性と非イオン性のものがあり，どちらを用いるかで分離挙動がまったく異なる．MEKCでは，陰イオン界面活性剤の硫酸ドデシルナトリウム（SDS）が最も多用される．以下，陰イオン界面活性剤のミセル溶液を用いたMEKCの原理について述べよう（図14.7）．ミセル水溶液は，微視的に見れば，バルクの水相とミセル相との二相系であり，ここに電気的に中性な分子を入れると，その一部がミセル相に取りこまれる．クロマトグ

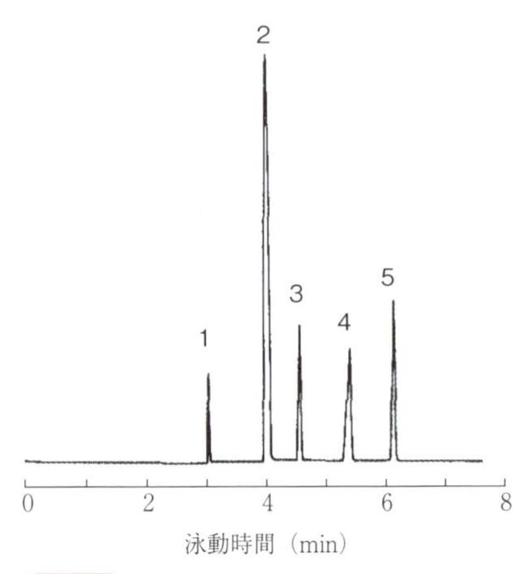

図14.6 CZEによる水溶性ビタミン類の電気泳動図

1＝ビタミンB_1，2＝ニコチンアミド，3＝アセトアミノフェン（内標準物質），4＝ビタミンB_2，5＝ビタミンB_6.
キャピラリー：内径75 μm，有効長57 cm
印加電圧：20 kV
緩衝溶液：0.02 M ホウ酸塩溶液（pH 9）
S. Boonkerd et al. *J. Chromatogr. A*, 670, 209,（1994）より転載.

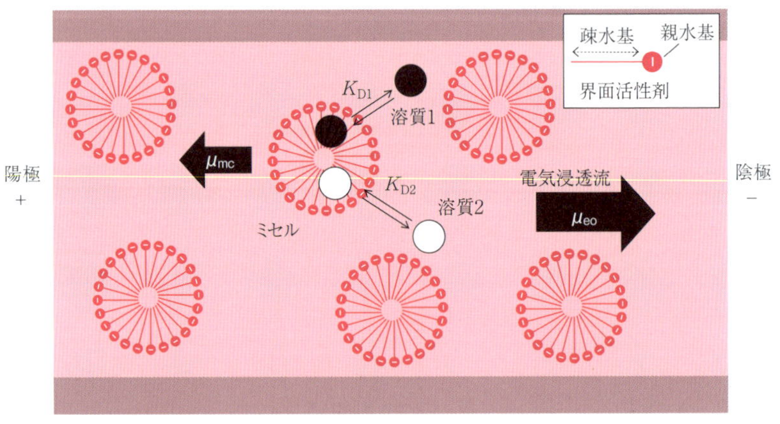

図14.7 ミセル導電クロマトグラフィー（MEKC）の原理

μ_{eo}：電気浸透流の速度，μ_{mc}：ミセルの移動度，K_{D1}およびK_{D2}：溶質1（2）の水相−ミセル相間の分配定数.

ラフィーでは，溶質の移動相–固定相間の二相分配現象を利用して分離が達成される（第11～13章参照）が，MEKCではミセル相を“疑似”固定相として利用し，これと水相間の二相間分配現象を利用して分離を達成する．陰イオン界面活性剤ミセルは負電荷をもつので，電気泳動を行うと陽極方向へ泳動する．一方，CZEの項でも述べたように，中性以上のpH条件では陰極方向へのEOFが発生し，キャピラリー内の溶液全体が陰極方向へ移動する．EOFの速度は，陰イオン界面活性剤ミセルの電気泳動移動速度よりも大きいので，結局，ミセルもEOFより小さい速度で陰極側に移動する．したがって，ミセル相に取りこまれずに水相に存在する分子は，ミセル相に存在する分子よりも速く泳動する．また，水相－ミセル相間の分配現象における二相間の物質移動速度はミセルの電気泳動速度と比較して十分に速い．そのためMEKCでは，ミセル相への分配特性の違いによって溶質の泳動速度が決まる．すなわち，ミセルにほとんど取りこまれない（ミセルとの親和性が低い，分配定数が小さい）溶質の泳動時間は短く，ミセルによく取りこまれる（ミセルとの親和性が高い，分配定数が大きい）溶質の泳動時間は長くなる．通常，電気的に中性な物質は，電気泳動では分離できない．CEでも，電気的に中性な物質はすべてEOFと同じ速度でキャピラリー内を移動するため，これらを互いに分離することは不可能であるが，SDSのようなイオン性界面活性剤を用いるMEKCを分離モードとして選択することにより，ミセル相に対する物質間の分配特性の差異から生じる見かけの移動度の差異によって物質の相互分離を達成す

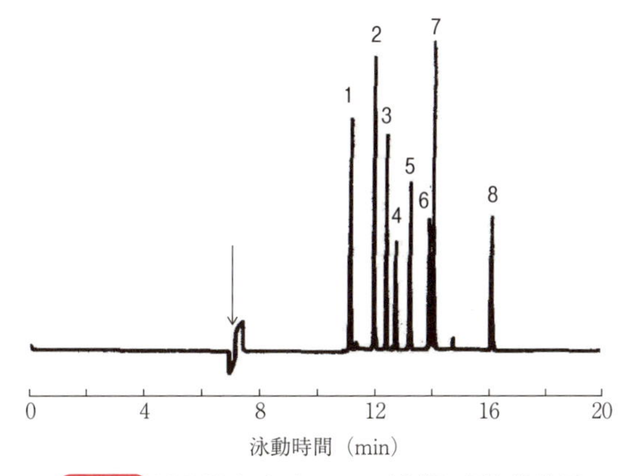

図14.8 MEKCによるステロイド類の電気泳動図

1：トリアムシノロン，2：ヒドロコルチゾン，3：ベタメサゾン，4：酢酸ヒドロコルチゾン，5：酢酸デキサメゾン，6：トリアムシノロンアセトニド，7：フルオシノロンアセトニド，8：フルオシノニド．

キャピラリー：内径50 μm，全長65 cm，有効長50 cm

印加電圧：20 kV

泳動緩衝溶液：0.02 M リン酸－ホウ酸塩泳動緩衝溶液（pH9.0），0.05 M デオキシコール酸．

H. Nishi et al., *J. Chromatogr.*, 513, 279,（1990）より転載．

ることができる．

図14.8は，デオキシコール酸ミセルを用いたMEKCによるステロイド類の分離例である．デオキシコール酸はSDSと同様の陰イオン界面活性剤であり，基本的にはSDSミセルによるMEKCと同様の機構となる．

クロマトグラフィーでは固定相と移動相の組み合わせを変えることによって種々の分離モードを構築することができるが，MEKCに代表されるEKCでも種々の疑似固定相を用いることによって多様な分離システムを構築できる．疑似固定相としては，シクロデキストリン（CD）のような包接化合物や高分子などが知られている．CDを用いるEKC(CDEKC)の分離の原理は，基本的にMEKCのそれと同じであり，CDの疎水的空孔への物質の分配特性の差異を利用して分離が達成される（図14.9）．さらに，CDのキラル認識能を利用したラセミ体の分離が可能である．

3）CGE

CGEは，従来のスラブゲル電気泳動と同じく，ポリアクリルアミドゲルやアガロースなどのハイドロゲルの分子ふるい効果を利用して分離を達成する手法であり，核酸やタンパクなど生体高分子の高性能分離法として広く利用されている．また，デキストランやセルロース誘導体，ポリオキシエチレンなどの高分子

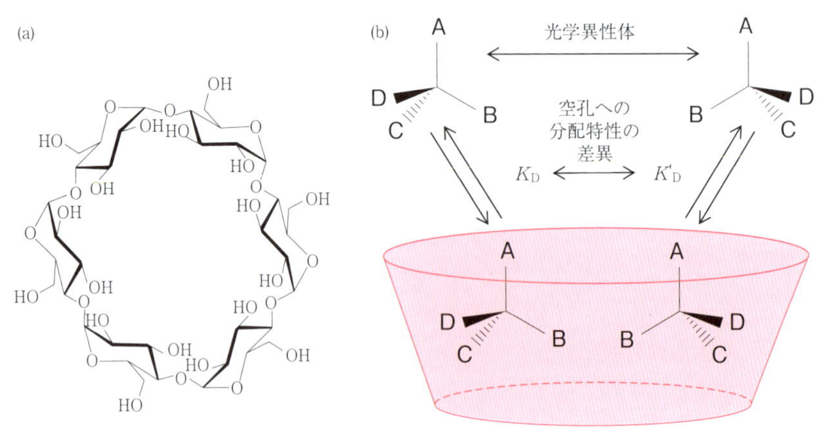

図14.9 シクロデキストリンの構造（a）と，シクロデキストリンがつくる疎水的空孔の模式図（b）

水溶液を泳動緩衝溶液として用いる場合も，CGE と同様，これらの高分子による分子ふるい効果による分離が可能である．CGE を含む分子ふるい効果を利用する CE 分離法では，EOF の発生が邪魔になるので，これを抑えるためにシランカップリングなどによりキャピラリー内壁表面をコーティングして，EOF の発生を抑制している．

14.3 キャピラリー電気泳動の実際

本節では，CE の重要な要素であるキャピラリーや検出器などの機器，また，試料注入法など実際に CE 分離を行ううえで必要な要素のいくつかを概説しよう．

1）キャピラリー

キャピラリーの内径が小さいほど，電気泳動時に発生するジュール熱の拡散効率は高くなる．したがって分離だけを考えると，キャピラリーの内径が細いほど高い分離効率が得られる．CE では，内径 10〜100 µm 程度のキャピラリーがよく用いられる．

CE で用いられるキャピラリーの材質としては，含フッ素炭化水素樹脂（テフロン），ガラス，溶融シリカなどがある．このうち，ガラスは入手・加工が容易であるが，もろくて折れやすいこと，紫外部に吸収があることから，CE で汎用される紫外領域での吸光検出に使用できない．また，テフロンなどの樹脂製のキャピラリーは，柔軟性が高く，取扱が容易ではあるが，透明度が低く，そもそも光学検出には適さない．一方，溶融シリカはガラスと同様に，もろく折れやすいが，ガラスと違って紫外領域に吸収をもたないため，紫外・可視領域での吸光検出に使用できる．実際に CE で広く用いられる市販品の溶融シリカキャピラリーは，外側をポリイミド樹脂で被覆して，曲げに対する物理的な強度を高める工夫がなされている．ポリイミド樹脂はオンカラム光学検出の妨げとなるが，使用する際は，被覆を部分的に剥がして検出用窓を作製する．

2）電源

CE では，スラブゲル電気泳動よりも高い，1 cm 当たり数百 V の電圧を印加するので数十 kV 程度の出力（電流出力：1 mA 以下）が可能な直流高圧電源を使用する.

3）試料注入法

CEでは装置の構成上，クロマトグラフィーのように流路の途中にインジェクターバルブを置くことは難しいので，キャピラリーの一端から短いプラグとして試料溶液を導入する．例えば，内径50 μmのキャピラリーに長さ5 mmのプラグとして導入した場合，試料体積は約10 nLとなる．nLオーダーの試料溶液を再現性良くキャピラリーに導入することは容易ではない．そこで，CEでは，その黎明期から独自の試料導入法が開発されてきた．

・落差法

キャピラリーの一端を試料溶液のバイアルに浸け，キャピラリーのもう一端（泳動緩衝溶液バイアルに浸けられている）を一定時間下げる，あるいは，試料溶液側のバイアルを一定時間持ち上げて，両者の液面間に高低差をつけることによってキャピラリー両端に生じる圧力差，すなわち，サイホンの原理を利用して試料を注入する方法である．キャピラリー長，溶液の粘度が一定であれば，キャピラリーに導入される試料量は，高低差，注入時間に比例するので，これらを変えて試料導入量を制御する．

・圧力法

キャピラリーの一端を試料溶液のバイアルに浸け，キャピラリーのもう一端が浸けられている泳動緩衝溶液バイアルを一定時間減圧することによって試料を導入する吸引法と，これとは逆に，試料溶液側のバイアルを一定時間加圧することによって試料を導入する加圧法とがある．いずれの場合も，減圧または加圧を行う側のバイアルの気密性を確保する必要がある．試料注入量は，加圧（減圧）の圧力と，その時間に比例するため，これらを変化させて試料導入量を制御する．

・電気的注入法

キャピラリーの一端を試料溶液のバイアルに浸け，これと，キャピラリーのもう一端が浸けられている泳動緩衝溶液バイアルとの両方に電極を挿入し，電圧を印加して試料を導入する方法である．電気泳動，電気浸透流の両方の効果によって，試料溶液中の成分がキャピラリー内に導入される．印加電圧，電圧の印加時間を変化させて試料成分導入量を制御する．粘性の高い泳動緩衝溶液（または試料溶液）を使用する場合は，特に本法が用いられる．CGEやポリマー溶液を泳

Column 14.2

最先端の生命科学を支援する CE/MS

細胞内の代謝過程において，最終産物あるいはその中間体として生産される，核酸，脂質，アミノ酸，有機酸といった，低分子量代謝物質（メタボローム）を網羅的に探索する領域をメタボロミクスと呼ぶ．メタボロミクスの研究では，数百あるいは数千種類に及ぶメタボロームについて，個々の物質の定性および定量性を確保しつつ，一斉に，かつ網羅的に測定する必要がある．したがって，メタボロミクスにおいては，上のような要求を満足する分析技術の確立が鍵となる．質量分析法（MS）は，構造が既知である物質の定性，定量のための極めて有用な分析法であり，特に代謝過程を取扱う生命科学の領域では必須の研究手段である．MS は，高純度試料の分析には威力を発揮するが，多成分を同時に分析する目的にはあまり適しておらず，数百あるいは数千種類の物質を一斉に分析しなければならないメタボローム解析には，それ単独では使えない．そこで，活躍するのが，MS の前段に GC や LC,CE 等の分離法を結合した，分離機能付き高感度分析システム，“ハイフネーティッド”分析システムである（10.4節も参照）．ハイフネーティッド分析システムは，1990年代後半以降盛んに発表されるようになり，新たな分析技術として種々の分野で利用されるようになった．この分析システムが確立される以前は，個々の代謝物質を正確に定量することは技術的に不可能であり，したがって“メタボロミクス”としての共通認識のもとに一つの学問分野として成立するには至らなかった．しかしながら，特に2000年以降，ハイフネーティッド分析システムの普及と共に，これがメタボロームの一斉分析に利用されるようになり，一個の独立した研究分野としてメタボロミクスが醸成されるに至った．すなわち，ハイフネーティッド分析システムの存在なしにメタボロミクスの成立はあり得なかったと言っても過言ではない．目的代謝物質群の物性に応じて，ハイフネーティッド分析システムにおける分離手法が使い分けられるが，主要代謝物質の多くは水溶性かつイオン性であることから，これらの分離が得意な CE との組合せによる CE/MS はメタボローム解析のための極めて有用な分析手段であり，現在では，CE/MS を利用したメタボロミクスの研究成果が多く発表されている．

動緩衝溶液に用いる際の試料導入法として有用である．

4）検出器

CE では基本的に，HPLC で用いられる検出器のほとんどを使用できる．ここでは，よく用いられる，吸光検出器，蛍光検出器について述べる．検出器として質量分析計を用いる事例については，コラムを参照のこと．

・吸光検出器

CE で最も広く用いられている検出法である．HPLC ではポストカラムで検出するが，CEでは一般的にオンカラム（コラム13.1参照）で光学的検出を行う．

吸光検出器では，迷光の影響を除去するために光束を絞る．キャピラリー内径とほぼ同じ幅のスリットが設置され，高感度に検出できるように工夫されている．また，光路長を伸ばすことによって感度が向上するため，検出窓部分の内径だけを大きくしたバブルセルキャピラリーも市販されている．

・蛍光検出器

オンカラムで行われる．対象物質（被検物）自身が蛍光を発する場合は限られており，多くの場合は蛍光ラベル化が必要になる．そのため吸光検出ほど一般的ではないが，より高い感度が得られる．蛍光検出器の光源には，キセノンランプとレーザーの2種類があり，より強力な励起光源であるレーザーを用いる方がより高感度になる．励起光の散乱光を可能な限り除去して検出感度を向上するためのさまざまな工夫が施されている．

章末問題

14-1　電気浸透流の発生する原理を述べよ．

14-2　キャピラリーゾーン電気泳動の分離機構を説明せよ．

14-3　キャピラリー電気泳動で高い分離能が得られる理由について，キャピラリー内の溶液の流れに関連して説明せよ．

14-4　式(14.4)で与えられる見かけの電気泳動移動度（μ_{obs}）は，溶質の泳動時間（t_m）キャピラリーの有効長（l），電位勾配（E）を用いて次式でも与えられる．

$$\mu_{obs} = \frac{l}{t_m E} \tag{14.5}$$

図14.8の電気泳動図から各溶質のt_mを読み取り，それぞれのμ_{obs}を計算せよ．

14-5　電気的に中性な溶質の泳動時間をt_{eof}とすれば，式(14.5)と同様に電気浸透流の移動度（μ_{eof}）は次の式で与えられる．

$$\mu_{eof} = \frac{l}{t_{eof} E} \tag{14.6}$$

CEにおいて，試料溶液中の溶媒は電荷をもたないため，キャピラリー内をEOFと同じ速度で移動する．したがって，溶媒のピークの泳動時間からμ_{eof}を求めることができる．図14.8中の負のピークは水のピークである（図中矢印の位置）．水のピークの泳動時間をt_{eof}として，μ_{eof}を求めよ．

14-6　μ_{eof}，μ_{obs}および溶質の固有の電気泳動移動度（μ_{ep}）の関係は次の式で与えられる．それぞれ上で求めたμ_{eof}，μ_{obs}を用いて，各イオンのμ_{ep}を計算せよ．

$$\mu_{obs} = \mu_{eof} + \mu_{ep} \tag{14.7}$$

付　　録

付録1　バトラー－ボルマー式の誘導（第1章より）

反応速度定数がアレニウス型であることを仮定すると，

$$k_c = A_c \exp\left(-\frac{\Delta G_c^{\ddagger}}{RT}\right) \qquad k_a = A_a \exp\left(-\frac{\Delta G_a^{\ddagger}}{RT}\right) \tag{a.1}$$

である．ここで，A_c と A_a は，それぞれ正反応と逆反応の頻度因子，$\Delta G_c^{\ddagger}$ と $\Delta G_a^{\ddagger}$ は，それぞれ正反応と逆反応の活性化エネルギーを表す．また，式量電位を $E^{\circ'}$，外部回路から加えた電極電位を E とし，その差（$E - E^{\circ'}$）が活性化エネルギーに対して，

$$\Delta G_c^{\ddagger} = \Delta G_{0c}^{\ddagger} + \alpha nF(E - E^{\circ'}),\ \Delta G_a^{\ddagger} = \Delta G_{0a}^{\ddagger} - (1 - \alpha)nF(E - E^{\circ'}) \tag{a.2}$$

の形で作用すると，

$$k_c = A_c \exp\left(-\frac{\Delta G_{0c}^{\ddagger}}{RT}\right)\exp\left[-\frac{\alpha nF(E - E^{\circ'})}{RT}\right]$$

$$k_a = A_a \exp\left(-\frac{\Delta G_{0a}^{\ddagger}}{RT}\right)\exp\left[\frac{(1 - \alpha)nF(E - E^{\circ'})}{RT}\right] \tag{a.3}$$

となる．本文にも記したように，α（0～1）は移動係数と呼ばれ，活性化エネルギー曲線の対称性の指標である．

今，本文の式(1.14)の $\mathrm{Ox} + ne^- \rightleftarrows \mathrm{R}$ が平衡にあるとし，溶液内部の酸化体と還元体の濃度を C_{Ox}^* および C_{R}^* で表すと，$C_{\mathrm{Ox}}^* = C_{\mathrm{R}}^*$ であれば $E = E^{\circ'}$ である．電流が流れないので $k_c C_{\mathrm{Ox}}^* = k_a C_{\mathrm{R}}^*$，したがって，$k_c = k_a$ である．このときの k_c と k_a を特別な反応速度定数である標準反応速度 k° とすると，

$$k_c = k^{\circ} \exp\left[-\frac{\alpha nF(E - E^{\circ'})}{RT}\right] \qquad k_a = k^{\circ} \exp\left[\frac{(1 - \alpha)nF(E - E^{\circ'})}{RT}\right] \tag{a.4}$$

と表せ，式(1.22)の $I = -nFA[k_c C_{\mathrm{Ox}}(0, t) - k_a C_{\mathrm{R}}(0, t)]$ は，

$$I = -nFAk^{\circ}\left\{C_{\mathrm{Ox}}(0, t)\exp\left[-\frac{\alpha nF}{RT}(E - E^{\circ'})\right] - C_{\mathrm{R}}(0, t)\exp\left[\frac{(1 - \alpha)nF}{RT}(E - E^{\circ'})\right]\right\} \tag{a.5}$$

となる．式(a.5)は式(1.23)の**バトラー－ボルマー**（Butler-Volmer）**式**である．

平衡においては，正味の電流は0であるので，式(a.5)より，

$$C_{\mathrm{Ox}}(0,t)\exp\left[-\frac{\alpha nF(E_{\mathrm{eq}}-E^{\circ'})}{RT}\right]=C_{\mathrm{R}}(0,t)\exp\left[\frac{(1-\alpha)nF(E_{\mathrm{eq}}-E^{\circ'})}{RT}\right] \tag{a. 6}$$

である．また，平衡であるため電流が流れていないので，電極表面と溶液内部の濃度は等しく，式(a. 6)より，

$$\frac{C_{\mathrm{Ox}}(0,t)}{C_{\mathrm{R}}(0,t)}=\exp\left[\frac{nF(E_{\mathrm{eq}}-E^{\circ'})}{RT}\right]=\frac{C^*_{\mathrm{Ox}}}{C^*_{\mathrm{R}}}\text{すなわち，}E_{\mathrm{eq}}=E^{\circ'}+\frac{RT}{nF}\ln\frac{C^*_{\mathrm{Ox}}}{C^*_{\mathrm{R}}} \tag{a. 7}$$

のネルンスト式が成り立つ．平衡であっても，同じ大きさの還元電流と酸化電流が流れていると考えられ，その電流を交換電流 I_0と定義し，I_0を電極表面積で割ったものを交換電流密度 i_0とすると，交換電流密度は式(a. 6)から，

$$i_0\equiv nFk^{\circ}C^*_{\mathrm{Ox}}\exp\left[-\frac{\alpha nF}{RT}(E_{\mathrm{eq}}-E^{\circ'})\right]$$
$$\left(\equiv nFk^{\circ}C^*_{\mathrm{R}}\exp\left[\frac{(1-\alpha)nF}{RT}(E_{\mathrm{eq}}-E^{\circ'})\right]\right)=nFk^{\circ}C^{*(1-\alpha)}_{\mathrm{Ox}}C^{*\alpha}_{\mathrm{R}} \tag{a. 8}$$

が導ける．ちなみに，$C^*_{\mathrm{Ox}}=C^*_{\mathrm{R}}=C$ のときは，

$$i_0=nFk^{\circ}C \tag{a. 9}$$

である．式(a. 8)を用いれば，式(a. 5)を次のように書き換えられる．すなわち，

$$\begin{aligned}\frac{i}{i_0}&=-\frac{C_{\mathrm{Ox}}(0,t)}{C^{*(1-\alpha)}_{\mathrm{Ox}}C^{*\alpha}_{\mathrm{R}}}\exp\left[-\frac{\alpha nF}{RT}(E-E^{\circ'})\right]\\&\quad+\frac{C_{\mathrm{R}}(0,t)}{C^{*(1-\alpha)}_{\mathrm{Ox}}C^{*\alpha}_{\mathrm{R}}}\exp\left[\frac{(1-\alpha)nF}{RT}(E-E^{\circ'})\right]\\&=-\frac{C_{\mathrm{Ox}}(0,t)}{C^*_{\mathrm{Ox}}}\exp\left[-\frac{\alpha nF}{RT}(E-E^{\circ'})\right]\left(\frac{C^*_{\mathrm{Ox}}}{C^*_{\mathrm{R}}}\right)^{\alpha}\\&\quad+\frac{C_{\mathrm{R}}(0,t)}{C^*_{\mathrm{R}}}\exp\left[\frac{(1-\alpha)nF}{RT}(E-E^{\circ'})\right]\left(\frac{C^*_{\mathrm{Ox}}}{C^*_{\mathrm{R}}}\right)^{-(1-\alpha)}\end{aligned} \tag{a. 10}$$

となる．式(a. 7)と過電圧，$\eta=E-E_{\mathrm{eq}}$ を用いれば，式(a. 10)は，

$$i=-i_0\left\{\frac{C_{\mathrm{Ox}}(0,t)}{C^*_{\mathrm{Ox}}}\exp\left[-\frac{\alpha nF\eta}{RT}\right]-\frac{C_{\mathrm{R}}(0,t)}{C^*_{\mathrm{R}}}\exp\left[\frac{(1-\alpha)nF\eta}{RT}\right]\right\} \tag{a. 11}$$

となる．これが，式(1. 24)である．

付録2　スペクトル項記号（term symbol）

原子のエネルギー準位が，主量子数 n と方位量子数 l を用いて表されることは第5章で学んだ．中性原子については，エネルギー準位の低い方から 1s＜2s＜2p＜3s＜3p＜4s＜3d＜4p＜5s＜4d＜5p＜6s＜4f＜5d…の順に電子が入る．したがって，Naの基底状態の電子配置は $(1s)^2(2s)^2(2p)^6(3s)^1$ であり，炎色反応やナトリウムランプではその励起状態 $(1s)^2(2s)^2(2p)^6(3p)^1$ とのエネルギー差に相当する黄色の発光が観測される．この発光スペクトルが，589.00 nm と589.59 nm の二重線であることが発見され，これが電子のスピン（電子の自転に相当）状態に関係することがわかった．

スペクトル項記号は，電子スピンを考慮した原子全体のエネルギー状態を表す記号であり，個々の電子の軌道磁気量子数の総和から得られる全軌道角運動量 $L=\sum_i l_i$，スピン磁気量子数の総和から得られる全スピン角運動量 $S=\sum_i s_i$，それに L と S の相互作用から得られるスピン－軌道合成角運動量，$J=|L+S|$，…，$|L-S|$ を用いて，一般に，$n^{2S+1}L_J$ と表される．ここで，$L=0$，1，2，3…に対して，それぞれ項記号としてS，P，D，F…が対応する．$2S+1$ はスピン多重度（スピンで決まる状態の数）で，1はシングレット，2はダブレット，3はトリプレットと呼ばれる．上記のNaの例では，基底状態は $3\,^2S_{1/2}$，励起状態は $3\,^2P_{3/2}$ と $3\,^2P_{1/2}$ と表される．

付録3　分析法バリデーション（method validation）

分析結果が，意図した目的に合致していることを科学的に立証する，あるいは，分析法の誤差が原因で生じる誤りの確率が，許容できる程度であることを科学的に証明する過程を言う．これによって，結果の不確かさが評価され，信頼性が保証される（『基礎から学ぶ分析化学』1.4節を参照）．バリデーションの項目には，以下のようなものがある．

精度（precision）：同一条件下で繰り返し分析したときの標準偏差は併行精度あるいは繰り返し精度（repeatability），分析日時，分析者，装置による変動の標準偏差は室内再現精度（intermediate precision），測定法なども異なる試験所間比較での標準偏差は室間再現精度（reproducibility）に区分される．

正確さ（accuracy）または真度（trueness）：標準物質の認証値と分析値との一致の程度，あるいは既知量の対象成分を添加した試料の分析値で評価する場合もある．

検出限界（limit of detection）：検出できる対象成分の最少量（濃度）であり，バックグラウンドシグナルの標準偏差（s）の3倍（S/N比＝3）のシグナル（$3s$）に相当する値が用いられる．

定量限界（limit of quantitation または limit of determination）：定量的な測定の下限であり，バックグラウンドシグナルの標準偏差の10倍（$10s$）に相当する値が用いられる．

選択性（selectivity）：試料中の対象成分とマトリックスあるいは共存成分からのシグナル（出力応答）の分離の程度を表す．

堅牢性，頑健性（robustness）：分析条件の変動の許容能力を示すもので，温度，pHなどを変動させて分析する．

そのほか，試料中の対象成分濃度と分析機器のシグナルの直線性（linearity），成分濃度の80～120%の標準物質を分析する適用範囲（range）などがある．

付表6.1 ICP 発光分析で用いられる主な元素の分析線

元素	波長/nm	備考	元素	波長/nm	備考	元素	波長/nm	備考
Al	167.081	II	Cs	455.536	I	P	177.499	I
Al	396.153	I	Cu	327.396	I	Rb	780.023	I
B	249.773	I	F	685.602	I	S	182.034	I
Ba	455.404	II	Fe	238.204	II	Sc	361.384	II
Be	234.861	I	I	206.163	I	Si	288.158	I
Be	313.042	II	K	766.491	I	Sr	407.771	II
Br	154.065	I	Li	670.784	I	Ti	334.941	II
Ca	393.367	II	Mg	279.553	II	V	309.311	II
Cl	134.724	I	Mn	257.61	II	Zn	206.191	II
Co	228.616	II	Na	588.995	I	Zn	213.856	I
Cr	205.552	II	Ni	221.647	II			

I：原子線，II：イオン線

付表6.2 GFAAS，ICP-AES，ICP-MS の検出限界（ng mL^{-1}）の比較

元素	GFAAS*1	ICP-AES	ICP-MS	元素	GFAAS*1	ICP-AES	ICP-MS
Ag	0.005	0.6	0.0001	Na	0.0075	0.2	0.012
Al	0.05	0.5	0.003	Nb	—	1	0.0002
As	0.4	2	0.003	Nd	500	2	0.0002
Au	0.05	1.4	0.0003	Ni	0.45	0.4	0.002
B	10	0.5	0.004	Os	13.5	0.9	0.0001
Ba	0.3	0.05	0.0001	P	245	1	0.53
Be	0.0015	0.05	0.001	Pb	0.1	1.8	0.0002
Bi	0.2	5.9	0.00007	Pd	0.2	2	0.0001
Br	—	9	0.05	Pr	200	0.9	0.00005
Ca	0.02	0.01	1	Pt	0.5	2.6	0.0008
Cd	0.004	0.2	0.0003	Rb	0.05	4	0.0004
Ce	—	2	0.00006	Re	50	0.9	0.00008
Cl	—	19	1000	Rh	0.4	2	0.00006
Co	0.1	0.3	0.0005	Ru	35	0.6	0.0002
Cr	0.1	0.3	0.007	S	5	4.9	30
Cs	0.02	1500	0.00008	Sb	0.25	2	0.0002
Cu	0.03	0.6	0.0008	Sc	3	0.09	0.02
Dy	8.5	0.3	0.0001	Se	0.45	—	0.11
Er	15	0.4	0.0001	Si	0.0025	3	2.6
Eu	0.25	0.06	0.00007	Sm	20	0.9	0.0002
Fe	0.5	0.4	0.25	Sn	0.1	1.3	0.0004
Ga	0.05	0.8	0.0003	Sr	0.05	0.03	0.0001
Gd	200	0.6	0.0002	Ta	—	1.4	0.00007
Ge	0.15	1.3	0.001	Tb	250	0.7	0.00005

元素	GFAAS*1	ICP-AES	ICP-MS	元素	GFAAS*1	ICP-AES	ICP-MS
Hf	1700	1	0.0001	Te	0.05	3.9	0.0009
Hg	1	2	0.01	Th	—	0.7	0.00005
Ho	4.5	0.3	0.00005	Ti	2	0.3	0.01
I	1.5	13	0.007	Tl	0.05	5	0.00006
In	0.02	0.2	0.00006	Tm	0.5	0.3	0.00005
Ir	8.5	1.6	0.0001	U	50	3	0.00005
K	2	1.5	5	V	0.15	0.4	0.004
La	60	0.3	0.00003	W	—	3	0.0007
Li	0.15	0.5	0.0002	Y	20	1	0.00003
Lu	200	0.05	0.00005	Yb	0.035	0.05	0.0001
Mg	0.002	0.06	0.002	Zn	0.0015	0.3	0.0009
Mn	0.01	0.1	0.005	Zr	600	0.3	0.0001
Mo	0.15	2	0.001				

＊1　a20uL の試料溶液注入

付表7.1 溶媒の種類における波長の測定限界

測定可能な最短波長(nm)	主な溶媒
200	蒸留水，アセトニトリル，シクロヘキサン
220	メチルアルコール，エチルアルコール，イソプロピルアルコール，エーテル
250	1, 4-ジオキサン，クロロホルム，酢酸
270	ジメチルホルムアミド，酢酸エチル
275	四塩化炭素
290	ベンゼン，トルエン，キシレン
335	アセトン，メチルエチルケトン，ピリジン
380	二硫化炭素

付表7.2 金属錯体の電荷移動吸収帯

錯体	λ_{max}/nm	ε/mol^{-1} L cm^{-1}	溶媒
MnO_4^-	525	2350	水
$FeCl_4^-$	365	7000	塩酸
$Fe(phen)_3^{2+}$	510	11100	水
$Cu(ddtc)_2$	436	14000	四塩化炭素

phen：1, 10-フェナントロリン，ddtc：ジエチルジチオカルバメート

※第一遷移金属（II，III）のアクア錯体の色と d-d 吸収帯については，化学同人のホームページ（http://www.kagakudojin.co.jp/book/b208809.html）を参照.

付表9.1 主な元素の固有X線波長とエネルギー

原子番号	元素	波長（Å）				エネルギー（keV）			
		K_{α_1}	K_{α_2}	K_{β_1}	L_{α_1}	K_{α_1}	K_{α_2}	K_{β_1}	L_{α_1}
11	Na	11.910	11.910	11.575		1.0410	1.0410	1.0711	
12	Mg	9.8902	9.8902	9.5211		1.2536	1.2536	1.3022	
13	Al	8.3395	8.3420	7.9610		1.4867	1.4863	1.5574	
14	Si	7.1256	7.1281	6.7533		1.7400	1.7394	1.8359	
15	P	6.1570	6.1601	5.7963		2.0137	2.0127	2.1390	
16	S	5.3723	5.3751	5.0318		2.3078	2.3066	2.4640	
17	Cl	4.7279	4.7308	4.4035		2.6224	2.6208	2.8156	
18	Ar	4.1919	4.1948	3.8860		2.9577	2.9556	3.1905	
19	K	3.7414	3.7445	3.4540		3.3138	3.3111	3.5896	
20	Ca	3.3585	3.3617	3.0898	36.33	3.6917	3.6881	4.0127	0.3413
21	Sc	3.0309	3.0343	2.7796	31.36	4.0906	4.0861	4.4605	0.3954
22	Ti	2.7486	2.7522	2.5140	27.42	4.5108	4.5049	4.9318	0.4522
23	V	2.5036	2.5074	2.2845	24.25	4.9522	4.9446	5.4273	0.5113
24	Cr	2.2898	2.2937	2.0849	21.65	5.4147	5.4055	5.9467	0.5728
25	Mn	2.1019	2.1058	1.9103	19.45	5.8988	5.8877	6.4905	0.6374
26	Fe	1.9361	1.9400	1.7566	17.59	6.4038	6.3908	7.0580	0.7050
27	Co	1.7890	1.7929	1.6208	15.97	6.9303	6.9153	7.6494	0.7762
28	Ni	1.6579	1.6618	1.5002	14.56	7.4782	7.4609	8.2647	0.8515
29	Cu	1.5406	1.5444	1.3923	13.34	8.0478	8.0278	8.9053	0.9297
30	Zn	1.4352	1.4390	1.2953	12.255	8.6389	8.6158	9.5720	1.0117
31	Ga	1.3401	1.3440	1.2079	11.2926	9.2517	9.2248	10.2642	1.0979
32	Ge	1.2541	1.2580	1.1290	10.4364	9.8864	9.8553	10.9821	1.1880
33	As	1.1759	1.1799	1.0573	9.6711	10.5437	10.5080	11.7262	1.2820
34	Se	1.1048	1.1088	0.9922	8.9902	11.2224	11.1814	12.4959	1.3791
35	Br	1.0398	1.0438	0.9328	8.3749	11.9242	11.8776	13.2914	1.4804
37	Rb	0.9256	0.9297	0.8287	7.3184	13.3953	13.3358	14.9613	1.6941
38	Sr	0.8753	0.8794	0.7829	6.8630	14.1650	14.0979	15.8357	1.8066
39	Y	0.8289	0.8331	0.7407	6.4489	14.9584	14.8829	16.7378	1.9226
42	Mo	0.7093	0.7136	0.6323	5.4067	17.4793	17.3743	19.6083	2.2932
45	Rh	0.6133	0.6176	0.5456	4.5975	20.2161	20.0737	22.7236	2.6967
47	Ag	0.5594	0.5638	0.4971	4.1545	22.1629	21.9903	24.9424	2.9843
48	Cd	0.5350	0.5394	0.4751	3.9564	23.1736	22.9841	26.0955	3.1337
53	I	0.4333	0.4378	0.3839	3.1487	28.6120	28.3172	32.2947	3.9377
55	Cs	0.4003	0.4048	0.3544	2.8924	30.9728	30.6251	34.9869	4.2865
56	Ba	0.3851	0.3897	0.3408	2.7760	32.1936	31.8171	36.3782	4.4663
57	La	0.3707	0.3753	0.3280	2.6658	33.4418	33.0341	37.8010	4.6510
58	Ce	0.3571	0.3617	0.3158	2.5615	34.7197	34.2789	39.2573	4.8402
74	W	0.2090	0.2138	0.1844	1.4764	59.3182	57.9817	67.2443	8.3976
78	Pt	0.1855	0.1904	0.1637	1.3131	66.832	65.122	75.748	9.4423
79	Au	0.1802	0.1851	0.1590	1.2764	68.8037	66.9895	77.984	9.7133
80	Hg	0.1751	0.1800	0.1545	1.2412	70.819	68.895	80.253	9.9888
81	Tl	0.1701	0.1750	0.1501	1.2074	72.8715	70.8319	82.576	10.2685
82	Pb	0.1654	0.1703	0.1460	1.1750	74.9694	72.8042	84.936	10.5515
83	Bi	0.1608	0.1657	0.1420	1.1439	77.1079	74.8148	87.343	10.8388
90	Th	0.1328	0.1378	0.1174	0.9560	93.350	89.953	105.609	12.9687
92	U	0.1259	0.1310	0.1114	0.9107	98.439	94.665	111.300	13.6147

付図8.1 赤外（IR）・ラマン（R）スペクトルにおける溶媒の妨害領域

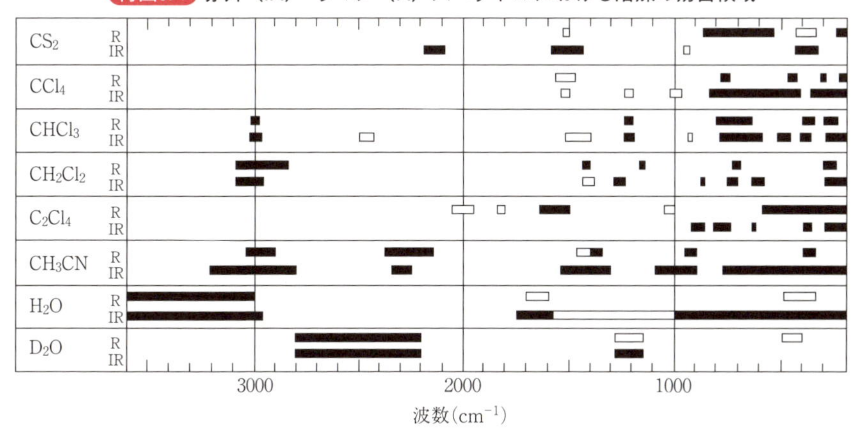

黒領域：完全に妨害，白領域：部分的に妨害. R. S. Drago, "Physical methods in chemistry", Chap.6, p.164, Sanuders College Publishing, (1977) より一部改変.

付表10.1 主な元素の同位体存在度と原子質量

同位体	原子質量(u)	同位体存在度(%)	同位体	原子質量(u)	同位体存在度(%)
^{1}H	1.007825	99.9885	^{29}Si	28.976495	4.685
^{2}H	2.014102	0.0115	^{30}Si	29.973770	3.092
^{12}C	12（定義）	98.93	^{31}P	30.973762	100
^{13}C	13.003355	1.07	^{32}S	31.972071	94.99
^{14}N	14.003074	99.636	^{33}S	32.971459	0.75
^{15}N	15.000109	0.364	^{34}S	33.967867	4.25
^{16}O	15.994915	99.757	^{36}S	35.967081	0.01
^{17}O	16.999132	0.038	^{35}Cl	34.968853	75.76
^{18}O	17.999160	0.205	^{37}Cl	36.965903	24.24
^{19}F	18.998403	100	^{79}Br	78.918338	50.69
^{23}Na	22.989770	100	^{81}Br	80.916291	49.31
^{28}Si	27.976927	92.223	^{127}I	126.904468	100

章末問題の略解

第１章

1-1　2.22×10^{-3} mol L^{-1}

1-2　陽極では塩素（Cl_2）が 0.056 L，陰極では水素（H_2）が 0.056 L 発生する．
塩酸（HCl）と次亜塩素酸（HClO）が溶存している．

1-3　1×10^9 V m^{-1}，1×10^7 V m^{-1}．電極表面の電場が100倍大きい．

1-6　$a = -\dfrac{RT}{\alpha nF}\ln|i_0|$，$b = \dfrac{RT}{\alpha nF}$

第２章

2-4　5.72×10^{-4} mol L^{-1}

第３章

3-1

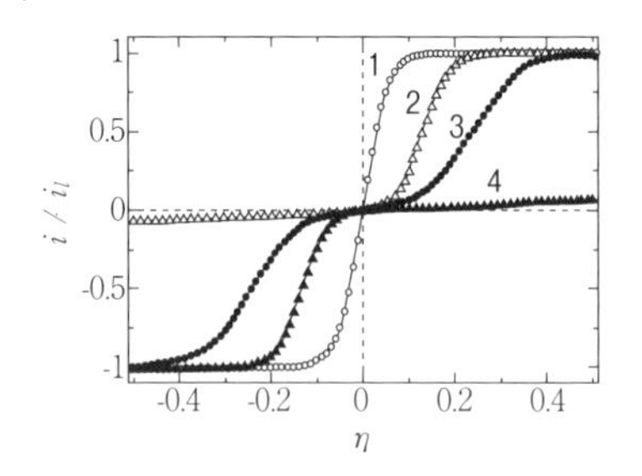

図 $i/i_l - \eta$ 曲線．$\alpha = 0.1$　**1**：$i_0/i_l = 1000$, $\alpha = 0.5$，**2**：$i_0/i_l = 0.01$，$\alpha = 0.1$，**3**：$i_0/i_l = 0.01$，$\alpha = 0.5$，**4**：$i_0/i_l = 0.01$，$\alpha = 0.9$．$n = 1$，$T = 298$ K.

3-2

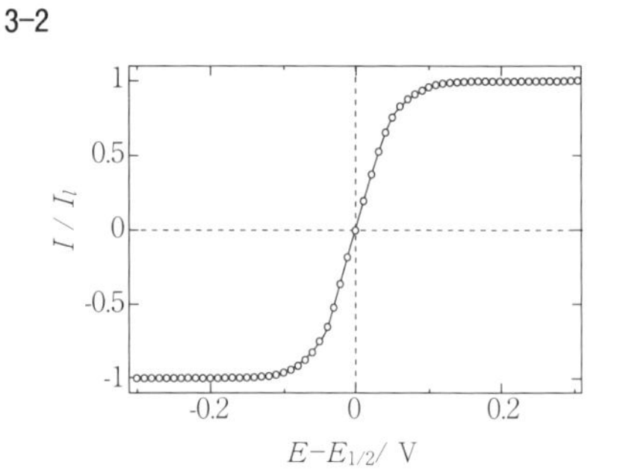

3-5　16 μm

第４章

4-3　金属銅：0.240 g，酸素：0.0605 g.

4-4　65.05 %

4-5　1700 秒，2.04 g

第５章

5-2　3.97×10^{-4} W

5-3 (1) 3，(2)2.0，(3)1.0，
(4)0.046，(5)0.0044，(6)100 %，
(7)79 %，(8)32 %，(9)10 %，(10)1.0 %

5-5

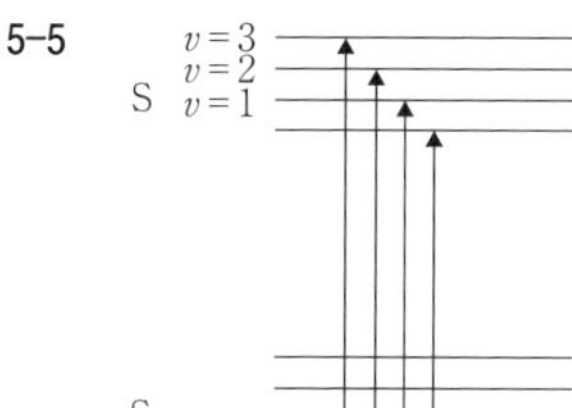

5-6 $2.4 \times 10^2\ \mathrm{m^2\,mol^{-1}}$

5-7 1）

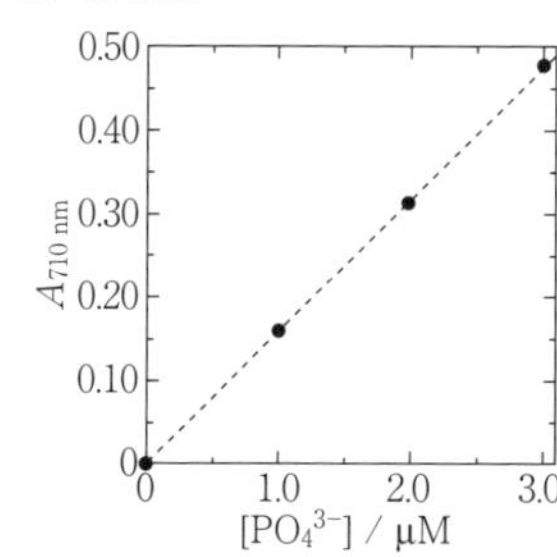

2）$A_{710\ \mathrm{nm}} = (0.158_5 \times [\mathrm{PO_4^{3-}}]/\mu\mathrm{M}) - 0.00100_0$，相関係数は0.999.

3）A：1.14_1 μM　B：2.81_3 μM，1.91_1 μM

5-8 $1.01 \pm 0.00_1$ cm

第６章

6-3 (a)吸光分析，(b)その他，(c)発光分析

6-4 フレーム中における分子性の光吸収や塩微粒子による散乱.

6-5 灰化

6-8 分解能を上げる，コリジョンセルを用いる，同重体の妨害のない同位体を選ぶ.

6-9 $^{56}\mathrm{Fe}$

6-10 1916

第７章

7-1 $9.23 \times 10^{-5}\ \mathrm{mol\,L^{-1}}$

7-3 NO_2^-は0. 0077 $\mathrm{mol\,L^{-1}}$，NO_3^-は0.0221 $\mathrm{mol\,L^{-1}}$

7-4 a：b＝２：１

7-5 (1) 400 nm の吸光度は0.3，600 nm の吸光度は0.4

7-9 $\tau = \dfrac{1}{k_\mathrm{P} + k_\mathrm{PQ}}$　　$\Phi_\mathrm{P} = \dfrac{k_\mathrm{ISC}}{k_\mathrm{F} + k_\mathrm{ISC} + k_\mathrm{IC}} \cdot \dfrac{k_\mathrm{P}}{k_\mathrm{P} + k_\mathrm{PQ}}$

7-10 63 %

第８章

8-3 H_2O，CO_2

8-6 675.5 nm

8-7 1554 $\mathrm{cm^{-1}}$

第９章

9-2 (a)X 線吸収端微細構造，(b)波長分散型検出器，(c)X 線小角散乱，(d)X 線吸収分

光法，(e)X 線吸収端微細構造，(f)電子プローブマイクロアナライザー

9-5 X 線吸収端近傍構造（XANES）と広域 X 線吸収微細構造（EXAFS）

9-7 エネルギー分散型検出器（EDX）と波長分散型検出器（WDX）

第10章

10-6 $R = 45000$

10-7 (a) m/z 91，$C_7H_7{}^+$　　(b) m/z 49，CH_2Cl^+

10-8

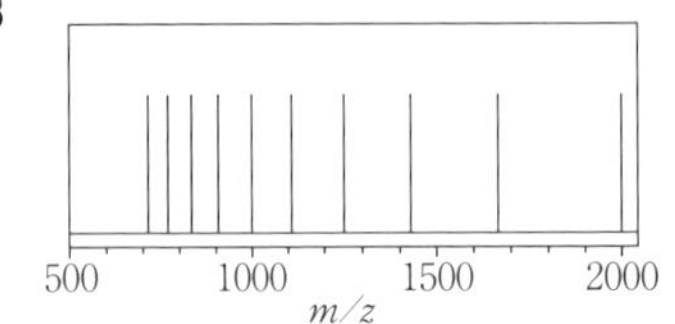

多価イオン	m/z
$[M+14H]^{14+}$	715.3
$[M+13H]^{13+}$	770.2
$[M+12H]^{12+}$	834.3
$[M+11H]^{11+}$	910.1
$[M+10H]^{10+}$	1001.0
$[M+9H]^{9+}$	1112.1
$[M+8H]^{8+}$	1251.0
$[M+7H]^{7+}$	1429.6
$[M+6H]^{6+}$	1667.7
$[M+5H]^{5+}$	2001.0

第11章

11-1 (a) 4.37×10^3，(b) 4.37×10^3
(c) 3.43×10^{-3} (cm)
(d) 3.43×10^{-3} (cm)
(e) 6.85，(f) 7.65，(g) 1.12，(h) 1.64

11-4 セル C 6 ＝320，D 6 ＝3840，E 6 ＝15360，F 6 ＝20480，G 6 ＝ 0
D 5 に入っている関数は，＝C 4 ＊0.8＋D 4 ＊0. 2

11-5 $H_{\min} = A + 2\sqrt{B(C_m + C_s)}$

第12章

12-1 $k(A) = 5.20$　　$k(B) = 7.79$　　$\alpha = 1.50$

12-2 677

第13章

13-2 1.4倍

13-3 圧力損失は 2 倍になる.

第14章

14-4および14-6

溶質	t_m / min	μ_{obs} / cm s^{-1}	μ_{ep} / cm s^{-1}
1	11	2.46×10^{-4}	-1.41×10^{-4}
2	12	2.26×10^{-4}	-1.61×10^{-4}
3	12. 3	2.20×10^{-4}	-1.67×10^{-4}
4	12. 6	2.15×10^{-4}	-1.72×10^{-4}
5	13. 2	2.05×10^{-4}	-1.82×10^{-4}
6	13. 9	1.95×10^{-4}	-1.92×10^{-4}
7	14	1.93×10^{-4}	-1.94×10^{-4}
8	16	1.69×10^{-4}	-2.18×10^{-4}

14-5 $t_{eof} = 7$ min　　$\mu_{eof} = 3.87 \times 10^{-4}$ cm s^{-1}

索　引

英　文

あ

か

さ

た

な

は

ま

や

ら

編者紹介

井村（いむら） 久則（ひさのり）
1976年　金沢大学理学部化学科 卒業
1981年　東北大学大学院理学研究科化学専攻博士課程後期 修了
現　在　金沢大学名誉教授
理学博士（東北大学）

樋上（ひのうえ） 照男（てるお）
1974年　大阪大学理学部化学科 卒業
1979年　京都大学大学院理学研究科 単位取得退学
現　在　信州大学 理学部 理学科 化学コース 特任教授
　　　　信州大学名誉教授
理学博士（京都大学）

基礎から学ぶ **機器分析化学**

第1版第1刷　2016年4月20日　発行
　　　第8刷　2023年9月10日　発行

検印廃止

編　者　井村久則
　　　　樋上照男
発行者　曽根良介

発行所　**(株)化学同人**
〒600-8074 京都市下京区仏光寺通柳馬場西入ル
編集部 TEL 075-352-3711 FAX 075-352-0371
営業部 TEL 075-352-3373 FAX 075-351-8301
振替 01010-7-5702
e-mail webmaster@kagakudojin.co.jp
URL https://www.kagakudojin.co.jp
印刷・製本　西濃印刷株式会社

ISBN978-4-7598-1808-6

基本物理定数

物理量	記号	数値	単位
真空の透磁率	μ_0	$4\pi \times 10^{-7} = 12.566\,370 \times 10^{-7}$	$\mathrm{N\,A^{-2}}$
真空中の光速度	c, c_0	$299\,792\,458$	$\mathrm{m\,s^{-1}}$
真空の誘電率	ε_0	$8.854\,187\,817 \times 10^{-12}$	$\mathrm{F\,m^{-1}}$
電気素量	e	$1.602\,176\,565(35) \times 10^{-19}$	C
プランク定数	h	$6.626\,069\,57(29) \times 10^{-34}$	$\mathrm{J\,s}$
アボガドロ定数	L, N_A	$6.022\,141\,29(27) \times 10^{23}$	$\mathrm{mol^{-1}}$
電子の静止質量	m_e	$9.109\,382\,91(40) \times 10^{-31}$	kg
陽子の静止質量	m_p	$1.672\,621\,777(74) \times 10^{-27}$	kg
ファラデー定数	F	$9.648\,533\,65(21) \times 10^{4}$	$\mathrm{C\,mol^{-1}}$
ハートリーエネルギー	E_h	$4.359\,744\,34(19) \times 10^{-18}$	J
ボーア半径	a_0	$5.291\,772\,109\,2(17) \times 10^{-11}$	m
ボーア磁子	μ_B	$9.274\,009\,68(20) \times 10^{-24}$	$\mathrm{J\,T^{-1}}$
核磁子	μ_N	$5.050\,783\,53(11) \times 10^{-27}$	$\mathrm{J\,T^{-1}}$
リュードベリ定数	R_∞	$1.097\,373\,156\,853\,9(55) \times 10^{7}$	$\mathrm{m^{-1}}$
気体定数	R	$8.314\,462\,1(75)$	$\mathrm{J\,K^{-1}\,mol^{-1}}$
ボルツマン定数	k, k_B	$1.380\,648\,8(13) \times 10^{-23}$	$\mathrm{J\,K^{-1}}$
重力定数	G	$6.673\,84(80) \times 10^{-11}$	$\mathrm{m^3\,kg^{-1}\,s^{-2}}$
自由落下の標準加速度	g_n	$9.806\,65$	$\mathrm{m\,s^{-2}}$
水の三重点	$T_\mathrm{tp}(\mathrm{H_2O})$	273.16	K
セルシウスの温度目盛のゼロ点	$T(0\,℃)$	273.15	K
理想気体(1 bar, 273.15 K)のモル体積	V_0	$22.710\,953(21)$	$\mathrm{L\,mol^{-1}}$

ギリシャ文字

Α	α	アルファ	Ζ	ζ	ゼータ	Λ	λ	ラムダ	Π	π	パイ	Φ	ϕ	ファイ
Β	β	ベータ	Η	η	イータ	Μ	μ	ミュー	Ρ	ρ	ロー	Χ	χ	カイ
Γ	γ	ガンマ	Θ	θ	シータ	Ν	ν	ニュー	Σ	σ	シグマ	Ψ	ψ	プサイ
Δ	δ	デルタ	Ι	ι	イオタ	Ξ	ξ	グザイ	Τ	τ	タウ	Ω	ω	オメガ
Ε	ε	イプシロン	Κ	κ	カッパ	Ο	o	オミクロン	Υ	υ	ウプシロン			